高等学校新工科计算机类专业系列教材

数据库原理及应用

（第二版）

盛志伟　方睿　编著

课程资源

西安电子科技大学出版社

内 容 简 介

本书结合编者多年的数据库教学和信息系统开发经验编写而成,详细介绍了数据库的基础知识和数据库应用开发的相关技术。全书共 9 章,内容包括数据库概论、关系数据库理论、SQL Server 2022 的使用、MySQL 8.0 的使用、SQL 语言、数据库设计和建模工具、数据库高级对象的使用、数据库系统的安全、数据库备份还原和日志管理。本书主要结合 Microsoft SQL Server 2022 和 MySQL 8.0 讲解数据库的应用。

本书内容丰富,注重实用性,书中提供的许多例题来自工程实践项目,例如使用数据库建模工具 ER-Studio 设计数据库、分页存储过程和统计报表数据生成等。为了加深读者对书中内容的理解和掌握,每章均配有习题,部分习题的参考答案见二维码。

本书可作为高等学校计算机类、信息类、工程类、电子商务类和管理类等专业本专科学生的教材,也可作为科技人员学习数据库的自学教材或参考书。

图书在版编目（CIP）数据

数据库原理及应用/ 盛志伟, 方睿编著. -- 2 版. -- 西安 : 西安电子科技大学出版社, 2025. 5. -- ISBN 978-7-5606-7597-8

Ⅰ. TP311.132.3

中国国家版本馆 CIP 数据核字第 2025KM3534 号

书　　名	数据库原理及应用(第二版)			
	SHUJUKU YUANLI JI YINGYONG(DI-ER BAN)			
策　　划	李惠萍			
责任编辑	雷鸿俊			
出版发行	西安电子科技大学出版社（西安市太白南路 2 号）			
电　　话	（029）88202421　88201467		邮　　编	710071
网　　址	www.xduph.com		电子邮箱	xdupfxb001@163.com
经　　销	新华书店			
印刷单位	陕西天意印务有限责任公司			
版　　次	2025 年 5 月第 1 版		2025 年 5 月第 1 次印刷	
开　　本	787 毫米×1092 毫米　1/16		印　张 18.5	
字　　数	438 千字			
定　　价	47.00 元			

ISBN 978-7-5606-7597-8

XDUP 7898002-1

*** 如有印装问题可调换 ***

前　言

随着计算机技术的不断发展，信息化管理水平的不断提高，数据库技术在信息管理中的作用日益重要。其中，Microsoft SQL Server 和 MySQL 是目前使用广泛的数据库管理系统，它们凭借智能化的内容管理和强大的功能，得到了广大用户的喜爱。

Microsoft SQL Server 2022 是微软公司推出的具有重要意义的数据库新技术产品。SQL Server 2022 具有强大的数据处理能力，是一款非常优秀的数据库软件和数据分析平台。通过该平台，用户可以方便且高效地使用各种数据应用和服务，并且可以轻松地创建、管理和使用自己的数据库应用和服务。由于 MySQL 具有开放源代码、高性能、简单易用和跨平台等特性，因此它的应用范围非常广泛。如今，许多中小型数据库应用系统甚至一些大型网站都已经选择使用 MySQL 数据库进行数据存储。由于 Microsoft SQL Server 和 MySQL 安装简单、应用广泛、易学易用，所以本书主要以 Microsoft SQL Server 2022 和 MySQL 8.0 为工具，讲解数据库的基本原理和数据库设计与应用知识。本书在第一版的基础上增加了 MySQL 的相关内容，包括 MySQL 的管理工具、存储引擎、数据类型和编程语言等；修改了部分例题；补充了适用于 MySQL 的代码；优化了章节结构。书中的大部分例题既适用于 SQL Server，也适用于 MySQL，两者存在差异的部分已在书中指出。本书结合当前工程教育模式，理论联系实践，在讲授基本理论知识的同时，着重加强实践能力的培养。书中的大部分例子围绕同一个实例展开，使用 SQL Server 和 MySQL 中的各项技术，将一个完整的数据库应用系统(网上玩具商店)的开发过程分解成多个知识点进行讲解，让读者在学习理论知识的同时能够同步进行实践操作。

本书实用性强，内容丰富，并注重理论与实践相结合。目前市场上关于数据库的参考书大致可分为三类。第一类参考书侧重于理论介绍，以数据库理论为基础，重点讲解数据库的系统结构、关系模型、关系代数、SQL 语言和规范化理论等内容，理论性较强，但实践部分相对不足。第二类参考书具体讲解某种数据库产品的使用方法，主要介绍具体的操作步骤，类似于操作手册，这对于没有理论基础的读者来说。第三类参考书则是将某种数据库产品的使用方法与理论相结合，在讲授理论知识的同时，也讲解一些具体的实现方法。第三类参考书具有一定的实践性，但有的书只是为了解释某个内容而进行讲解。例如，在讲解存储过程时，一般从"什么是存储过程""如何创建一个存储过程""如何调用一个存储过程"的角度出发，并没有联系到具有实际意义的实例。本书有效地克服了上述不足之处，首先讲解数据库的基本理论知识，然后介绍在 SQL Server 和 MySQL 中创建数据库和数据表的方法，接着通过网上玩具商店的实例，详细讲解数据库的设计方法、SQL 语句、视图、存储过程、事务等内容。本书作者长期从事计算机相关专业的教学与科研工作，不仅积累了丰富的教学经验，而且具有多年数据库应用系统的研发设计和软件开发经验。书中所给例子均由作者精心设计，具有一定的实用价值，如报表生成、分页读取数据等。

本书共 9 章，前 2 章介绍基础知识，后 7 章介绍数据库的应用知识。第 1 章介绍数据库的一些重要概念和基本理论知识；第 2 章讲解关系数据库的基础理论，涉及的数学模型较多，考研和需要深入学习的读者可着重学习；第 3 章介绍 SQL Server 2022 的基本使用方法；第 4 章介绍 MySQL 8.0 的基本使用方法；第 5 章讲解 SQL 语言，这是全书的核心章节，包括数据表的创建、数据库完整性的实现、数据插入、数据修改、数据查询等内容；第 6 章讲解数据库设计和建模工具，介绍数据库建模工具 ER-Studio，重点为 E-R 图的设计；第 7 章讲解数据库中一些重要的常用对象，如视图、索引、存储过程、触发器等，并介绍数据库中重要的概念——事务；第 8 章讲解数据库系统的安全管理等技术；第 9 章讲解数据库备份与还原、迁移、导入导出数据、日志管理等技术。第 5 章至第 9 章重点结合 SQL Server 和 MySQL 讲解数据库的应用，并在讲解过程中融入相应的数据库理论知识，帮助读者轻松将理论与实践结合起来。每章后附有本章小结和习题，有利于读者巩固知识点。

本书由成都信息工程大学盛志伟和方睿编写。本书提供配套的电子课件，如有需要，请联系出版社。

在编写本书的过程中，编者参考了一些相关技术资料、程序开发文档及源码，同时得到了多位同事的关心和帮助，在此一并致以诚挚的感谢。

由于数据库原理内容庞杂，加之编者水平有限，书中可能存在不足之处，敬请读者谅解！同时，欢迎提出宝贵意见和建议。

编　者

2024 年 12 月

目　录

1

第1章 数据库概论

本章要点 ✍

◆ 了解数据库技术的发展历史。
◆ 掌握数据库、数据库管理系统、数据库系统、数据库系统体系结构的概念。
◆ 掌握数据模型和关系模型的基本概念。

1.1 数据库发展历史

数据库的诞生和发展给计算机信息管理带来了一场巨大的革命。数据管理经历了从人工管理、文件系统到数据库系统的阶段性演变。随着信息处理技术的日益发展、信息管理水平的不断提高、计算机数据管理方式的不断改进，数据库技术正逐步渗透到我们日常生活的方方面面。从超市的货物管理，书店的图书管理，飞机、火车的售票系统，网上购物平台，到与我们每个人息息相关的户籍管理和电信部门的通信管理，都离不开数据库技术。数据库技术正在不知不觉地影响着我们的生活方式。

拥有大量数据后，还需要对这些数据进行科学有效的管理与合理的分析，这样这些数据才能服务于人。例如，一个网上购物的网站，经过长时间的运行，该网站记录了大量顾客的消费信息。若不对这些信息加以分析，它们将无法产生实际价值。通过对这些数据的分析，可以得出顾客的消费习惯，如特定时期内哪些商品畅销，哪些商品滞销等，这些结果对商家是十分有用的。数据库技术就是研究如何对数据进行科学管理和合理分析，并为用户提供安全、准确的数据支持的关键技术。

1.1.1 数据管理的诞生

数据管理的历史可以追溯到 20 世纪 60 年代末，那时的数据管理非常简单，主要依赖大量的分类、比较和表格绘制。机器通过运行数百万张穿孔卡片来进行数据的处理,其运行结果在纸上打印出来或制成新的穿孔卡片。数据管理实质上就是对这些穿孔卡片进行物理的储存和处理。

1951 年,雷明顿兰德公司(Remington Rand Inc.)针对一种叫作 Univac I 的计算机推出了一种 1 s 内可以输入数百条记录的磁带驱动器,从而引发了数据管理的革命。1956 年,IBM推出了首个磁盘驱动器——The Model 305 RAMAC。该驱动器有 50 个盘片,每个盘片直径为 2 英尺(注:1 英尺=0.3048 m),可以储存 5 MB 的数据。使用磁盘最大的优势在于可以随机地存取数据,而穿孔卡片和磁带只能按顺序存取数据。

数据库系统的萌芽出现于 20 世纪 60 年代。当时,计算机开始广泛应用于数据管理,对数据共享的要求不断被提高。传统的文件系统已无法满足人们的需求,因此,能够统一管理和共享数据的数据库管理系统(Database Management System,DBMS)应运而生。数据模型是数据库系统的核心和基础,各种 DBMS 软件都是基于某种数据模型开发的。所以通常按照数据模型的特点将传统数据库管理系统分为网状数据库管理系统、层次数据库管理系统和关系数据库管理系统三类。

最早出现的数据库管理系统是网状 DBMS。1961 年,通用电气(General Electric,GE)公司的查尔斯·巴赫曼(Charles Bachman)成功开发出世界上第一个数据库管理系统——集成数据存储(Integrated DataStore,IDS),也是网状 DBMS。这一系统奠定了网状数据库的基础,并在当时得到了广泛的发行和应用。IDS 具有数据模式和日志的特征,但它只能在 GE 的主机上运行,且数据库只有一个文件,数据库中所有的表必须通过手工编码来生成。

之后,通用电气公司的一个客户——BF Goodrich Chemical 公司不得不重写整个系统,并将重写后的系统命名为集成数据管理系统(Integrated Database Management System,IDMS)。

网状数据库模型能够比较自然地模拟层次和非层次结构的事物,因此在关系数据库出现之前,网状 DBMS 比层次 DBMS 应用更为广泛。在数据库发展史中,网状数据库占据着重要的地位。

层次 DBMS 紧随网状 DBMS 而出现。最著名、最典型的层次 DBMS 是国际商业机器(Internation Business Machines,IBM)公司在 1968 年开发的信息管理系统(Information Management System,IMS),它是一种适用于 IBM 主机的层次数据库,也是 IBM 公司开发的最早的大型数据库系统程序产品。

1973 年,Cullinane 公司(也就是后来的 Cullinet 软件公司)开始出售 Goodrich 公司的 IDMS 改进版本,并逐渐成为当时世界上最大的软件公司。

1970 年,IBM 公司 San Jose 研究室研究员 E. F. Codd 的著名论文《大量共享数据库的关系模型》的发表,标志着数据库系统有了重大的改变。Codd 提出,数据库系统应以表格的形式将数据呈现给用户,这种形式被称为关系。在关系的背后,可能是利用一个复杂的数据结构来实现对各种查询问题的快速响应。但是,与早期数据库系统的用户不同,关系数据库系统的用户无须关注数据的存储结构,查询可以通过非常高级的语言进行表述,这极大地提高了数据库程序员的工作效率。由于 E. F. Codd 的杰出贡献,他于 1981 年获得了 ACM 图灵奖。

1.1.2 关系数据库的由来

虽然网状数据库和层次数据库很好地解决了数据的集中和共享问题，但在数据的独立性和抽象级别上仍有很大缺陷。用户在使用这两种数据库进行数据存储时，仍然需要明确数据的存储结构，并指出存取路径，而关系数据库则能够较好地解决这些问题。

1970 年，E. F. Codd 发明了关系数据库。关系模型有严格的数学基础，其抽象级别较高，且简单清晰，便于理解和使用。但是，当时一些人认为关系模型是一种理想化的数据模型，认为将其用来实现 DBMS 是不现实的，尤其担心关系数据库的性能难以令人接受，更有人将其视为是对当时正在进行的网状数据库规范化工作的一种严重威胁。

1970 年关系模型建立后，IBM 公司在 San Jose 实验室增加了大量的研究人员投入到这个项目中，该项目就是著名的 System R，其目标是论证全功能关系 DBMS 的可行性。该项目于 1979 年结束，完成了首个实现结构化查询语言(Structured Query Language，SQL)的 DBMS。然而，由于 IBM 对 IMS 的承诺，使 System R 的投产受到限制，直至 1980 年 System R 才作为一款产品正式推向市场。IBM 产品化步伐缓慢的原因有三个：一是 IBM 重视信誉和质量，力求减少故障；二是其作为一家大型企业，管理体系庞大；三是 IBM 内部已有层次数据库产品，相关人员积极性不高，甚至存在反对意见。

与此同时，1973 年加州大学伯克利分校的 Michael Stonebraker 和 Eugene Wong 利用 System R 已发布的信息，开始开发自己的关系数据库系统 Ingres。他们开发的 Ingres 项目最终由 Oracle 公司、Ingres 公司以及硅谷的其他厂商进行了商品化。此后，System R 和 Ingres 系统双双获得 1988 年 ACM 的"软件系统奖"。

1976 年，霍尼韦尔(Honeywell)公司开发了首个商用关系数据库系统——Multics Relational Data Store。关系型数据库系统以关系代数为坚实的理论基础，经过几十年的发展和实际应用，技术越来越成熟和完善，其代表产品有 Oracle、IBM 公司的 DB2、微软公司的 MS SQL Server、MySQL 以及国产数据库 GaussDB 和达梦数据库等。

Oracle、MySQL 与 DB2 可在所有主流平台上运行，而 SQL Server 仅支持 Windows 系统。对于大型应用而言，一般使用 Oracle 和 DB2 数据库；对于要求自主可控的应用，使用国产数据库；对于中小型应用，可以使用 SQL Server 数据库和 MySQL 数据库。它们简单易用，非常适合初学者。因此，本书主要结合 SQL Server 和 MySQL 来讲解数据库的基本知识。

1.1.3 结构化查询语言

1974 年，IBM 的 Ray Boyce 和 Don Chamberlin 将 Codd 关系数据库的数学定义以简洁的关键字语法表现出来，里程碑式地提出了结构化查询语言，通常称为 SQL 语言。SQL 语言的功能包括查询、操纵、定义和控制，是一种综合的、通用的关系数据库语言，同时也是一种高度非过程化的语言。用户仅需指出做什么，而无须指出怎么做。SQL 集成实现了数据库生命周期中的全部操作，提供了与关系数据库进行交互的方法，并可与标准的编程语言协同工作。自诞生之日起，SQL 语言便成为检验关系数据库的试金石，其语言标准的每一次变更都指引着关系数据库产品的发展方向。然而，直到 20 世纪 70 年代中期，关系数据库理论才通过 SQL 在商业数据库 Oracle 和 DB2 中使用。

1986 年，美国国家标准局(American National Standard Institute,ANSI)的数据库委员会批准了 SQL 作为关系数据库语言的美国标准（ANSI X3.135-1986），同年公布了 SOL 标准文本(简称 SOL-86)。1987 年，国际标准化组织(Intermational Organization for Standardization，ISO)也通过了这一标准。1989 年，美国 ANSI 采纳在 ANSI X3.135-1989 报告中定义的关系数据库管理系统的 SQL 标准语言，称为 ANSI SQL-89，该标准替代 ANSI X3.135-1986 版本。1992 年，ANSI 和 ISO 共同发布了 SQL-92 标准，这一标准进一步规范了 SQL 的语法，包括了更多的功能和特性。在完成 SQL-92 标准后，ANSI 和 ISO 便开始合作开发 SQL-99(SQL3)标准，该标准是 SQL 标准的一个里程碑，引入了许多重要的概念，包括触发器、存储过程等。随后，又发布了 SQL-2003、SQL-2008、SQL-2011、SQL-2016、SQL-2019 标准，每次版本更新都增强了 SQL 语言的功能，包括 XML、JSON、多维数组处理等。

目前，没有一个数据库系统能够完全支持 SQL 标准的所有概念和特性。大部分数据库系统能够支持 SQL-92 标准中的大部分功能以及 SQL-99、SQL2003 中的部分新概念。同时，不同的数据库产品提供了其自身的编程语言，如 Oracle 的 PL/SQL 语言和 SQL Server 的 Transaction-SQL 语言，这些语言均支持 SQL 标准中的大部分功能。因此，只要掌握标准 SQL 语言，便能在所有支持 SQL 的关系数据库上进行数据插入、数据修改、数据删除、数据查询等常用操作。

1.1.4　面向对象数据库

随着信息技术和市场的不断发展，人们发现，尽管关系型数据库系统技术已相当成熟，但其局限性却愈发明显：它能很好地处理所谓的"表格型数据"，但对技术界日益增长的复杂类型的数据无能为力。自 20 世纪 90 年代以来，技术界一直在研究和寻求新型数据库系统。然而，在什么是新型数据库系统的发展方向的问题上，产业界一度感到困惑。受当时技术风潮的影响，在相当一段时间内，人们把大量的精力投入到"面向对象的数据库系统(Object Oriented Database)"的研究中，简称"OO 数据库系统"。值得一提的是，美国 Stonebraker 教授提出的面向对象的关系型数据库理论曾一度受到产业界的青睐，而 Stonebraker 本人也在当时被 Informix 高薪聘为技术总负责人。

然而，多年的发展表明，面向对象的关系型数据库系统产品的市场发展情况并不理想，理论上的完美性并没有带来市场的强烈反应。其不成功的主要原因在于，这种数据库产品的设计思想旨在用新型数据库系统取代现有的数据库系统，这对许多已经使用数据库系统多年并积累了大量工作数据的客户，尤其是大客户来说，是无法承受新旧数据间的转换所带来的巨大工作量及巨额开支的。另外，面向对象的关系型数据库系统使查询语言变得极其复杂，使得无论是数据库的开发商还是应用客户，都对其产生了畏惧感。

1.2 数据库系统概述

1.2.1 数据库系统的基本概念

数据库管理的基本对象是数据。数据是信息的具体表现形式,可以采用任何能被人们认知的符号,可以是数字(如 76、2010、¥100),也可以是文本、图形、图像、视频等。由这些符号按照规律组成的一条记录称为数据,如遥控玩具汽车,¥38,200,3~5 岁。对于这组数据中的每个数据,需要规定一个解释(数据语义说明)(如玩具名、价格、重量(克)、适合对象),这样数据就有了意义,它表示这是个遥控玩具汽车,价格是 38 元,重量是 200 克,适合 3~5 岁儿童玩耍,描述了一个玩具汽车的基本信息。如果改变解释(如玩具名、价格、体积(cm^3)、适合对象),则上面 200 的意义将完全不同。所以,数据不能脱离其语义,缺乏语义的数据将变得毫无意义。

在现实中,人们要管理某些信息,在经过抽象、整理和加工后通常需要将其保存起来。目前最常用的方法就是将这些大量的数据按照一定的结构组织成数据库,并保存在计算机的存储设备上,以便长期保存和便捷使用。

1. 数据库

数据库(Database,DB)是存储在某种存储介质上的相关数据的有组织的集合。在这个定义中,特别要注意“相关”和“有组织”这两个描述。也就是说,数据库不是简单地将一些数据堆积在一起,而是把一些相互间具有一定关系的数据,按照特定的结构组织起来的数据集合。

例如,建立一个玩具的基本信息,每个玩具都包含以下信息:玩具 ID、玩具名称、价格/¥、重量/克、品牌、适合最低年龄/岁、适合最高年龄/岁和照片等。显然这八项数据之间存在密切关系,它们用于描述每个玩具的基本情况。如何将用于描述每个玩具的数据按照一定方式组织起来,达到方便管理的目的呢?通常,人们会用一张二维表格来实现,如表 1-1 所示。

表 1-1 玩具基本信息表

玩具 ID	玩具名称	价格/¥	重量/克	品牌	适合最低年龄/岁	适合最高年龄/岁	照片
000001	遥控汽车	38	300	好孩子	3	6	略
000002	芭比娃娃	168	180	芭比	2	9	略
000003	遥控机器人	158	2000	罗本	4	10	略

表 1-1 中的每一行就是一个完整的数据,其语义由表头的列名来定义,即列名为表中的数据作出了一定的解释。由这样的多张表(记录不同的信息)就可以构成一个数据库。借

助于网络，人们可以在任何一台联网的机器上查询到自己感兴趣的玩具信息，从而选择到满意的玩具，完成购物。

J. Martin 对数据库给出了一个比较完整的定义：数据库是存储在一起的相关数据的集合，这些数据是结构化的，无有害的或不必要的冗余，并为多种应用提供服务；数据的存储独立于使用它的程序；对数据库插入新数据、修改和检索原有数据均能按一种公用的和可控制的方式进行。当某个系统中存在结构上完全独立的若干个数据库时，该系统就包含了一个"数据库集合"。

2. 数据库管理系统

上述查看玩具信息的操作一般是由专门软件负责实现的，这类软件称为数据库管理系统(Database Management System，DBMS)。数据库管理系统是一种用于操纵和管理数据库的大型软件，负责数据库的建立、使用和维护。它对数据库进行统一的管理和控制，以保证数据库的安全性和完整性。用户通过 DBMS 访问数据库中的数据，数据库管理员也通过 DBMS 进行数据库的维护工作。其主要功能包括以下几个方面：

(1) 数据定义功能。DBMS 提供数据定义语言(Data Definition Language，DDL)用于定义数据库结构，刻画数据库框架，并将其保存在数据字典中，如创建数据库、创建数据表等。

(2) 数据存取功能。DBMS 提供数据操纵语言(Data Manipulation Language，DML)，实现对数据库数据的基本存取操作，如插入、修改、删除和查询数据。

(3) 数据库运行管理功能。DBMS 提供数据控制功能，能够有效地控制和管理数据库的安全性、完整性和并发性，以确保数据正确有效。

(4) 数据库的建立和维护功能。DBMS 的建立和维护功能包括数据库初始数据的加载，数据库的转储、恢复和重组织，以及系统性能监视、分析等。

(5) 数据库的传输。DBMS 提供处理数据的传输，实现用户程序与 DBMS 之间的通信，通常协同操作系统完成。

目前，业界使用的 Oracle、SQL Server、MySQL、DB2 等软件产品均指的是数据库管理系统，而不是数据库。通常所说的 Oracle 数据库或 SQL Server 数据库指的是用 Oracle 或 SQL Server 这样的数据库管理系统所创建和管理的具体数据库，在一个数据库管理系统中，可以创建和管理多个数据库。

3. 数据库系统

数据库系统(Database System，DBS)是由数据库及其管理软件组成的系统，是为满足数据处理的需求而发展起来的一种较为理想的数据处理核心机构。它是一个实际可运行的软件系统，负责数据的存储、维护，并为应用系统提供数据。数据库系统是存储介质、处理对象和管理系统的集合体。

上述内容阐述了数据库管理系统是一个系统软件，如 SQL Server、Oracle、DB2 等都是著名的数据库管理系统软件。然而，仅拥有数据库管理系统并不意味着我们已经具备了其管理数据带来的优势，我们还需要在这个软件基础上进行一系列必要的工作，以充分发挥数据库管理系统提供的功能。首先，必须在该系统中存储用户自己的数据，让数据库管理系统帮助用户管理这些数据；其次，还需要开发能够对这些数据进行操作并使其发挥应有作用的应用程序；最后，应该配备一名维护整个系统正常运行的管理人员。例如，当数据库出现故障或问题时，应该如何处理以使数据库恢复正常，这个管理人员就称为数据库系统管理员(Database Administrator，DBA)。

一个完整的数据库系统是基于数据库的一个计算机应用系统，数据库系统一般包括五个主要部分：数据库(DB)、数据库管理系统(DBMS)、应用程序(Application)、数据库管理员(DBA)和用户(User)，如图 1-1 所示。其中：

- 数据库(DB)是数据的集合，它以一定的组织形式存于存储介质上；
- 数据库管理系统(DBMS)是管理数据库的系统软件，用于实现数据库系统的各种功能，是整个数据库系统的核心；
- 应用程序(Application)是指以数据库以及数据库数据为基础的程序；
- 系统管理员(DBA)负责数据库的规划、设计、协调、维护和管理等工作；
- 用户(User)是使用数据库系统的一般人员。

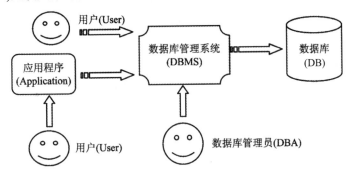

图 1-1 数据库系统组成

数据库系统的运行需要计算机硬件和软件环境的支持，同时还需要使用该数据库系统的用户。硬件环境是指保障数据库系统正常运行的最基本的内存、外存等硬件资源；软件环境是指数据库管理系统作为系统软件所依赖的操作系统环境。没有合适的操作系统，数据库管理系统将无法正常运转。例如，SQL Server 就需要服务器版的操作系统的支持，如图 1-2 所示。

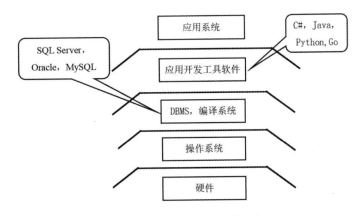

图 1-2 数据库系统软硬件层次

至此，我们可以看出，数据库、数据库管理系统和数据库系统是三个不同的概念。

数据库侧重于数据本身，数据库管理系统是系统软件，而数据库系统则强调的是整个应用系统。

1.2.2 数据管理技术的发展

数据管理技术的发展大致可分为三个阶段：人工管理阶段、文件系统阶段和数据库系统阶段。

1. 人工管理阶段

在人工管理阶段(20 世纪 50 年代中期以前)，计算机主要用于科学计算。外部存储器只有磁带、卡片和纸带等，尚未出现磁盘等直接存取存储设备；软件方面，只有汇编语言，尚无数据管理方面的软件。数据处理方式基本是批处理。该阶段具有如下几个特点：

(1) 计算机系统不提供对用户数据的管理功能。用户编制程序时，必须全面考虑好相关的数据，包括数据的定义、存储结构以及存取方法等；程序和数据是一个不可分割的整体；数据脱离了程序就无任何存在的价值，数据无独立性。

(2) 数据不能共享。不同的程序均有各自的数据，这些数据对不同的程序通常是不相同的，不可共享；即使不同的程序使用了相同的一组数据，这些数据也不能共享，程序中仍然需要各自加入这组数据。数据的不可共享性导致程序与程序间存在大量的重复数据，浪费了存储空间。

(3) 不单独保存数据。由于数据与程序是一个整体，数据只为本程序所使用，数据只有与相应的程序一起保存才有价值，否则就毫无用处，因此，所有程序的数据均不单独保存。

2. 文件系统阶段

在文件系统阶段(20 世纪 50 年代后期至 60 年代中期)，计算机不仅用于科学计算，还广泛应用于信息管理。随着数据量的增加，数据的存储、检索和维护问题变得愈发紧迫，推动了数据结构和数据管理技术的迅速发展。此时，外部存储器已有磁盘、磁鼓等直接存取的存储设备，软件领域也出现了操作系统和高级软件。操作系统中的文件系统是专门管理外存的数据管理软件，其中，文件是操作系统管理的重要资源之一。

这一时期的数据管理采用文件形式进行管理，即数据保存在文件中，这些文件由操作系统和特定的软件及程序共同管理。在文件系统中，数据按其内容、结构和用途等被划分为若干个文件，这些文件通常归某一个或某一组用户所有。用户可以通过操作系统和特定的程序来对文件进行打开、读取、写入等操作。

假设我们现在需要使用某种程序设计语言编写一个可以用于网上玩具商店信息管理的系统。在此系统中，玩具的信息、购物者的信息以及购物者购买玩具订单的信息等都以文件形式进行保存。进一步，假设在此系统中，我们要对玩具的基本信息和购物者购买玩具订单的信息进行管理。在玩具基本信息管理中，要用到玩具的基本信息数据，假设此数据保存在 File1 文件中。购物者购买玩具管理中，要用到玩具的基本信息、购物者的基本信息和购物者购买玩具订单的信息。假设用 File1 存储玩具的基本信息，用 File2 存储购物者的基本信息，用 File3 存储购物者购买玩具订单的信息。假设实现"玩具基本信息管理"功能的应用程序叫 App1，实现"购物者购买玩具管理"功能的应用程序叫 App2，那么这两个应用程序和三个文件的关系如图 1-3 所示。

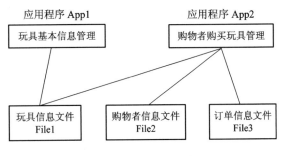

图 1-3　文件系统示例

我们假设：

- File1 包含的信息：玩具 ID，玩具名称，玩具描述，玩具价格，商标，照片，数量，最低年龄，最大年龄以及玩具重量等。

- File2 包含的信息：购物者 ID，姓名，密码，邮件地址，地址，邮政编码，电话，信用卡编号，信用卡类型和截止日期等。

- File3 包含的信息：订单编号，购物者姓名，玩具 ID，玩具名称，运货方式，运货费用，礼品包装费用和订单处理等。

则"购物者购买玩具管理"的处理过程大致如下：

在购物者购买玩具的过程中，若购物者提交购买玩具的请求，系统先查询文件 File2，以判断此购物者的合法性；若验证通过，系统继而访问文件 File1，判断所购买的玩具是否存在；若确认存在，系统则将订单信息写入文件 File3 中。

一切看起来似乎很完美，但我们仔细考虑就会发现基于这样的文件系统有如下缺点：

(1) 应用程序编写不方便。程序员必须深入了解所使用文件的逻辑结构和物理结构(如文件中的字段数量、每个字段的数据类型及采用的存储结构等)，并需在程序中实现对文件的查询、修改等操作。

(2) 应用程序的依赖性强。在处理文件时，程序依赖于文件的格式。一旦应用环境(如操作系统)或需求发生变化，就需要修改文件结构，如增加一个字段、修改某个字段的类型等，进而导致应用程序也要作出相应的变化。这种频繁地修改、安装、调试应用程序的过程较为烦琐。也就是说，文件系统的数据独立性差。

(3) 不支持文件的并发访问。在现代计算机应用系统中，为了高效地利用资源，一般要求多个应用程序并发访问。在上述例子中，如果管理者在向玩具信息文件中添加玩具信息的同时，又有购物者正在购买玩具，这将导致 App1 和 App2 同时访问文件 File1。如果第一个用户尚未完成访问，第二个用户就进来访问，将会导致系统报错。

(4) 数据间的耦合度差。在文件系统中，各文件之间相互独立，文件之间的联系必须通过程序来实现。例如，图 1-3 中的文件 File1 和 File3，File3 中的玩具 ID 必须是在 File1 中已经存在的信息。尽管这种关系在现实中是必然的，但是文件系统本身并不具备这种耦合功能，必须由程序员编写程序来实现。手动编写过程烦琐，且容易出错。

(5) 数据表示的单一化。当用户需要的信息来自多个不同文件的部分信息内容的组合时，我们就需要对这些文件进行提取、比较、组合和表示。当数据量庞大且涉及的文件数量较多时，这个过程将变得极为复杂。因此，这种大容量复杂信息的查询，在文件系统中是很难高效处理的。

(6) 无安全控制功能。在文件系统中，难以有效控制某个用户对文件的操作权，如限制用户只能读取和修改数据而不能删除数据，或限制对文件中的某个或某些字段不能读取或修改等。而在实际生活中，数据的安全性是至关重要且不可缺少的，就像在玩具管理中，我们不允许购物者擅自修改玩具的价格一样。

随着人们对数据需求的增加，以及计算机科学的不断发展，如何实现数据的高效、科学、正确、便捷管理已成为人们的迫切需求。针对文件系统的这些缺陷，人们逐步发展了以统一管理和共享数据为主要特征的数据库系统。

3. 数据库系统阶段

数据库技术的发展主要用于弥补文件系统在管理数据上的诸多缺陷。以上述玩具基本信息管理和购买玩具管理为例，如果使用数据库系统来实现，其实现方式与文件系统有很大区别，如图 1-4 所示。

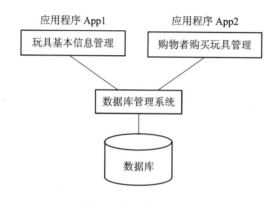

图 1-4   数据库系统示例

比较图 1-3 和图 1-4，可以直观地发现两者有如下差别：

在使用文件系统时，应用程序直接访问存储数据的文件；而在使用数据库系统时，则是通过数据库管理系统(DBMS)访问数据。这一转变使得应用编程的工作变得更加简单，因为应用程序开发人员无须再关注数据的物理存储方式和存储结构，这些任务均由数据库管理系统来完成。

在数据库系统中，数据不再仅仅服务于某个程序或用户，而是被视为一定业务范围的共享资源，由数据库管理系统统一管理。

与文件系统相比，数据库系统在应用程序和存储数据的数据库(在某种意义上也可以把数据库看成是一些文件的集合)之间增加了一层数据库管理系统。数据库管理系统实际上是一种系统软件。尽管这一变化看似微小，但它极大地简化了应用程序开发过程中许多烦琐的操作和功能，这样用户应用程序不再需要关心数据的存储方式。相应的，数据存储方式的变化也不再影响应用程序，这些变化由数据库管理系统处理，经过数据库管理系统处理后，应用程序无法感知这些变化，因此，应用程序也不需要进行任何修改。

与文件系统在数据管理方面的局限性相比，数据库系统有如下优点：

(1) 将相互关联的数据集成在一起。在数据库系统中，所有的数据都存储在数据库中，应用程序可通过 DBMS 访问数据库中的所有数据。

(2) 较少的数据冗余。由于数据是统一管理的，因此可以从全局着眼，合理地组织数据。例如，将文件 File1、File2 和 File3 中的重复数据挑选出来，单独进行管理，这样就可以形成如下所示的几部分信息：

- File1 文件包含：玩具 ID，玩具名称，玩具描述，玩具价格，商标，照片，数量，最低年龄，最大年龄，玩具重量等。
- File2 文件包含：购物者 ID，姓名，密码，邮件地址，地址，邮政编码，电话，信用卡编号，信用卡类型，截止日期等。
- File3 文件包含：订单编号，购物者 ID，玩具 ID，运货方式，运货费用，礼品包装费用，订单处理等。

在关系数据库中，可以将每一种信息存储在一个表中，重复的信息只存储一份。当购买玩具需要玩具的名称时，根据购物者购买玩具的 ID 号，可以很容易地在玩具基本信息中找到此 ID 对应的名称。因此，消除数据的重复存储并不影响我们对信息的提取，同时还可以避免由于数据重复存储而造成的数据不一致问题。比如，当某个玩具的描述发生变化时，只需对"玩具基本信息"一处进行修改即可。

(3) 数据可以共享并确保数据的一致性。在数据库中，数据可以被多个用户共享，共享是指允许多个用户同时操作相同的数据。当然，这个特点主要适用于大型的多用户数据库系统。对于单用户系统，在任何时候都最多只有一个用户访问数据库，因此不存在共享的问题。

多用户系统问题是数据库管理系统内部解决的问题，它对用户是不可见的。这就要求数据库能够对多个用户进行协调，保证多个用户之间对数据的操作不发生矛盾和冲突，即在多个用户同时使用数据库时，能够保证数据的一致性和正确性。以火车订票系统为例，如果多个订票点同时对一列火车进行订票操作，那么必须要保证不同订票点所订出票的座位不能重复。

(4) 程序与数据相互独立。在数据库中，数据所包含的所有数据项以及数据的存储格式都与数据一起存储在数据库中，它们通过 DBMS 而不是应用程序进行访问和管理。因此，应用程序不再需要关注数据文件的存储结构。

程序与数据相互独立的含义有两个方面：一方面是指当数据的存储方式(逻辑存储方式或物理存储方式)发生变化时，例如从链表结构改为哈希结构，或者是顺序和非顺序之间的转换，应用程序无须进行任何修改；另一方面是指当数据的结构发生变化时，如增加或减少了一些数据项，如果应用程序与这些修改的数据项无关，则应用程序也不用修改，这些变化都由 DBMS 负责维护。在大多数情况下，应用程序并不知道数据存储方式或数据项已经发生了变化。

(5) 保证数据的安全可靠。数据库技术通过安全控制机制，能够保证数据库中的数据是安全的、可靠的，可以有效地防止数据被非法使用或非法修改。此外，数据库中还有一套完整的备份和恢复机制，以保证在数据遭到破坏时(由软件或硬件故障引起的)，能够迅速地将数据库恢复到正确的状态，尽可能减少数据的丢失，从而确保系统能够连续、可靠地运行。

数据库管理系统是数据库系统的核心。上述优点和功能并非数据库中数据的固有特性，而是由数据库管理系统提供的。数据库管理系统作为运行在操作系统之上的系统软件，其任务是对数据资源进行管理，实现多用户共享，并确保数据的安全性、可靠性、完整性、一致性和高度独立性。

数据库系统的出现标志着信息系统开发由以加工数据的应用程序，转变为以共享数据库为中心的新阶段。这一转变与数据库在各行业中的基础地位相符合。这样既便于数据的集中管理，又便于应用程序的研制和维护。数据库系统不仅提高了数据的利用率，更重要的是提升了数据的安全性、正确性和可靠性，从而提高了决策的科学性。

1.3 数 据 模 型

1.3.1 数据和数据模型

1. 数据

为了更好地了解世界、研究世界和交流信息，人们需要描述各种事物。尽管使用自然语言进行描述相对直接，但过于烦琐，不便于形式化，而且也不利于用计算机来表达。为此，人们通常只提取那些感兴趣的事物特征或属性，以此作为对事物的描述。例如，一个玩具可以用以下记录来描述：

(芭比娃娃，001，98.99，200)

单凭这样一条记录，人们可能不易理解其确切含义，但如果对其加以准确解释，就可以得到信息：芭比娃娃是 001 类型的玩具，售价为 98.99 元，玩具重量为 200 克。这种对事物描述的符号记录称为数据。数据具有一定的格式，例如，名称一般是长度不超过 20 个汉字的字符，价格应带有两位小数点等。这些格式的规定是数据的语法，而数据所表达的含义则是数据的语义。人们通过解释、推论、归纳、分析和综合等方法，从数据中所获得的有意义的内容称为信息。因此，数据是信息存在的一种形式，数据通过解释或处理才能成为有用的信息。

一般来说，数据具有静态和动态两大特征：

(1) 数据的静态特征。

数据的静态特征包括数据的基本结构、数据之间的关系和对数据取值范围的约束。以玩具信息为例，玩具基本信息包括玩具 ID、名称、单价、玩具描述、玩具重量等，这些信息都是玩具出厂时所具有的基本特征，构成了玩具数据的基本结构。

数据之间有时存在关联关系。例如，购物者购买玩具的订单信息包括订单 ID、玩具 ID、数量，其中的玩具 ID 就有一种参照关系，也就是说，订单中的玩具 ID 所取的值一定在玩具基本信息表中存在，否则，该商店没有此玩具，就无法进行购买。

数据的取值范围也应受到限制。例如，订单信息中购买的玩具数量所能取的值应小于或等于玩具基本信息中的库存数量，并且购买的数量不能是负数等。对这些数据的取值范围进行限制的目的是确保数据库中存储的是正确且有意义的数据。这就是对数据取值范围的约束。

(2) 数据的动态特征。

数据的动态特征是指对数据可以进行的操作以及操作规则。对数据库数据的操作主要有查询数据和更改数据，更改数据一般又包括对数据的插入、删除和修改。

因此，在描述数据时，要包括数据的基本结构、数据的约束条件(这两个属于数据的静态特征)和定义在数据上的操作(属于数据的动态特征)。

2. 数据模型

模型，特别是具体的模型，人们并不陌生。像一张地图、一组建筑设计的沙盘以及一架航模飞机等，都是具体的模型，能够一目了然地让人联想到现实生活中的事物。模型是对现实世界特征的模拟和抽象。数据模型(Data Model)也是一种模型，它是对现实世界数据特征的抽象表示。

由于计算机无法直接处理现实世界中的具体事物，因此必须将现实世界中的具体事物转换为计算机能够处理的对象。在数据库中，使用数据模型这个工具来抽象、表示和处理现实世界中的数据和信息。通俗地讲，数据模型就是对现实世界的一种模拟。

数据模型一般需要满足以下三个方面的要求：

- 一是能比较真实地模拟现实世界；
- 二是容易被用户理解；
- 三是便于在计算机系统中实现。

用一种模型来同时满足这三方面的要求是比较困难的。因此，在数据库系统中，针对不同的使用对象和应用目的，可采用不同的数据模型。这些不同的数据模型实际上提供了用于数据和信息建模的各种工具。

数据模型的种类很多，目前广泛使用的可分为两种类型：一种是独立于计算机系统的数据模型，这类模型完全不涉及信息在计算机中的表示，只是用来描述某个特定组织所关心的信息结构，这种模型称为"概念数据模型"或"概念模型"。概念模型是按照用户的观点对数据建模，强调其语义表达能力，概念应力求简单、清晰、易于用户理解。它是对现实世界的第一层抽象，是用户和数据库设计人员之间进行交流的工具，其典型代表就是著名的"实体-关系模型"。

另一种数据模型是直接面向数据库的逻辑结构模型，它是对现实世界的第二层抽象。这种模型直接与数据库管理系统有关，称为"逻辑数据模型"或"逻辑模型"，包括层次模型、网状模型、关系模型和面向对象模型等。逻辑数据模型应包含数据结构、数据操作和数据完整性约束三个部分，通常具备一组严格定义的、无二义性语法和语义的数据库语言。用户可以利用这种语言来定义、操作数据库中的数据。

在逻辑数据模型中，层次模型和网状模型的应用已经较少，而面向对象模型比较复杂，但尚未达到关系模型数据库的普及程度。目前，理论成熟、使用广泛的模型就是关系模型。关系模型是由若干个关系模式组成的集合，其中关系模式的实例称为关系。每个关系实际上是一张二维表格，用户只需用简单的查询语句即可对数据库进行操作，并不涉及存储结构、访问技术等细节。SQL 语言是关系数据库的代表性语言，已经得到了广泛的应用。典型的关系数据库产品有 DB2、Oracle、Sybase、SQL Server、MySQL 等。

为了将现实世界中的具体事物抽象并最终转化为某一具体 DBMS 支持的数据模型，人们通常首先将现实世界抽象为信息世界，然后再将信息世界转换为计算机世界。即首先把现实世界中的客观对象抽象为某一种信息结构，这种信息结构并不依赖于具体的计算机系统，也不依赖于具体的DBMS，而是概念模型；然后，再把概念模型转换为计算机上的DBMS支持的数据模型，也就是逻辑模型。

注意　从现实世界到概念模型使用的是"抽象"技术，从概念模型到逻辑模型使用的是"转换"技术。也就是说，先有概念模型，然后再将其转换为逻辑模型。从概念模型到逻辑模型的转换应该是比较直接和简单的，因此使用合适的概念模型就显得尤为重要。抽象过程如图1-5所示。

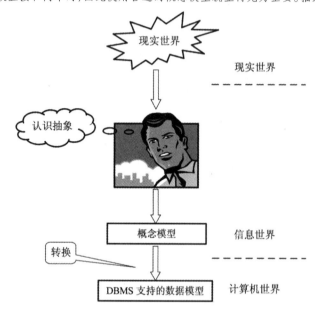

图1-5　现实世界中的客观事物的抽象过程

数据模型是严格定义的一组概念的集合，这些概念准确地描述了系统的静态特征、动态特征和完整性约束条件。

一般而言，逻辑模型包括数据结构、数据操作和数据完整性约束三大要素。

1) 数据结构

数据结构是所研究的对象类型的集合，这些对象是数据库的组成部分。数据结构包括两类：一类是与数据类型、内容、性质有关的对象，如关系模型中的域、属性和关系等；另一类是与数据之间关系有关的对象，它从逻辑模型层面表达数据记录与字段的结构。

数据结构是刻画数据模型最为重要的方面。因此，在数据库系统中，用户通常按照数据结构的类型来命名数据模型，例如层次结构、网状结构和关系结构的数据模型分别命名为层次模型、网状模型和关系模型。

数据结构是对系统静态特性的描述。

2) 数据操作

数据操作是指对数据库中各种对象(类型)的实例(值)允许执行操作的集合，包括操作本身及相关的操作规则。它描述的是系统的信息更新与使用，包括：

• 数据检索：从数据集合中提取用户感兴趣的内容，而不改变数据结构与数据值。

- 数据更新：包括插入、删除和修改数据，此类操作会改变数据的值。

数据模型必须定义这些操作的确切含义、操作符号、操作规则以及实现操作的语言。数据操作是对数据的动态特性的描述。

3) 数据完整性约束

数据完整性约束是一组完整性规则的集合。完整性规则是指在给定的数据模型中，数据及其关系所具有的制约和依存规则，这些规则用于确保数据的正确性、有效性和相容性，使数据库中的数据值与现实情况相符。例如，订单信息中购买的玩具数量所能取的值一定要小于或等于玩具基本信息中的库存数量，并且购买的数量不能是负数等。

1.3.2　概念数据模型

从图 1-5 可以看出，概念模型(Conceptual Model)实际上是现实世界到计算机世界的中间层次。概念模型在电脑人机互动领域中指的是关于某种系统一系列在构想、概念上的描述，阐述其如何作用，能让用户了解设计师的意图和使用方式。概念模型抽象了现实系统中有应用价值的元素及其关系，反映了现实系统中有应用价值的信息结构，并且不依赖于计算机。

概念模型用于信息世界的建模，是现实世界到信息世界的第一层抽象。它不仅是数据库设计人员进行数据库设计的工具，也是数据库设计人员和用户之间进行交流的工具。因此，该模型一方面应该具有较强的语义表达能力，能够方便、直接地表达应用中的各种语义知识；另一方面它还应该简单、清晰，易于用户理解，便于向计算机世界进行转换。

概念模型是一种面向用户、面向现实世界的数据模型，它与具体的 DBMS 无关。采用概念模型，设计人员可以在设计初期把主要精力集中在了解现实世界上，而把涉及 DBMS 的一些技术性问题推迟到设计阶段去考虑。

数据库系统中常用的概念模型是实体-关系(Entity-Relationship，简称 E-R)模型。这一概念由美籍华裔计算机科学家陈品山(Peter Pin-Shan Chen)于 1976 年提出，是概念模型的高层描述所使用的数据模型或模式图，它为表述这种实体关系模式的数据模型提供了图形符号。这种方法由于简单、实用，得到了广泛的应用，也是目前描述信息结构最常用的方法。

实体-关系方法所描述的内容称为 E-R 图，其描述的现实世界的信息结构称为企业模式(Enterprise Schema)，也把这种描述结果称为 E-R 模型。

实体-关系方法试图定义许多数据分类对象，使得数据库设计人员能够通过直观的识别将数据项归类到已知的类别中。

实体-关系方法中涉及三个要素：实体(Entity)、属性(Attribute)和关系(Relationship)。

1. 实体

数据是用来描述现实世界的，而描述的对象各种各样，有具体的，也有抽象的；有物理存在的，也有概念性的，如购物者、玩具等都是具体的对象。而实体是具有相同性质并且彼此之间可以相互区分的现实世界对象的集合。例如，"玩具"是一个实体，这个实体中的每种玩具都有 ID 号、名称、重量等属性。

在关系数据库中，一般一个实体被映射成一个关系表，表中的一行对应一个可区分的现实世界对象(这些对象组成了实体),称为实体实例(Entity Instance)。例如,"玩具"实体中的每个玩具都是"玩具"实体的一个实例。

在 E-R 图中用矩形框表示具体的实体,把实体名写在框内。

2. 属性

每个实体都具有一定的特征或性质,这样才能根据实体的特征来区分各个实例。例如,玩具的 ID 号、名称、重量等都是玩具实体具有的特征。我们将实体所具有的特征称为属性。

属性是描述实体或者关系的性质的数据项。

在实体中,属于一个实体的所有实例都具有共同的性质,这些性质就是实体的属性。例如,"玩具"实体的 ID 号、名称、价格、重量、适合年龄的玩家等性质就是"玩具"实体的属性。

每个实体都有一个标识符(或称实体的键),标识符是实体中的一个属性或几个属性的组合,每个实体实例在标识符上具有不同的值。标识符用于区分实体中的每个不同的实例,这个概念类似于关系中候选键的概念。例如,"玩具"实体的标识符是玩具的"ID 号","学生"实体的标识符是"学号"。

在 E-R 图中,用椭圆表示属性,椭圆内写上属性名。当实体所包含的属性比较多时,为了图示简洁,可以在 E-R 图中省略对属性的详细描述,并在其他地方将属性单独罗列出来。

3. 关系

在现实世界中,事物内部以及事物之间存在各种关系(也可称为联系),这些关系在信息世界中反映为实体之间的关系和实体内部的关系。

实体之间的关系通常是指不同实体之间的关系。例如,"玩具"实体(设有属性:ID 号、名称、价格、重量、商标 ID)和"商标"实体(设有属性:商标 ID、商标名称、商标说明)之间有关系,这个关系是"玩具"实体中的"商标 ID"必须是"商标"实体中已经存在的商标 ID,这种关系就是实体之间的关系。

实体内部的关系通常是指组成实体的各属性之间的关系。例如,在"职工"实体中,假设包含"职工号"和"部门经理号",通常情况下,"部门经理号"与"职工号"之间有一种关联关系,即"部门经理号"的取值受"职工号"取值的约束(因为部门经理本身也属于职工,拥有职工号),这种关联就是实体内部的关系。

实体内部的关系比较固定且使用较少,所以这里讨论的主要是实体之间的关系。关系是数据之间的关联集合,是客观存在的应用语义链。在 E-R 图中,关系用菱形框表示,框内写上关系名,并用连线将有关的实体连接起来。

两个实体之间的关系可以分为三类:

(1) 一对一关系(1:1)。

如果实体 A 中的每个实例在实体 B 中至多有一个(也可以没有)实例与之关联,反之亦然,则称实体 A 与实体 B 具有一对一关系,记作 1:1。

例如,部门和经理(假设一个部门只有一个经理,一个人只担任一个部门的经理)就是一对一关系,如图 1-6(a)所示。

(2) 一对多关系(1:n)。

如果实体 A 中的每个实例在实体 B 中有 n 个实例(n≥0)与之关联,而实体 B 中每个实例在实体 A 中只有一个实例与之关联，则称实体 A 与实体 B 是一对多关系，记作 1∶n。

例如，假设一个部门有若干个职工，而每个职工只在一个部门工作，则部门和职工之间就是一对多关系；又如，商标和玩具之间也是一对多的关系，一种玩具只有一个商标，而一个商标可能对应多种玩具，如图 1-6(b)所示。

(3) 多对多关系(m∶n)。

如果对于实体 A 中的每个实例，实体 B 中有 n 个实例(n≥0)与之关联；而实体 B 中的每个实例，在实体 A 中也有 m 个实例(m≥0)与之关联，则称实体 A 与实体 B 的关系是多对多关系，记为 m∶n。

例如，一个购物者可以购买多种玩具，一种玩具也可以被多个购物者购买，因此购物者和玩具之间是多对多的关系，如图 1-6(c)所示。

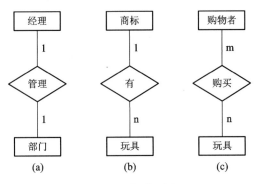

图 1-6 关系示例

实际上，一对一关系是一对多关系的特例，而一对多关系又是多对多关系的特例。

E-R 模型不仅能描述两个实体之间的关系，而且还能描述两个以上实体之间的关系。例如，有顾客、商品、销售人员三个实体，并且有语义：每个顾客可以从多个销售人员那里购买多种商品；每种商品可由多个销售人员卖给多个顾客，每个销售人员可以将多种商品卖给多个顾客，则描述顾客、商品和销售人员之间的销售和购买关系的 E-R 图如图 1-7 所示，这里将关系命名为购买。

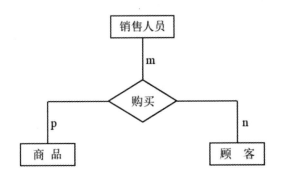

图 1-7 多个实体之间的关系示例

关系也可以有自己的附加属性。比如图 1-6(c)的"购买"关系中，就可以有购买数量等属性。

1.3.3　逻辑数据模型

逻辑数据模型从数据的组织方式角度来描述信息，又称为组织层数据模型。目前，在数据库领域中最常用的逻辑模型有下述几种：

- 层次模型(hierarchical model)；
- 网状模型(network model)；
- 关系模型(relational model)；
- 面向对象数据模型(object-oriented data model)；
- 对象关系数据模型(object-relational data model)；
- 半结构化数据模型(semi-structured data model)。

这些模型按照存储数据的逻辑结构来命名，其中层次模型和网状模型统称为格式化模型。格式化模型的数据库系统在 20 世纪 70 年代至 80 年代初非常流行，在数据库系统产品中占据了主导地位。层次数据库系统和网状数据库系统在使用和实现上都要涉及数据库物理层的复杂结构，现在已逐渐被关系模型的数据库系统所取代。但在美国及欧洲的一些国家，早期开发的应用系统都是基于层次数据库或网状数据库系统的，因此目前仍有一些层次数据库系统或网状数据库系统继续在使用。

20 世纪 80 年代以来，面向对象的方法和技术在计算机各个领域，包括程序设计语言、软件工程、信息系统设计和计算机硬件设计等方面都产生了深远的影响，同时也促进了数据库领域中面向对象数据模型的研究和发展。许多关系数据库厂商为了支持面向对象模型，对关系模型做了扩展，从而产生了对象关系数据模型。

随着 Internet 的迅速发展，Web 上的各种半结构化、非结构化数据源已经成为重要的信息来源，由此产生了以 XML 为代表的半结构化数据模型和非结构化数据模型。

目前使用最广泛的数据模型是关系模型。关系模型技术从 20 世纪 70～80 年代开始发展至今，已经变得非常成熟，它是目前最重要的一种数据模型。关系数据库就采用关系模型作为数据的组织方式。20 世纪 80 年代以来，几乎所有计算机厂商推出的数据库管理系统均支持关系模型，而非关系模型的产品也普遍添加上了关系接口。全球数据库市场中占有最多份额的几个产品，如 Oracle、MS SQL Server、DB2、MySQL 等都是关系型数据库产品。目前，MS SQL Server 的最新稳定版本是 MS SQL Server 2022，MySQL 的常用版本是 MySQL 8.0，本书中的许多示例都在这些数据库基础上调试通过的。因此，在下一节中将重点介绍关系模型。

1.4　关 系 模 型

1.4.1　关系模型的数据结构与基本概念

关系数据模型源于数学，它把数据看成是二维表中的元素，而这个二维表即为关系。

关系系统要求让用户所感觉的数据库就是一张张二维表的集合。在关系系统中，表是逻辑结构而非物理结构。实际上，系统在物理层可以使用任何有效的存储结构来存储数据，如有序文件、索引、哈希表、指针等。因此，表是对物理存储数据的一种抽象表示，是对很多存储细节的抽象，如存储记录的位置、记录的顺序、数据值的表示，以及记录的访问结构(如索引)等，这些对用户来说是不可见的。

采用二维表的形式表示实体和实体间联系的数据模型称为关系数据模型，对关系的描述称为关系模式。表 1-2 所示的是商标关系模式，表 1-3 所示的是玩具基本信息关系模式。

表 1-2　商 标 信 息

商标 ID	商标名称
001	乐高
002	汇乐
003	贝恩施

表 1-3　玩具基本信息

玩具 ID	名称	单价/元	产地	重量/克	商标 ID
000001	玩具熊	49.99	四川成都	348	001
000002	芭比娃娃	98.88	北京	128	002
000003	遥控汽车	86.68	浙江温州	870	002

也可以把表 1-2 和表 1-3 称为关系。之所以称其为关系，是因为二维表的数据中反映了某种关系。例如，在表 1-3 中，反映了玩具实体和商标实体之间的关系，某个玩具对应着某个商标 ID，而这个商标 ID 表示了其对应的商标，在表 1-2 中有详细描述。

尽管关系与传统的二维表格数据文件具有相似之处，但它们也有所区别。严格地说，关系是一种规范化的二维表格，其基本概念和术语如下：

1. 关系

关系就是二维表，它满足以下条件：

(1) 关系表中的每一列都是不可再分的基本属性。

(2) 同一列中的每个数据(分量)具有相同的数据类型，来自同一个域。

(3) 表中各属性不能重名。

(4) 表中没有重复的元组(行、记录)。

(5) 表中的行、列次序并不重要，即交换列的前后顺序对表的语义表达没有影响。例如，表 1-3 中，将"单价"放在"产地"的后边，不影响其表达的语义。

2. 元组

表中的每一行数据称作一个元组，也可称为一个记录。元组中的一个属性值称为分量。在关系中，不允许存在相同的元组，即不能存储两行完全相同的数据，因为存储值完全相同的两行或多行数据并没有实际意义。

3. 属性

表中的每一列代表一个属性值集，列可以被命名，称为属性名，如表 1-3 中有六个属性。属性与前面讲到的实体属性(特征)意义相当。属性有时也称为字段。属性的个数称为关系的元或度。列的值称为属性值，属性值的取值范围为值域。

因此，关系是元组的集合。如果一个表格有 n 列，则称该关系是 n 元关系。关系中的每一列都是不可再分的基本属性。

在数据库中有三套标准术语，第一套使用表、行、列，第二套使用关系、元组、属性，第三套使用表、记录、字段。在实际应用中，有时会混用这些术语。它们的对应关系如下：

　　表→关系→表

　　行→元组→记录

　　列→属性→字段

4. 关键字

在关系数据库中，关键字(简称键)是关系模型的一个重要概念，也可称为码，用于标识行(元组)的一个或几个列(属性)。如果由多个属性组成，则称为复合键。键的主要类型如下：

(1) 超键。在一个关系中，能唯一标识元组的属性或属性集称为关系的超键。

例如，学生表的属性有学号、姓名、身份证号。如果姓名可以重复，能唯一标识元组的属性或属性集有：

　　(学号)

　　(学号，姓名)

　　(学号，身份证号)

　　(身份证号)

　　(姓名，身份证号)

以上这些属性集均称为超键。

(2) 候选键(候选码)。如果一个属性集能唯一标识元组，且又不含有多余的属性，那么这个属性集称为关系的候选键。

在上述的学生表中，学号能唯一标识元组且没有多余的属性，所以是候选键；同样，身份证号也能唯一标识元组，且没有多余的属性，所以也是候选键。虽然(学号，姓名)能唯一标识一个元组，但姓名是多余的属性，所以它不是候选键。

(3) 主键(主码、主关键字)。主键(Primary Key，PK)是表中的一个属性或几个属性的组合，用于唯一地确定表中的一个元组，主键是候选键中的一种。如果一个关系中有多个候选键，则选择其中一个作为该关系的主键。一个关系只能有一个主键。主键的设置可以实现关系定义中"表中任意两行(元组)不能相同"的约束。

在上述的学生表中，候选键有"学号"和"身份证号"，可以选择其中之一作为主键，根据习惯和用户业务要求，一般选择"学号"作为主键。

在设置主键时，一般不会详细分析哪些是候选键，而是按照使用习惯直接找出能唯一标识元组的属性的键作为主键。例如，学生表的属性有学号、姓名、性别、年龄、系别，可形式化地表示为：学生(学号，姓名，性别，年龄，系别)。在这样一个关系中，学号是唯一的，因此把学号作为主键是最佳选择。如果使用姓名作为主键，则会存在问题，因为学生中可能存在姓名重名的情况。当然，如果学生中没有重名的情况，选择姓名作为主键也是可行的。这种唯一标识符在现实生活中很普遍，如身份证号、牌照号、订单号、学生学号和航班号等。

主键既可以由单个属性组成，也可以由多个属性共同组成。例如，表 1-4 所示的关系中，主键由购物车 ID 和玩具 ID 共同组成。因为一个购物车中可以包含多种玩具，而一种玩具也可以出现在多个购物车中，因此，只有将购物车 ID 和玩具 ID 组合起来，才能共同确定一行记录。通常，由多个属性共同组成的主键被称为复合主键。

表 1-4　购物车信息表

购物车 ID	玩具 ID	数量
000001	000001	1
000001	000008	2
000002	000001	2

不能根据表在某段时间内所存储的内容来决定其主键(PK)，这样的做法是不可靠的。表的主键应当与其实际的应用语义以及表设计者的意图有关。

(4) 外键(外码)。外键(Foreign Key，FK)也称为外关键字，是表中的一个或多个属性。两个表可以通过共同的属性相关联。当一个表的某些属性的取值受到其他表的主键值约束时，这些属性就称为外键。外键的数学定义是：若基本关系 R 中含有与另一个基本关系 S 的主码 Ks 相对应的属性组 F，则对于 R 中每个元组在 F 上的值必须为：要么取空值，要么等于 S 中某个元组的主码值。属性组 F 称为关系 R 的外键，并称关系 R 为参照关系，关系 S 为被参照关系。关系 R 和 S 不一定是不同的关系。

例如，在表 1-3 所示的玩具基本信息表中，商标 ID 是外键，由它和商标表建立关系，商标 ID 的取值要么为空，要么为商标表中商标 ID 的值。在此关系中，玩具信息表是参照关系，商标表是被参照关系。类似地，在表 1-4 所示的购物车信息表中，玩具 ID 是外键，由它和玩具基本信息表建立关系，玩具 ID 的取值要么为空，要么为玩具基本信息表中的玩具 ID 的值。在此关系中，购物车信息表是参照关系，玩具信息表是被参照关系。

FK 一定是 PK 的子集，确保外关键字的所有值和主关键字匹配，这也称为参照完整性。

5. 域

域是一组具有相同数据类型的值的集合。在关系中，域用于定义属性的取值范围。例如，假设购物者的年龄在 0～100 岁之间，那么购物者的属性"年龄"的域就是(0～100)；而人的性别只能取"男"和"女"两个值，因此属性"性别"的域就是(男，女)。

6. 主属性和非主属性

在一个关系中，包含在主键中的属性称为主属性，而不包含在主键中的属性称为非主属性。

1.4.2　关系模型的数据操作

关系模型的操作对象是集合，而不是行。这意味着操作的对象以及操作的结果都是完整的表(行的集合，而不只是单行。当然，只包含一行数据的表是合法的，空表或不包含任何数据行的表也是合法的)。在非关系型数据库系统中，典型的操作是一次处理一行或一次处理一个记录。因此，集合处理能力是关系系统区别于其他系统的一个重要特征。

关系模型的数据操作的理论依据主要有关系代数和关系演算两种。关系代数是通过对关系的运算来表达查询要求的方式，它以一个或多个关系作为运算对象，结果为另一个关系。关系演算则是通过元组必须满足的谓词公式来表达查询要求的方式，用满足条件的元组集合表示运算结果，其条件被称为演算公式。关系演算按谓词变元的基本对象分为两种形式：元组关系演算、域关系演算。

SQL 语句的部分功能是关系代数和关系演算的具体实现，包括并、交、差、笛卡尔积、选择运算、投影运算等。这些内容将在下一章中进行介绍。

1.4.3 关系模型的数据完整性约束

数据完整性是指数据库中存储的数据是有意义的或正确的，用于避免数据库中因存在不符合语义规定的数据而造成的无效操作或错误。DBMS 提供了一种用于检查数据库中的数据是否满足语义规定条件的机制，数据语义检查条件称为数据完整性约束条件，作为表定义的一部分存储在数据库中。DBMS 检查数据完整性条件的机制称为数据完整性检查。维护数据的完整性至关重要，因为数据库中的数据是否具备完整性，直接关系到数据能否真实地反映实际业务信息。

关系模型中的数据完整性主要包括四大类：实体完整性、参照完整性(引用完整性)、域完整性和用户自定义完整性。

1. 实体完整性

实体完整性是指在关系数据库中，所有的表都必须有主键，而且表中不允许存在无主键值的记录和主键值重复的记录。

因为若记录没有主键值，则此记录在表中一定是无意义的。正如之前所述，关系模型中的每一行记录都对应着客观存在的一个实例或事实。例如，一个玩具 ID 唯一地标识了一个玩具。如果表中存在没有玩具 ID 的玩具记录，则此玩具一定不属于正常管理的玩具。另外，如果表中存在主键值相等的两个或多个记录，这意味着这两个或多个记录会对应同一个实例。这会导致两种情况：

第一，若表中的其他属性值也完全相同，则这些记录就是重复的记录，存储重复的记录是无意义的；

第二，若其他属性值不完全相同，则会出现语义矛盾。例如，玩具 ID 号相同但名称不同或价格产地不同，这显然不合逻辑。

关系模型中使用主键作为记录的唯一标识，主键所包含的属性称为关系的主属性，其他的非主键属性称为非主属性。在关系数据库中，主属性不能取空值。关系数据库中的空值是一个特殊的标量常数，它既不是"0"，也不是没有值，而是代表未定义的或有意义但目前还处于未知状态的值。数据库中的空值用"NULL"表示。

2. 参照完整性(引用完整性)

参照完整性有时也称为引用完整性。在现实世界中，实体之间往往存在着某种联系，在关系模型中，实体以及实体之间的联系在关系数据库中都用关系来表示，这样就自然存在着实体与实体之间的引用关系。参照完整性就是用来确保实体之间关系完整性。

参照完整性用来确保多个实体或关系表之间的关联关系不被破坏。例如，购物车表中所描述的玩具必须受限于玩具基本信息表中已有的玩具，我们不能在购物车中选择一个根本就不存在的玩具，即购物车中玩具 ID 的取值必须在玩具基本信息表中已经存在。这种限制一个表中某列的取值受另一个表中某列的值约束的特点就称为参照完整性。在关系数据库中，用外键(Foreign Key，有时也称为外部关键字)来实现参照完整性。

例如，只要将购物车表中的"玩具 ID"定义为引用玩具基本信息表的"玩具 ID"的外键，就可以保证购物车表中的"玩具 ID"的取值在玩具基本信息表的已有"玩具 ID"范围内。

【例 1-1】　"职工"表和"部门"表所包含的属性如下，其中主键用下画线标识。

　　　职工(职工号，姓名，性别，部门号，上司，工资，佣金)

　　　部门(部门号，名称，地点)

其中，在"职工"关系中，职工号是主键，部门号是外键，而在"部门"关系中，部门号是主键，则职工关系中的每个元组的部门号属性只能取下面两类值：

- 第 1 类：空值，表示尚未给该职工分配部门；
- 第 2 类：非空值，该值必须是部门关系中某个元组的部门号值，表示该职工不可能分配到一个不存在的部门中，即被参照关系"部门"中一定存在一个元组，它的主键值等于该参照关系"职工"中的外键值。

外键一般定义在关系中，用于表示两个或多个实体之间的关联关系。外键实际上是表中的一个(或多个)属性，它引用某个其他表(特殊情况下，也可以是外键所在的表)的主键。

下面再看一个例子。

【例 1-2】　"玩具"表和"种类"表所包含的属性如下，其中主键用下画线标识。

　　　玩具(玩具 ID，名称，种类 ID，价格，重量，产地)

　　　种类(种类 ID，种类，描述)

这两个表之间存在着参照关系，即"玩具"表中的"种类 ID"引用了"种类"表中的"种类 ID"，显然，"玩具"表中的"种类 ID"的值必须在种类表中存在。也就是说，"玩具"表中的"种类 ID"参照了"种类"表中的"种类 ID"，即"玩具"表中"种类 ID"是一个外键，它引用了"种类"表中"种类 ID"的值。

主键要求必须是非空且不重复的，但外键无此要求。外键允许有重复值并且可以为空，这点从表 1-3 可以看出。外键不一定要与被参照关系中的主键同名，但必须来自同一个域。但在实际应用中，因为二者通常位于不同的关系中，一般取相同的名字。

3. 域完整性

域完整性或语义完整性，确保了只有在某一合法范围内的值才能存储到数据库的一列中。可以通过限制数据类型、取值的范围和数据格式来实施域完整性。例如，人的年龄的取值范围为 0～150，性别只能取值为"男"或"女"等。

4. 用户自定义完整性

实体完整性和参照完整性是关系模型中必须满足的完整性约束条件，任何关系数据库系统都应该支持实体完整性和参照完整性。除此之外，不同的关系数据库系统根据其应用环境的不同，往往还需要一些特殊的约束条件，用户定义的完整性就是对某些具体关系数据库的约束条件，它反映了某一具体应用所涉及的数据必须要满足应用语义的要求。例如，产品表(产品编号，产品名称，进货价格)和销售表(销售编号，产品编号，销售时间，销售价格，销售数量)，在向销售表中输入数据时，要求销售价格大于或等于进货价格。

> **注意** 域完整性也可以看成是用户自定义完整性的一种。例如，人的年龄取值范围是用户自定义的，成绩的取值范围(0～100)也是用户自定义的。在这种情况下，数据库的完整性只有三种：实体完整性、参照完整性和用户自定义完整性。

1.4.4 关系模型实例

这里给出两个关系模型实例。

1. 网上玩具商店 ToyUniverse 关系模型

网上玩具商店各关系的属性、主键、外键如表 1-5～表 1-19 所示。

表 1-5 Category(种类)

列(属性)名	中文名称	类 型	宽度	说 明
cCategoryId	种类 ID	CHAR	3	主键
cCategory	种类	CHAR	20	NOT NULL
vDescription	描述	VARCHAR	100	

表 1-6 ToyBrand(商标)

列(属性)名	中文名称	类 型	宽度	说 明
cBrandId	商标 ID	CHAR	3	主键
cBrandName	商标名称	CHAR	20	NOT NULL

表 1-7 Toys(玩具)

列(属性)名	中文名称	类 型	宽度	说 明
cToyId	玩具 ID	CHAR	6	主键
vToyName	玩具名称	VARCHAR	20	NOT NULL
vToyDescription	玩具描述	VARCHAR	250	
cCategoryId	种类 ID	CHAR	3	外键 NOT NULL
mToyRate	玩具价格	DECIMAL	(10,2)	NOT NULL
cBrandId	商标 ID	CHAR	3	外键 NOT NULL
vPhotoPath	照片路径	VARCHAR	1000	
siToyQoh	数量	SMALLINT		NOT NULL
siLowerAge	最低年龄	SMALLINT		NOT NULL
siUpperAge	最大年龄	SMALLINT		NOT NULL
siToyWeight	玩具重量	FLOAT		NOT NULL
vToyImgPath	玩具图像路径	VARCHAR	50	

表 1-8   Country(国家)

列(属性)名	中文名称	类 型	宽度	说 明
cCountryId	国家 ID	CHAR	3	主键
vCountry	国家	VARCHAR	100	NOT NULL

表 1-9   Shopper(购物者)

列(属性)名	中文名称	类 型	宽度	说 明
cShopperId	购物者 ID	CHAR	6	主键
vUserName	用户名	VARCHAR	100	NOT NULL
vPassword	密码	VARCHAR	200	NOT NULL
vShoperName	姓名	VARCHAR	100	NOT NULL
vEmailId	邮件地址	VARCHAR	40	
vAddress	地址	VARCHAR	200	NOT NULL
vCity	城市	VARCHAR	50	
vProvince	省	VARCHAR	50	
cCountryId	国家 ID	CHAR	3	外键
cZipCode	邮政编码	CHAR	10	
CPhone	电话	CHAR	15	NOT NULL
cCreditCardNo	信用卡编号	CHAR	16	NOT NULL
vCreditCardType	信用卡类型	VARCHAR	15	NOT NULL
dExpiryDate	截止日期	DATETIME		

表 1-10   Recipient(接收者)

列(属性)名	中文名称	类 型	宽度	说 明
cOrderNo	订单编号	CHAR	12	主键
vRecipientName	姓名	VARCHAR	100	NOT NULL
vEmail	电子邮件地址	VARCHAR	40	
vAddress	地址	VARCHAR	200	NOT NULL
vCity	城市	VARCHAR	50	
vProvince	省	VARCHAR	50	
cCountryId	国家 ID	CHAR	3	外键 NOT NULL
cZipCode	邮政编码	CHAR	10	
cPhone	电话	CHAR	15	NOT NULL

表 1-11   RecipientList(常用接收者)

列(属性)名	中文名称	类　型	宽度	说　明
RecipientID	接收者 ID	UNIQUEIDENTIFIER		主键
vRecipientName	姓名	VARCHAR	100	NOT NULL
vEmail	电子邮件地址	VARCHAR	40	
vAddress	地址	VARCHAR	200	
CCity	城市	VARCHAR	50	
vProvince	省	VARCHAR	50	
CCountryId	国家 ID	CHAR	3	外键 NOT NULL
CZipCode	邮政编码	CHAR	10	
CPhone	电话	CHAR	15	NOT NULL
cShopperID	购物者 ID	CHAR	6	外键 NOT NULL

表 1-12   ShoppingCart(购物车)

列(属性)名	中文名称	类　型	宽度	是否允许为空
cShopperId	购物者 ID	CHAR	6	主键 外键
cToyId	玩具 ID	CHAR	6	主键 外键
siQty	数量	SMALLINT		NOT NULL
dDate	购物时间	DATETIME		

表 1-13   Wrapper(包装)

列(属性)名	中文名称	类　型	宽度	说　明
cWrapperId	包装 ID	CHAR	3	主键
vDescription	描述	VARCHAR	20	NULL
mWrapperRate	包装费用	DECIMAL	(12,2)	NOT NULL
vPhotoPath	照片	VARCHAR	1000	NULL
vWrapperImgPath	包装图像路径	VARCHAR	50	NULL

表 1-14   ShippingMode(投递模式)

列(属性)名	中文名称	类　型	宽度	说　明
cModeId	模式 ID	CHAR	2	主键
vMode	模式	VARCHAR	25	NOT NULL
iMaxDelDays	最多需要天数	INT		NULL

表 1-15　Orders(订单)

列(属性)名	中文名称	类　型	宽度	说　　明
cOrderNo	订单编号	CHAR	12	主键
dOrderDate	订单日期	DATETIME		NOT NULL
cShopperId	购物者 ID	CHAR	6	外键
cShippingModeId	运货方式 ID	CHAR	2	外键
mShippingCharges	运货费用	DECIMAL	(10,2)	
mGiftWrapCharges	礼品包装费用	DECIMAL	(10,2)	
COrderProcessed	订单处理状态	CHAR	1	0：未审核 1：已审核 2：已出货
mToyTotalCost	玩具总价	DECIMAL	(10,2)	订单细节表中玩具总价之和
mTotalCost	订单总价	DECIMAL	(10,2)	运货费用+礼品包装费用+玩具总价
dExpDelDate	运到日期	DATETIME		

表 1-16　OrderDetail(订单细节)

列(属性)名	中文名称	类　型	宽度	说　　明
cOrderNo	订单编号	CHAR	12	主键 外键
cToyId	玩具 ID	CHAR	6	主键 外键
mToyRate	玩具单价	DECIMAL	(10,2)	NOT NULL
siQty	数量	SMALLINT		NOT NULL
cGiftWrap	是否要礼品包装	CHAR	1	"Y" 和 "N"
cWrapperId	包装 ID	CHAR	3	外键
vMessage	留言信息	VARCHAR	256	
mToyCost	玩具总价	DECIMAL	(10,2)	玩具单价×数量

表 1-17　ShippingRate(运输费用)

列(属性)名	中文名称	类　型	宽度	说　　明
cCountryID	国家 ID	CHAR	3	主键 外键
cModeId	模式 ID	CHAR	2	主键 外键
mRatePerPound	每磅的费用	DECIMAL	(10,2)	NOT NULL

表 1-18　Shipment(出货)

列(属性)名	中文名称	类　型	宽度	说　　明
cOrderNo	订单编号	CHAR	12	主键
dShipmentDate	出货日期	DATETIME		NULL
cDeliveryStatus	投递状态	CHAR	1	NULL
dActualDeliveryDate	实际投递日期	DATETIME		NULL

表 1-19　PickOfMonth(月销售量)

列(属性)名	中文名称	类　型	宽度	说明
cToyId	玩具 ID	CHAR	6	主键　外键
siMonth	月	SMALLINT		主键
iYear	年	INT		主键
iTotalSold	总销售数量	INT		
mTotalMoney	总销售金额	DECIMAL	(10,2)	

本书中大部分例子使用这个关系模型。

2. 学生成绩管理系统关系模型

学生成绩管理系统中各关系的属性、主键、外键如表 1-20 至表 1-23 所示。

表 1-20　dept(学院）

列(属性)名	中文名称	类　型	宽度	说明
deptno	学院编号	CHAR	4	主键
deptname	学院名称	VARCHAR	100	

表 1-21　student(学生）

列(属性)名	中文名称	类　型	宽度	说明
sno	学号	CHAR	10	主键
sname	姓名	VARCHAR	50	
sex	性别	CHAR	2	
birthday	出生日期	DATE		
deptno	学院编号	CHAR	4	外键

表 1-22　course(课程）

列(属性)名	中文名称	类　型	宽度	说明
cno	课程号	CHAR	6	主键
cname	课程名	VARCHAR	50	
credit	学分	FLOAT		

表 1-23　sc(选课）

列(属性)名	中文名称	类　型	宽度	说明
sno	学号	CHAR	10	主键　外键
cno	课号	CHAR	6	主键　外键
score	成绩	INT		

本书部分例子将用到此关系模型。

本 章 小 结

　　本章主要介绍了数据库系统的相关概念，包括数据库、数据库管理系统和数据库系统，并结合数据库管理技术的发展，介绍了数据库的主要特点。数据模型是数据系统的基础和核心，其中概念模型是各种数据模型的共同基础，它和数据库管理系统无关，主要用于从用户的角度对现实世界进行抽象和建模，所构建的模型称为 E-R 模型。逻辑模型则是从数据的组织方式的角度来描述信息的，重点讲述了关系模型。关系模型是静态的，而关系是动态的，关系表现为一张不可再分的二维表。在关系模型中，需要掌握的概念有主键(主码)、属性、外键、实体完整性、参照完整性、用户自定义完整性等。最后给出了两个关系模型实例。学习本章时，应重点关注对基本概念的理解，以便为后续的学习打下良好的基础。

习　题　1

一、名称解释

　　关系模型，关系模式，关系实例，属性，域，元组，超键，候选键，主键，外键，实体完整性规则，参照完整性规则。

二、填空题

　　1. 按组织层数据模型来分，目前在数据库系统中使用的三种数据模型是_____模型、_____模型和_____模型。

　　2. 两个实体之间的关系可以分为_____、_____、_____三类。

　　3. _____是表中的一个属性(字段)或几个属性的组合，用于唯一地确定表中的一个元组(记录)。

　　4. E-R 图中包括_____、_____和联系三种基本要素。

　　5. 关系模型的三个组成部分是_____，_____，_____。

　　6. 关系数据模型中，二维表的列称为_____，二维表的行称为_____。

　　7. 已知系(系编号，系名称，系主任，电话，地点)和学生(学号，姓名，性别，入学日期，专业，系编号)两个关系，系关系的主码是_____，系关系的外码是_____，学生关系的主码是_____，学生关系的外码是_____。

三、选择题

　　1. E-R 图是数据库设计的工具之一，它适用于建立数据库的(　　)。

　　A. 概念模型　　　　B. 逻辑模型　　　C. 结构模型　　　D. 物理模型

　　2. 一个仓库可以存放多种零件，每一种零件可以存放在不同的仓库中，仓库和零件之间为(　　)的联系。

A. 一对一　　　　　B. 一对多　　　　C. 多对多　　　　D. 多对一

3. 数据库系统的核心是(　　)。

A. 数据库　　　　　　　　　　　　B. 数据库管理系统

C. 数据模型　　　　　　　　　　　D. 软件工具

4. 数据库(DB)、数据库系统(DBS)和数据库管理系统(DBMS)之间的关系是(　　)。

A. DBS 包括 DB 和 DBMS　　　　　B. DBMS 包括 DB 和 DBS

C. DB 包括 DBMS 和 DBS　　　　　D. DBS 就是 DB，也就是 DBMS

5. 下列选项中不是关系数据库基本特征的是(　　)。

A. 不同的列应有不同的数据类型　　　B. 不同的列应有不同的列名

C. 与行的次序无关　　　　　　　　　D. 与列的次序无关

6. 数据的完整性包括(　　)。

A. 数据结构完整、数据操作完整和数据实现完整

B. 数据静态结构和数据的动态结构的完整性

C. 外模式、模式和内模式的完整性

D. 实体完整性、参照完整性和用户定义的完整性

7. 数据模型的三要素是(　　)。

A. 外模式、模式和内模式

B. 实体完整性、参照完整性和用户定义的完整性

C. 数据、关系表和数据库

D. 数据结构、数据操作和数据完整性约束

8. 概念数据模型包含的内容是(　　)。

A. 内模式、模式和外模式　　　　　B. 实体、属性以及实体间的联系

C. 表和视图　　　　　　　　　　　D. 数据库管理系统和数据库

9. 下列不属于逻辑数据模型的是(　　)。

A. 关系模型　　　　　　　　　　　B. 实体-联系模型

C. 层次模型　　　　　　　　　　　D. 网状模型

10. 一个关系只有一个(　　)。

A. 候选码　　　　B. 外码　　　　　C. 超码　　　　　D. 主码

11. 关系模型中，一个码(　　)。

A. 可以由多个任意属性组成

B. 至多由一个属性组成

C. 可有多个或者一个其值能够唯一表示该关系模式中任何元组的属性组成

D. 以上都不是

12. 现有如下关系：

患者(患者编号，患者姓名，性别，出生日期，所在单位)

医疗(患者编号，患者姓名，医生编号，医生姓名，诊断日期，诊断结果)

其中，医疗关系中的外码是(　　)。

A. 患者编号　　　　　　　　　　　B. 患者姓名

C. 患者编号和患者姓名　　　　　　D. 医生编号和患者编号

13. 现有一个关系：借阅(书号，书名，库存数，读者号，借期，还期)，假如同一本书允许一个读者多次借阅，但不能同时对一种书借多本，则该关系模式的主码是(　　)。

A. 书号
B. 读者号
C. 书号+读者号
D. 书号+读者号+借期

14. 关系模型中实现实体间 N∶M 联系是通过增加一个(　　)。

A. 关系实现
B. 属性实现
C. 关系或一个属性实现
D. 关系和一个属性实现

15. 根据关系模式的实体完整性规则，一个关系的"主键"(　　)。

A. 不能有两个字段
B. 不能成为另一个关系的外键
C. 不允许为空
D. 可以重复取值

16. 下列关于参照完整性的说法，错误的是(　　)。

A. 参照完整性也称为引用完整性
B. 参照完整性一般指多个实体之间的关联关系
C. 外键值不允许为空
D. 参照完整性一般用外键实现

四、问答题

1. 说明数据库管理系统的功能有哪些。

2. 说明数据库系统由哪几部分组成。

3. 说明概念层数据模型的作用。

4. 说明实体-关系模型中的实体、属性和关系的概念。

5. 解释关系模型中的主键、外键、属性和元组的概念，并说明主键和外键的作用。

6. 指明下列实体间关系的种类：

(1) 玩具和商标
(2) 玩具和种类
(3) 购物者和订单
(4) 购物者和玩具。

7. 设有如下关系表，试指出每个表的主键和外键，并说明外键的引用关系：

(1) 玩具(玩具 ID，玩具名称，玩具描述，种类 ID，玩具价格，商标 ID，照片，数量，最低年龄，最大年龄，玩具重量)

(2) 商标(商标 ID，商标名称，商标描述)

(3) 种类(种类 ID，种类名称，种类描述)

8. 关系模型三个数据完整性包含哪些内容？分别说明每一种完整性的作用。

第2章 关系数据库理论

2.1 关系模型

关系实际上就是关系模式在某一时刻的状态或内容。也就是说，关系模式是关系的类型，关系是它的值。关系模式是静态的、稳定的，而关系则是动态的、随时间不断变化的，因为关系操作在持续更新数据库中的数据。但在实际应用中，常常把关系模式和关系统称为关系，读者可以从上下文中加以区别。

关系模式是对关系的描述。关系模式形式化定义为

R(U, D, dom, F)

其中，R 表示关系名；U 表示组成该关系的属性名集合；D 表示属性组 U 中属性所来自的域；dom 表示属性向域的映像集合；F 表示属性间的数据依赖关系集合。

例如，导师和研究生出自同一个域——人，取不同的属性名，并在模式中定义属性向域的映像，即说明它们分别出自哪个域。

关系模式通常可以简记为

R(U)

或

R (A1, A2, ⋯, An)

其中，R 表示关系名；A1, A2, ⋯, An 表示属性名，而域名及属性向域的映像常常直接说明为属性的类型、长度。

关系数据库系统是支持关系模型的数据库系统。关系模型所具有的特点包括概念单一、规范化、以二维表格表示。

关系模式的优点有：

(1) 数据结构单一。在关系模型中，无论是实体还是实体之间的联系，都用关系来表示；而每个关系都对应一张二维数据表，数据结构简单、清晰。

(2) 关系规范化，并建立在严格的理论基础上。构成关系的基本规范要求关系中每个属性不可再分割，同时关系建立在具有坚实理论基础的严格数学概念基础上。

(3) 概念简单，操作方便。关系模型最大的优势在于其简单性，用户容易理解和掌握，一个关系就是一张二维表格，用户只需用简单的查询语言就能对数据库进行操作。

2.2 关 系 运 算

关系模型源于数学，关系是由元组构成的集合，可以通过关系运算来表达查询要求。而关系代数正是关系操作语言的一种传统的表示方式，它是一种抽象的查询语言。

关系代数的运算对象是关系，运算结果也是关系。与一般的运算类似，运算对象、运算符和运算结果是关系代数的三大要素。关系代数用到的运算符包括四类：集合运算符，专门的关系运算符、算术比较符和逻辑运算符，如表 2-1 所示。

因此，关系的基本运算可分为两类：一类是传统的集合运算(如并、差、交等)，另一类是专门的关系运算(如选择、投影、连接、除法、外连接等)。有些查询需要多个基本运算的组合，经过若干步骤才能完成。

其中，传统的集合运算将关系看成是元组的集合，它包括集合的笛卡尔积运算、并运算、交运算和差运算。专门的关系运算不仅把关系看成是元组的集合，还通过运算表达了查询的要求，包括选择、投影、连接和除运算。在这些运算中，并、差、投影、选择、笛卡尔积属于基本运算，而其他运算(交、连接和除)均可通过基本运算来表达。

表 2-1 关系运算符

运 算 符		含 义	运 算 算		含 义
集合 运算符	∪	并	比较 运算符	>	大于
	−	差		>=	大于等于
	∩	交		<	小于
	×	广义笛卡尔积		<=	小于等于
				=	等于
				≠	不等于
专门的 关系 运算符	σ	选择	逻辑 运算符	¬	非
	π	投影		∧	与
	⋈	连接		∨	或
	÷	除			

2.2.1 传统的集合运算

传统的集合运算是二目运算，它包括并、差、交、笛卡尔积四种运算。设关系 R 和 S

具有相同的目 n(即两个关系均含 n 个属性),其相应的属性取自同一个域,t 为一个元组,则定义并、差、交、笛卡尔积运算如下:

1. 并(Union)

关系 R 与关系 S 的并记为

$$R \cup S = \{t \mid t \in R \lor t \in S\}$$

其结果仍为 n 目关系,由属性 R 或属性 S 的元组组成。

2. 差(Difference)

关系 R 与关系 S 的差记为

$$R - S = \{t \mid t \in R \land t \notin S\}$$

其结果关系仍为 n 目关系,由属于 R 而不属于 S 的所有元组组成。

3. 交(Intersection)

关系 R 与关系 S 的交记为

$$R \cap S = \{t \mid t \in R \land t \in S\}$$

其结果关系仍为 n 目关系,由既属于 R 又属于 S 的元组组成。关系的交运算可以用差运算来表示,即

$$R \cap S = R - (R - S)$$

4. 笛卡尔积(Cartesian Product)

这里的笛卡尔积严格地讲是广义笛卡尔积(Extended Cartesian Product)。在不会引起混淆的情况下,广义笛卡尔积也称为笛卡尔积。

对于两个分别为 n 目和 m 目的关系 R 和 S,其笛卡尔积是一个(n + m)列的元组的集合。元组的前 n 列是来自关系 R 的一个元组,后 m 列是来自关系 S 的一个元组。若关系 R 有 k1 个元组,关系 S 有 k2 个元组,则关系 R 和关系 S 的笛卡尔积有 k1*k2 个元组。记作:

$$R \times S = \{\widehat{t_r t_s} \mid t_r \in R \land t_s \in S\}$$

例如,给出关系 R 和 S 的原始数据,它们之间的并、交、差和笛卡尔积运算结果如图 2-1 所示。

R				S				R∪S		
A	B	C		A	B	C		A	B	C
a1	b1	c1		a1	b2	c2		a1	b1	c1
a1	b2	c2		a1	b3	c2		a1	b2	c2
a2	b2	c1		a2	b2	c1		a2	b2	c1
								a1	b3	c2

R∩S		
A	B	C
a1	b2	c2
a2	b2	c1

R-S		
A	B	C
a1	b1	c1

R×S					
A	B	C	A	B	C
a1	b1	c1	a1	b2	c2
a1	b1	c1	a1	b3	c2
a1	b1	c1	a2	b2	c1
a1	b2	c2	a1	b2	c2
a1	b2	c2	a1	b3	c2
a1	b2	c2	a2	b2	c1
a2	b2	c1	a1	b2	c2
a2	b2	c1	a1	b3	c2
a2	b2	c1	a2	b2	c1

图 2-1　集合运算

专门的关系运算

2.2.2

专门的关系运算包括选择、投影、连接和除运算。为了叙述方便先引入几个符号：

(1) 设关系模式为 $R(A_1, A_2, \cdots, A_n)$，它的一个关系设为 R。$t \in R$ 表示 t 是 R 的一个元组，$t[A_i]$ 则表示元组 t 中相对于属性 A_i 的一个分量。

(2) 若 $A = \{A_{i1}, A_{i2}, \cdots, A_{ik}\}$，其中 $A_{i1}, A_{i2}, \cdots, A_{ik}$ 是 $A_1, A_2, \cdots, A_n$ 中的一部分，则 A 称为属性列或属性组，$t[A] = \{t[A_{i1}], t[A_{i2}], \cdots, t[A_{ik}]\}$ 表示元组 t 在属性列 A 上诸分量的集合。

(3) 设 R 为 n 目关系，S 为 m 目关系，且 $t_r \in R, t_s \in S, \widehat{t_r t_s}$ 称为元组的连接(Concatenation)。它是一个 n + m 列的元组，前 n 个分量为关系 R 中的一个 n 元组，后 m 个分量为关系 S 中的一个 m 元组。

(4) 给定一个关系 R(X，Z)，X 和 Z 为属性组。定义当 t[X] = x 时，x 在 R 中的像集(Images Set)为

$$Z_x = \{t[Z] \mid t \in R，t[X] = x\}$$

x 在 R 中的像集为 R 中 Z 属性对应分量的集合，而这些分量所对应的元组中的属性组 X 上的值为 x。

在介绍专门的关系运算之前，先给出一个简单的学生选课数据库，其中包括以下三个关系。

学生表(Student)：学号(Sno)，姓名(Sname)，性别(Ssex)，年龄(Sage)，系列(Sdept)。

课程表(Course)：课号(Cno)，课程名(Cname)，先行课号(Cpno)，学分(Ccredit)。

学生选课表(SC)：学号(Sno)，课号(Cno)，成绩(Grade)。

各个关系的数据如图 2-2 所示。

Student

Sno	Sname	Ssex	Sage	Sdept
95001	李勇	男	20	CS
95002	刘晨	女	19	IS
95003	王敏	女	18	MA
95004	张立	男	19	IS

Course

Cno	Cname	Cpno	Ccredit
1	数据库	5	4
2	数学		2
3	信息系统	1	4
4	操作系统	6	3
5	数据结构	7	4
6	数据处理		2
7	Pascal 语言	6	4

SC

Sno	Cno	Grade
95001	1	92
95001	2	85
95001	3	88
95002	2	90
95002	3	80

图 2-2　学生选课关系图

1. 选择

选择(Selection)运算是一个单目运算，它是在关系 R 中查找满足给定谓词(即选择条件)的所有元组，记作：

$$\sigma_F(R) = \{t \mid t \in R \wedge F(t) = '真'\}$$

其中，F 表示选择条件，它是一个逻辑表达式，取逻辑值"真"或"假"，由逻辑运算符"非"、"与"和"或"连接各条件表达式组成。

条件表达式的基本形式为

$$X_1 \theta Y_1$$

其中，θ 是比较运算符，它可以是 >、>=、<、<=、= 或 ≠；X_1 和 Y_1 是属性名，或为常量，或为简单函数属性名，也可以用它的序号来代替。

【例 2-1】　查询信息系全体学生，其运算关系表达式为

$$\sigma_{Sdept='IS'}(Student) \quad 或 \quad \sigma_{5='IS'}(Student)$$

选择结果关系如图 2-3 所示。

Sno	Sname	Ssex	Sage	Sdept
95002	刘晨	女	19	IS
95004	张立	男	19	IS

图 2-3　信息系全体学生

【例 2-2】　从关系 Student 中选取所有年龄小于 20 的学生，其关系运算表达式为

$$\sigma_{Sage<'20'}(Student) \quad 或 \quad \sigma_{4<'20'}(Student)$$

选择结果关系如图 2-4 所示。

Sno	Sname	Ssex	Sage	Sdept
95002	刘晨	女	19	IS
95003	王敏	女	18	MA
95004	张立	男	19	IS

图 2-4　年龄为 20 的学生

2. 投影

投影(Projection)运算也是一个单目运算，它是从一个关系 R 中选取所需要的列组成一个新关系，记作：

$$\pi_A(R) = \{t[A] \mid t \in R\}$$

其中，A 为 R 中的属性列。投影操作是从列的角度进行运算的。

【例 2-3】　查询学生关系中有哪些系，其运算关系表达式为

$$\pi_{Sdept}(Student) \quad 或 \quad \pi_5(Student)$$

投影结果关系如图 2-5 所示。

【例 2-4】　查询学生的姓名和所在系，其运算关系表达式为

$$\pi_{Sname,Sdept}(Student) \quad 或 \quad \pi_{2,5}(Student)$$

投影结果关系如图 2-6 所示。

Sdept
CS
IS
MA

图 2-5 学生关系中的系

Sname	Sdept
李勇	CS
刘晨	IS
王敏	MA
张立	IS

图 2-6 学生的姓名和所在系

3. 连接

连接(Join)运算是一个二目运算，它是从两个关系的笛卡尔积中选取满足一定连接条件的元组，记作：

$$R \underset{A\theta B}{\bowtie} S = \{\widehat{t_r t_s} \mid t_r \in R \wedge t_s \in S \wedge t_r[A]\ \theta\ t_s[B]\}$$

其中，A 和 B 分别为 R 和 S 上度数相同且可比的属性组；θ 是比较运算符。

连接运算从关系 R 和 S 的笛卡尔积中选取关系 R 在 A 属性组上的值与关系 S 在 B 属性组上值满足比较关系 θ 的元组。

连接运算中有两种最为重要、也最为常用的连接：一种是等值连接(Equivalent join)，另一种是自然连接(Natural join)。当 θ 为 "=" 时，连接运算称为等值连接。等值连接是从关系 R 和 S 的笛卡尔积中选取 A 和 B 属性值相同的元组。等值连接表示为

$$R \underset{A=B}{\bowtie} S = \{\widehat{t_r t_s} \mid t_r \in R \wedge t_s \in S \wedge t_r[A] = t_s[B]\}$$

自然连接是一种特殊的等值连接，它要求两个关系中进行比较的分量必须是相同的属性组，并且在结果中把重复的属性列去掉。若关系 R 和 S 具有相同的属性组 $t_r[A] = t_s[B]$，则它们的自然连接可表示为

$$R \bowtie S = \{\widehat{t_r t_s} \mid t_r \in R \wedge t_s \in S \wedge t_r[A] = t_s[B]\}$$

一般的连接操作从行的角度进行运算，但自然连接还需要取消重复列，它是同时从行和列两种角度进行运算。

自然连接和等值连接的差别有以下两点：

(1) 自然连接要求相等的分量必须有共同的属性名，等值连接则不作要求。

(2) 自然连接要求把重复的属性名去掉，等值连接则不作要求。

【例 2-5】 设图 2-7 为关系 R 和关系 S，图 2-8 为一般连接 C＜E 的结果，图 2-9 为等值连接 $R_B = S_B$ 的结果，图 2-10 为自然连接的结果。

R

A	B	C
a1	b1	5
a1	b2	6
a2	b3	8
a2	b4	12

S

B	E
b1	3
b2	7
b3	10
b3	2
b5	2

图 2-7 关系 R 和关系 S

A	R.B	C	S.B	E
a1	b1	5	b2	7
a1	b1	5	b3	10
a1	b2	6	b2	7
a1	b2	6	b3	10
a2	b3	8	b3	10

图 2-8 C＜E 连接结果

A	R.B	C	S.B	E
a1	b1	5	b1	3
a1	b2	6	b2	7
a2	b3	8	b3	10
a2	b3	8	b3	2

图 2-9　$R_B = S_B$ 连接结果

A	B	C	E
a1	b1	5	3
a1	b2	6	7
a2	b3	8	10
a2	b3	8	2

图 2-10　自然连接结果

4. 除运算

除运算(Division)是一个复合的二目运算，如果把笛卡尔积看作是"乘法"运算，则除运算可以看作是这个"乘法"的逆运算，故而称它为除法运算。

假设给定关系 R(X，Y)和 S(Y，Z)，其中 X、Y、Z 为属性组。关系 R 中的 Y 与关系 S 中的 Y 可以有不同的属性名，但必须出自相同的域集。关系 R 与 S 的除法运算得到了一个新的关系 P(X)，关系 P 是关系 R 中满足下列条件的元组在属性列 X 上的投影，元组在 X 上的分量值 x 对应的像集 Yx 包含关系 S 在 Y 上投影的集合。记作：

$$R \div S = \{t_r[X] \mid t_r \in R \land \pi_y(S) \subseteq Y_X\}，x = tr[X]$$

其中，Y_X 为 x 在关系 R 中的像集，x = tr[X]。

显然，除法运算是从行和列的角度同时进行运算。

根据关系运算中的除法定义，可以得出它的运算步骤：

(1) 将被除关系的属性分为像集属性 Y 和结果属性 X 两部分；与除关系 S 相同的属性属于像集属性，不相同的属性属于结果属性。

(2) 在除关系 S 中，对像集属性 Y 投影，得到除目标数据集。

(3) 将被除关系分组，分组原则是将结果属性值相同的元组分为一组。

(4) 逐一考察每个组，如果该组的像集属性值中包括目标数据集，则对应的结果属性应属于该除法运算结果集。

【例 2-6】　设图 2-11 为关系 R 和关系 S，R ÷ S 的结果如图 2-12 所示。

R

A	B	C
a1	b1	c2
a2	b3	c7
a3	b4	c6
a1	b2	c3
a4	b6	c6
a2	b2	c3
a1	b2	c1

S

B	C	D
b1	c1	d1
b2	c1	d1
b2	c3	d2

A
a1

图 2-11　关系 R 和关系 S　　　　图 2-12　R ÷ S 结果图

在关系 R 中，A 可以取 3 个值 {a1, a2, a3, a4}。其中：

a1 的像集为 {(b1, c2)，(b2, c3)，(b2, c1)}；

a2 的像集为 {(b3, c7)，(b2, c3)}；

a3 的像集为 {(b4, c6)}；

a4 的像集为 {(b6, c6)}；

S 在(B, C)上的投影为 {(b1, c1)，(b2, c1)，(b2, c3)}；

显然只有 a1 的像集(B，C)$_{a1}$ 包含了 S 在(B，C)属性组上的投影，所以 R ÷ S = {a1}。

2.2.3　关系运算实例

下面以图 2-2 所示的学生选课数据库为例，给出几个关系代数运算综合应用的例子。

【例 2-7】　查询选修了 1 号课程的学生学号，其运算关系表达式为

$$\pi_{Sno}(\sigma_{Cno = '1'}(SC))$$

【例 2-8】　查询选修了 1 号课程或 3 号课程的学生学号，其运算关系表达式为

$$\pi_{Sno}(\sigma_{Cno = '1' \vee Cno = '3'}(SC))$$

或

$$\pi_{Sno}(\sigma_{Cno = '1'}(SC)) \cup \pi_{Sno}(\sigma_{Cno = '3'}(SC))$$

【例 2-9】　查询至少选修了一门其先行课为 5 号课程的学生姓名，其运算关系表达式为

$$\pi_{Sname}(\sigma_{Cpno = '5'}(Course) \bowtie SC \bowtie \pi_{Sno, Sname}(Student))$$

【例 2-10】　查询选修了全部课程的学生学号和姓名，其运算关系表达式为

$$\pi_{Sno, Cno}(SC) \div \pi_{Cno}(Course) \bowtie \pi_{Sno, Sname}(Student)$$

本节介绍了八种关系代数运算，其中并、差、笛卡尔积、选择和投影五种运算为基本运算，其他三种运算，即交、连接和除，均可以用这五种基本运算来表达。引入这三种运算并不增加语言的表达能力，但可以简化表达。

在关系代数中，通过有限次复合这些运算所形成的式子称为关系代数表达式。

2.3　规范化理论

数据库设计的一个最基本的问题是怎样建立一个合理的数据库模式，使数据库系统无论是在数据存储方面，还是在数据操作方面都具有较好的性能。确定什么样的模型是合理的，什么样的模型是不合理的，以及应该通过什么标准去鉴别和采取什么方法来改进，这是在进行数据库设计之前必须明确的问题。

为了确保数据库设计合理可靠、简单实用，长期以来形成了关系数据库设计理论，即规范化理论。这一理论是根据现实世界中存在的数据依赖而进行的关系模式的规范化处理，从而达到一个合理的数据库设计效果。

本节首先说明关系规范化的作用，接着引入函数依赖和范式等基本概念，最后简要介绍一个规范化设计的实例。

2.3.1　问题的提出

从前面的有关内容可知，关系本质上是一张二维表，它是涉及属性的笛卡尔积的一个子集。从笛卡尔积中选取哪些元组构成该关系，通常是由现实世界赋予该关系的元组语义来确定的。元组语义实质上是一个 n 目谓词(n 是属性集中属性的个数)。使该 n 目谓词为真

的笛卡尔积中的元素(或者说全部符合元组语义的元素)的全体就构成了该关系。

但由上述关系所组成的数据库仍可能存在某些问题。为了方便说明，下面先看一个实例。

【例 2-11】 设有一个关于教学管理的关系模式 R(U)，其中 U 是由属性 Sno、Sname、Ssex、Dname、Cname、Tname、Grade 组成的属性集合，Sno 的含义为学生学号，Sname 为学生姓名，Ssex 为学生性别，Dname 为学生所在系别，Cname 为学生所选的课程名称，Tname 为任课教师姓名，Grade 为学生选修该门课程的成绩。若将这些信息设计成一个关系，则关系模式为：教学(Sno，Sname，Ssex，Dname，Cname，Tname，Grade)。选定此关系的主键为(Sno, Cname)。

由该关系的部分数据(如表 2-2 所示)，可以看出，该关系存在着如下问题：

表 2-2　教学关系部分数据

Sno	Sname	Ssex	Dname	Cname	Tname	Grade
0450301	张三恺	男	计算机系	高等数学	李刚	83
0450301	张三恺	男	计算机系	英语	林弗然	71
0450301	张三恺	男	计算机系	数字电路	周斌	92
0450301	张三恺	男	计算机系	数据结构	陈长树	86
0450302	王薇薇	女	计算机系	高等数学	李刚	79
0450302	王薇薇	女	计算机系	英语	林弗然	94
0450302	王薇薇	女	计算机系	数字电路	周斌	74
0450302	王薇薇	女	计算机系	数据结构	陈长树	68
⋮	⋮	⋮	⋮	⋮	⋮	⋮
0420131	陈杰西	男	园林系	高等数学	吴相舆	97
0420131	陈杰西	男	园林系	英语	林弗然	79
0420131	陈杰西	男	园林系	植物分类学	花裴基	93
0420131	陈杰西	男	园林系	素描	丰茹	88

1. 数据冗余(Data Redundancy)

(1) 每一个系名与该系的学生人数乘以每个学生选修的课程门数进行重复存储。

(2) 每一个课程名均对选修该门课程的学生进行重复存储。

(3) 每一个教师都对其所教的课程进行重复存储。

2. 更新异常(Update Anomalies)

由于数据存在冗余，可能导致数据更新异常，这主要表现在以下几个方面：

(1) 插入异常(Insert Anomalies)。由于主键中元素的属性值不能取空值，如果新分配来一位教师或新成立一个系，则这位教师及新系名就无法插入；如果一位教师所开的课程无人选修或一门课程列入计划但目前不开课，该课程信息也无法插入。

(2) 修改异常(Modification Anomalies)。当更改一门课程的任课教师时，则需要修改多个元组。如果仅修改部分元组而未全部更新，则会造成数据的不一致性。同样的情形，如果一

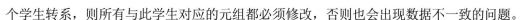

个学生转系，则所有与此学生对应的元组都必须修改，否则也会出现数据不一致的问题。

(3) 删除异常(Deletion Anomalies)。如果某系的所有学生全部毕业，且没有在读的新生，当从表中删除毕业学生的选课信息时，则该系的所有信息将全部丢失。同样的，如果所有学生都退选一门课程，则该课程的相关信息也同样丢失。

由此可知，尽管上述的教学管理关系看起来能满足一定的需求，但其存在的诸多问题表明，它并不是一个合理的关系模式。

2.3.2 解决的方法

不合理的关系模式中最突出的问题是数据冗余，而数据冗余的产生有着较为复杂的原因。虽然关系模式充分地考虑到了文件之间的相互关联，有效地处理了多个文件间的联系所产生的冗余问题。但在关系本身内部，数据之间的联系还没有得到充分的解决。正如例 2-11 所示，同一关系模式中各个属性之间存在着某种联系，如学生与系、课程与教师之间存在依赖关系，正是这种关系才使得数据出现大量冗余，并引发了一系列操作异常问题。这种依赖关系称为数据依赖(Data Independence)。

关系系统中数据冗余产生的重要原因就在于对数据依赖的处理，这直接影响到关系模式本身的结构设计。为解决数据间的依赖关系，通常采用对关系进行分解来消除不合理的部分，从而减少数据冗余。在例 2-11 中，我们将教学关系分解为三个关系模式来表达：学生基本信息(Sno，Sname，Ssex，Dname)，课程信息(Cno，Cname，Tname)及学生成绩(Sno，Cno，Grade)，其中 Cno 为学生选修的课程编号。分解后的部分数据如表 2-3、表 2-4 与表 2-5 所示。

表 2-3　学 生 基 本 信 息

Sno	Sname	Ssex	Dname
0450301	张三恺	男	计算机系
0450302	王薇薇	女	计算机系
⋮	⋮	⋮	⋮
0420131	陈杰西	男	园林系

表 2-4　课 程 信 息

Cno	Cname	Tname
GS01101	高等数学	李刚
YY01305	英语	林弗然
SD05103	数字电路	周斌
SJ05306	数据结构	陈长树
⋮	⋮	⋮
GS01102	高等数学	吴相舆
ZF02101	植物分类学	花裴基
SM02204	素描	丰茹

表 2-5　学 生 成 绩

Sno	Cno	Grade
0450301	GS01101	83
0450301	YY01305	71
0450301	SD05103	92
0450301	SJ05306	86
0450302	GS01101	79
0450302	YY01305	94
0450302	SD05103	74
0450302	SJ05306	68
⋮	⋮	⋮
0420131	GS01102	97
0420131	YY01305	79
0420131	ZF02101	93
0420131	SM02204	88

对教学关系进行分解后，我们进一步分析其效果。

1. 数据存储量减少

设有 n 个学生，每个学生平均选修 m 门课程，则表 2-2 中学生信息占有 $4n \times m$ 个存储单元(学生信息占 4 列)。经过改进后，学生基本信息和成绩表中的学生信息仅为 $4n + mn$ 个存储单元，其存储量减少了 $(3m - 4)n$。显然，只要学生选课数大于 1，就能减少存储量。因此，经过分解后数据存储量明显减少。

2. 更新方便

(1) 插入问题部分解决。对于一位教师所开的无人选修的课程，可方便地在课程信息表中插入。但是，新分配来的教师、新成立的系或已列入计划但目前不开课的课程，仍无法插入。要解决无法插入的问题，可进一步将系名与课程进行分解来解决。

(2) 修改方便。原关系中对数据修改所造成的数据不一致性，在分解后得到了有效解决。改进后，只需要在一处进行修改。

(3) 删除问题也部分解决。当所有学生都退选一门课程时，删除退选的课程不会丢失该门课程的信息。值得注意的是，系的信息丢失问题依然存在，解决的方法仍需继续进行分解。

虽然改进后的模式部分解决了不合理的关系模式所带来的问题，但同时，它也引入了新的问题。例如，当查询某个系的学生成绩时，就需要将两个关系连接后进行查询，增加了查询时关系的连接开销，而关系连接的代价是很大的。

此外，必须说明的是，不是任何分解都是有效的。若将表 2-2 分解为(Sno, Sname, Ssex, Dname)、(Sno, Cno, Cname, Tname)及(Sname, Cno, Grade)，不仅无法解决实际问题，反而可能会带来更多的问题。

那么，什么样的关系模式需要分解？分解关系模式的理论依据是什么？分解后能否完全消除上述的问题吗？回答这些问题需要相关理论的指导。下面几节内容将对此加以讨论。

2.3.3　关系模式规范化

从上述讨论中可知，在关系数据库的设计中，并非任何一种关系模式设计方案都是"合适"的，更不是任何一种关系模式都可以投入应用。数据库中的每一个关系模式的属性之间都需要满足某种内在的必然联系，设计一个好的数据库的根本方法是先要分析和掌握属性间的语义关联，然后再依据这些关联得到相应的设计方案。

在理论研究和实际应用中，人们发现，属性间的关联通常表现为一个属性子集对另一个属性子集的"依赖"关系。按照属性间的对应情况可以将这种依赖关系分为两类：一类是"多对一"的依赖，一类是"一对多"的。其中，"多对一"的依赖最为常见，且研究结果也较为齐整，这就是本章着重讨论的"函数依赖"。而"一对多"依赖相当复杂，就目前而言，人们认识到属性之间存在两种有用的"一对多"情形：一种是多值依赖关系，一种是连接依赖关系。基于对这三种依赖关系在不同层面上的具体要求，人们又将属性之间的这些关联分为若干等级，从而形成了所谓的关系规范化(Relation Normalization)。

由此看来，解决关系数据库冗余问题的基本方案就是分析研究属性之间的联系，并按照每个关系中属性间满足某种内在语义条件，以及相应运算当中表现出的某些特定要求，也就是按照属性间联系所处的规范等级来构造关系，由此形成的一整套相关理论称为关系数据库的规范化理论。

2.3.4　函数依赖

函数依赖(Functional Dependency，FD)是数据依赖(Data Dependency)的一种，它反映了同一关系中属性间一一对应的约束。函数依赖是关系规范化的理论基础。

在前文中介绍了以一个五元组完整表示关系模式的方法

$$R(U, D, Dom, F)$$

其中，R 为关系名；U 为关系的属性集合；D 为属性集 U 中属性的数据域；Dom 为属性到域的映射；F 为属性集 U 的数据依赖集。

由于 D 和 Dom 对设计关系模式的作用不大，在讨论关系规范化理论时可以把它们简化掉，从而关系模式可以用三元组来表示为

$$R(U, F)$$

从上式可以看出，数据依赖是关系模式的重要因素。数据依赖是指同一关系中属性间的相互依赖和相互制约。数据依赖包括函数依赖、多值依赖(Multivalued Dependency，MVD)和连接依赖(Join Dependency，JD)，本小节主要介绍函数依赖。

1. 函数依赖

定义 2.1　设 R(U)是一个关系模式，U 是 R 的属性集合，X 和 Y 是 U 的子集。对于 R(U)的任意一个可能的关系 r，如果 r 中不存在两个元组，它们在 X 上的属性值相同，而在 Y 上的属性值不同，则称"X 函数确定 Y"或"Y 函数依赖于 X"，记作 X→Y。

函数依赖和其他数据依赖一样，属于语义范畴的概念。我们只能根据数据的语义来确

定函数依赖。例如，得知学生的学号后，可以唯一地查询到其对应的姓名、性别等信息，因此可以说"学号函数确定了姓名或性别"，记作"学号→姓名""学号→性别"等。这里的唯一性并非只有一个元组，而是指任何元组，只要它在 X(学号)上相同，那么在 Y(姓名或性别)上的值也相同。如果不满足这一条件，就不能说它们是函数依赖。例如，学生姓名与年龄的关系，当只有在没有同名人的情况下可以说函数依赖"姓名→年龄"成立，如果允许存在相同姓名，则"年龄"就不再依赖于"姓名"。

当 X→Y 成立时，则称 X 为决定因素(Determinant)，Y 为依赖因素(Dependent)。当 Y 不函数依赖于 X 时，记为 X↛Y。

如果 X→Y，且 Y→X，则记其为 X↔Y。

特别需要注意的是,函数依赖并不是指关系模式 R 中某个或某些关系满足的约束条件，而是指 R 的一切关系均要满足的约束条件。

函数依赖概念实际上是候选键概念的推广。事实上，每个关系模式 R 都存在候选键，每个候选键 K 都是一个属性子集。根据候选键的定义，对于 R 的任何一个属性子集 Y，在 R 上都有函数依赖 K→Y 成立。一般而言，给定 R 的一个属性子集 X，在 R 上另取一个属性子集 Y，不一定有 X→Y 成立。但是，对于 R 中候选键 K，R 的任何一个属性子集都与 K 有函数依赖关系，K 是 R 中任意属性子集的决定因素。

2. 函数依赖的三种基本情形

函数依赖可以分为三种基本情形：

1) 平凡函数依赖与非平凡函数依赖

定义 2.2　在关系模式 R(U)中，对于 U 的子集 X 和 Y，如果 X→Y，但 Y 不是 X 的子集，则称 X→Y 是非平凡函数依赖(Nontrivial Function Dependency)。若 Y 是 X 的子集，则称 X→Y 是平凡函数依赖(Trivial Function Dependency)。

对于任一关系模式，平凡函数依赖都是必然成立的。它不反映新的语义信息，因此，若不特别声明，本书将仅讨论非平凡函数依赖。

2) 完全函数依赖与部分函数依赖

定义 2.3　在关系模式 R(U)中，如果 X→Y，并且对于 X 的任何一个真子集 X′，都有 X′↛Y，则称 Y 完全函数依赖(Full Functional Dependency)于 X，记作 $X \xrightarrow{F} Y$。若 X→Y，但 Y 不完全函数依赖于 X，则称 Y 部分函数依赖(Partial Functional Dependency)于 X，记作 $X \xrightarrow{P} Y$。

如果 Y 对 X 部分函数依赖，则 X 中的"部分"就可以确定对 Y 的关联，从数据依赖的观点来看，X 中存在"冗余"属性。

3) 传递函数依赖

定义 2.4　在关系模式 R(U)中，如果 X→Y，Y→Z，且 Y↛X，称 Z 传递函数依赖(Transitive Functional Dependency)于 X，记作 $Z \xrightarrow{T} X$。

传递函数依赖定义中之所以要加上条件 Y↛X，是因为如果 Y→X，X↔Y，这实际上是 Z 直接依赖于 X，而不是传递函数。

按照函数依赖的定义可知，如果 Z 传递依赖于 X，则 Z 必然函数依赖于 X；如果 Z 传递依赖于 X，则说明 Z 是"间接"依赖于 X，从而表明 X 和 Z 之间的关联较弱，表现出间接的弱数据依赖。因此，这也是产生数据冗余的原因之一。

2.3.5 码

在第一章中给出了关系模式的码的非形式化定义，这里使用函数依赖的概念来严格定义关系模式的码。

定义 2.5 设 K 为关系模式 R(U，F)中的属性或属性集合。若 K→U，则 K 称为 R 的一个超码(Super Key)。

定义 2.6 设 K 为关系模式 R(U，F)中的属性或属性集合。若 $K \xrightarrow{F} U$，则 K 称为 R 的一个候选码(Candidate Key)。候选码一定是超码，而且是"最小"的超码，即 K 的任意一个真子集都不再是 R 的超码。候选码有时也称为"候选键"或"码"。

若关系模式 R 有多个候选码，则选定其中一个作为主码(Primary Key)。

组成候选码的属性称为主属性(Prime Attribute)，不参加任何候选码的属性称为非主属性(Non-key Attribute)。

在关系模式中，最简单的情况是单个属性是码，称为单码(Single Key)；最极端的情况是整个属性组都是码，称为全码(All Key)

定义 2.7 关系模式 R 中属性或属性组 X 并非 R 的码，但 X 是另一个关系模式的码，则称 X 是 R 的外部码(Foreign Key)，也称为外码。

码是关系模式中的一个重要概念。候选码能够唯一地标识关系的元组，是关系模式中一组最重要的属性。另一方面，主码与外部码一同提供了一个表示关系间联系的手段。

码由一个或多个属性组成，这些属性可唯一标识元组的最小属性组。码在关系中总是唯一的，即码函数决定关系中的其他属性。因此，一个关系的码值必然是唯一的。否则将违反实体完整性规则。

在关系中，一个函数依赖的决定因素可能是唯一的，也可能不是唯一的。例如，如果我们知道 A 决定 B，且 A 和 B 在同一关系中，但我们仍无法确定 A 是否能决定除 B 以外的其他所有属性，所以无法判断 A 在关系中是否是唯一的。

【例 2-12】 该有关系模式：学生成绩(学生号，课程号，成绩，教师，教师办公室)。此关系中包含的四种函数依赖为

> (学生号，课程号)→成绩
>
> 课程号→教师
>
> 课程号→教师办公室
>
> 教师→教师办公室

其中，课程号是决定因素，但它不是唯一的。因为它能决定教师和教师办公室，但不能决定属性成绩。决定因素(学生号，课程号)除了能决定成绩外，也能决定教师和教师办公室，所以它是唯一的。综合考量，关系的码应取(学生号，课程号)。

函数依赖性是一个与数据有关的事物规则的概念。如果属性 B 函数依赖于属性 A，那么，若知道了 A 的值，则完全可以找到 B 的值。这并不是说可以导算出 B 的具体值，而是指在逻辑上只能存在一个 B 的值。

例如，在人这个实体中，如果知道某人的唯一标识符，如身份证号，则可以得到此人

的性别、身高、职业等信息，所有这些信息都依赖于确认此人的唯一的标识符。然而，通过非主属性如年龄，我们无法确定此人的身高，从关系数据库的角度来看，身高不依赖于年龄。事实上，这也就意味着码是实体实例的唯一标识符。因此，在以人为实体来讨论依赖性时，如果已经知道是哪个人，则身高、体重等信息也就都知道了。码指示了实体中的某个具体实例。

2.3.6 第一范式

关系数据库中的关系必须满足一定的规范化要求，对于不同的规范化程度可用范式来衡量。范式是符合某一种级别的关系模式的集合，是衡量关系模式规范化程度的标准，只有达到范式要求的关系才被视为是规范化的。目前主要有六种范式：第一范式(First Normal Form，1NF)、第二范式(Second Normal Form，2NF)、第三范式(Third Normal Form，3NF)、博茨-科德范式(Boyce-Codd Normal Form，BCNF)、第四范式和第五范式。满足最低要求的叫第一范式，简称为 1NF。在第一范式基础上进一步满足一些要求的为第二范式，简称为 2NF。其余以此类推。显然各种范式之间的关系是：

$$1NF \supset 2NF \supset 3NF \supset BCNF \supset 4NF \supset 5NF$$

如图 2-13 所示，它们之间是一种包含关系。

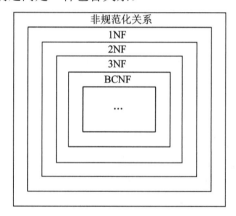

图 2-13   各范式之间的关系

通常把某一关系模式 R 为第 n 范式简记为 R∈nNF。

范式的概念最早由 E.F.Codd 提出。在 1971 至 1972 年间，他先后提出了 1NF、2NF、3NF 的概念。1974 年他又和 Boyee 共同提出了 BCNF 的概念，1976 年 Fagin 提出了 4NF 的概念，后来又有人提出了 5NF 的概念。在这些范式中，最重要的是 3NF 和 BCNF，它们是进行规范化的主要目标。一个低一级范式的关系模式通过模式分解，可以转换为若干个高一级范式的关系模式的集合，这个过程称为规范化。

关系模式的规范化主要解决的问题是关系中数据冗余及由此产生的操作异常等问题。从函数依赖的观点来看，即是消除关系模式中产生数据冗余的函数依赖。

定义 2.8   当一个关系中的所有分量都是不可分的数据项时，就称该关系是规范化的。

如表 2-6 和表 2-7 所示的关系由于具有组合数据项或多值数据项，因而都不是规范化的关系。

表 2-6 具有组合数据项的非规范化关系

职工号	姓 名	工 资		
		基本工资	职务工资	工龄工资

表 2-7 具有多值数据项的非规范化关系

职工号	姓名	职称	系名	学历	毕业年份
05103	周斌	教授	计算机	大学 研究生	1983 1992
05306	陈长树	讲师	计算机	大学	1995

定义 2.9 如果关系模式 R 中每个属性值都是一个不可分解的数据项,则称该关系模式满足第一范式,记为 R∈1NF。

第一范式规定了一个关系中的属性值必须是"原子"的,它排斥了属性值为元组、数组或某种复合数据的可能性,确保关系数据库中所有关系的属性值都是"最简形式",这样要求的意义在于有助于起始结构简单,为以后复杂情形讨论带来方便。一般而言,每一个关系模式都必须满足第一范式,因此 1NF 是对关系模式的基本要求。

非规范化关系转化为 1NF 的方法很简单,且不是唯一的。例如,通过对表 2-6 和表 2-7 分别进行横向和纵向展开,即可转化为如表 2-8 和表 2-9 所示的符合 1NF 的关系。

表 2-8 具有组合数据项的非规范化关系转换为 1NF 规范化关系

职工号	姓名	基本工资	职务工资	工龄工资

表 2-9 具有多值数据项的非规范化关系转换为 1NF 规范化关系

职工号	姓名	职称	系名	学历	毕业年份
05103	周斌	教授	计算机	大学	1983
05103	周斌	教授	计算机	研究生	1992
05306	陈长树	讲师	计算机	大学	1995

但是满足第一范式的关系模式并不一定是一个好的关系模式,例如,关系模式

SLC(SNO,DEPT,SLOC,CNO,GRADE)

其中,SLOC 为学生住处。

假设每个学生住在同一地方,SLC 的码为(SNO,CNO),函数依赖包括

$$(SNO,CNO) \xrightarrow{F} GRADE$$

$$SNO \rightarrow DEPT$$

$$(SNO,CNO) \xrightarrow{P} DEPT$$

$$SNO \rightarrow SLOC$$

$$(SNO,CNO) \xrightarrow{P} SLOC$$

DEPT→SLOC(因为每个系只住一个地方)

显然，SLC 满足第一范式。这里(SNO，CNO)两个属性一起函数决定 GRADE。(SNO，CNO)也函数决定了 DEPT 和 SLOC。但实际上仅 SNO 就能函数决定 DEPT 和 SLOC。因此非主属性 DEPT 和 SLOC 部分函数依赖于码(SNO，CNO)。

SLC 关系存在以下三个问题：

(1) 插入异常问题。假若要插入一个 SNO = '95102', DEPT = 'IS', SLOC = 'N'，但还未选课的学生，即这个学生无 CNO，这样的元组不能插入 SLC 中，因为插入时必须给定码值，而此时码值的一部分为空，因而该学生的信息无法插入。

(2) 删除异常问题。假定某个学生只选修了一门课，且这门课程只有这一个学生选，现在这个学生不想选这门课程了，要退选，就需要删除这个学生对这门课程的选课记录。删除选课记录后，学生和课程信息的基本信息丢失，因此产生了删除异常，即不应删除的信息也删除了。

(3) 数据冗余度大的问题。如果一个学生选修了 10 门课程，那么他的 DEPT 和 SLOC 值就要重复存储 10 次。并且当某个学生从数学系转到信息系，这原本只是一件事，只需要修改此学生元组中的 DEPT 值。但因为关系模式 SLC 还含有系的住处 SLOC 属性，学生转系将同时改变住处，因而还必须修改元组中 SLOC 的值。另外如果这个学生选修了 10 门课，由于 DEPT、SLOC 重复存储了 10 次，当数据更新时必须无遗漏地修改 10 个元组中全部 DEPT、SLOC 信息，这就造成了修改的复杂化，存在破坏数据一致性的隐患。

因此，SLC 不是一个好的关系模式。

2.3.7   第二范式

定义 2.10   如果一个关系模式 R∈1NF，且它的所有非主属性都完全函数依赖于 R 的任一候选码，则 R∈2NF。

关系模式 SLC 出现上述问题的原因是 DEPT、SLOC 对码的部分函数依赖。为了消除这些部分函数依赖，可以采用投影分解法，把 SLC 分解为两个关系模式

SC(SNO, CNO, GRADE)

SL(SNO, DEPT, SLOC)

其中，SC 的码为(SNO, CNO)；SL 的码为 SNO。

显然，在分解后的关系模式中，非主属性都完全函数依赖于码，从而使上述 3 个问题在一定程度上得到部分的解决。

(1) 在 SL 关系中可以插入尚未选课的学生。

(2) 删除学生选课情况涉及的是 SC 关系，如果一个学生所有的选课记录全部删除，则只是在 SC 关系中没有关于该学生的记录，而不会牵涉到 SL 关系中关于该学生的记录。

(3) 由于学生选修课程的情况与学生的基本情况是分开存储在两个关系中的，因此不论该学生选多少门课程，他的 DEPT 和 SLOC 值仅存储 1 次，这就大大降低了数据冗余程度。

(4) 当学生从数学系转到信息系时，只需修改 SL 关系中该学生元组的 DEPT 值和 SLOC 值，由于 DEPT 和 DLOC 并未重复存储，因此简化了修改操作。

2NF 不允许关系模式的属性之间存在的依赖 X→Y,其中 X 是码的真子集,Y 是非主属性。显然,如果一个关系模式的码只包含一个属性且属于 1NF,那么它也一定属于 2NF,因为它不可能存在非主属性对码的部分函数依赖。

SC 关系和 SL 关系都属于 2NF。可见,采用投影分解法将一个 1NF 的关系分解为多个 2NF 的关系,可以在一定程度上减轻原 1NF 关系中存在的插入异常、删除异常、数据冗余度大等问题。

但是将一个 1NF 关系分解为多个 2NF 的关系,这并不能完全消除关系模式中的各种异常情况和数据冗余。也就是说,属于 2NF 的关系模式并不一定是一个好的关系模式。

例如,2NF 关系模式 SL(SNO, DEPT, SLOC)中有下列函数依赖

SNO→DEPT

DEPT→SLOC

SNO→SLOC

由上述可知,SLOC 传递函数依赖于 SNO,即 SL 中存在非主属性对码的传递函数依赖,SL 关系中仍然存在插入异常、删除异常和数据冗余度大的问题。

(1) 删除异常。如果某个系的学生全部毕业,在删除该系学生信息的同时,可能会导致该系的信息也一并被删除。

(2) 数据冗余度大。每一个系的学生都住在同一个地方,关于系的住处的信息却重复出现,重复次数与该系学生人数相同。

(3) 修改复杂。当学校调整学生住处时,例如,信息系的学生全部迁到另一住宿地点,由于每个系的住处信息是重复存储的,修改时必须同时更新该系所有学生的 SLOC 属性值。

所以 SL 仍然存在操作异常问题,尚未达到良好的关系模式。

2.3.8　第三范式

定义 2.11　如果一个关系模式 R∈2NF,且所有非主属性都不传递函数依赖于任何候选码,则 R∈3NF。

关系模式 SL 出现上述问题的原因是 SLOC 传递函数依赖于 SNO。为了消除该传递函数依赖,可以采用投影分解法,把 SL 分解为两个关系模式

SD(SNO, DEPT)

DL(DEPT, SLOC)

其中,SD 的码为 SNO;DL 的码为 DEPT。

显然,在分解后的关系模式中,既没有非主属性对码的部分函数依赖,也没有非主属性对码的传递函数依赖,基本上解决了上述问题:

(1) 当没有学生信息时,可在 DL 关系中插入系别和住处信息。

(2) 如果某个系的学生全部毕业,只需删除 SD 关系中的相应元组,而 DL 关系中关于该系的信息仍然存在。

(3) 关于系的住处的信息只在 DL 关系中存储一次。

(4) 当学校调整某个系的学生住处时,只需修改 DL 关系中一个相应元组的 SLOC 属

性值。

3NF 需求关系模式的属性之间不得存在非平凡函数依赖 X→Y，其中 X 不包含码，Y 是非主属性。X 不包含码的情况有两种：一种情况 X 是码的真子集，这也是 2NF 不允许的；另一种情况 X 含有非主属性，这是 3NF 进一步限制的。

SD 关系和 DL 关系都属于 3NF。可见，采用投影分解法将一个 2NF 的关系分解为多个 3NF 的关系，可以在一定程度上解决原 2NF 关系中存在的插入异常、删除异常、数据冗余度大以及修改复杂等问题。

但是将一个 2NF 关系分解为多个 3NF 的关系后，并不能完全消除关系模式中的各种异常情况和数据冗余。也就是说，属于 3NF 的关系模式虽然基本上消除大部分异常问题，但解决得并不彻底，仍然存在不足。

例如：模型 SC(SNO, SNAME, CNO, GRADE)

假设姓名是唯一的，该模型存在两个候选码：(SNO，CNO)和(SNAME，CNO)。

模型 SC 只有一个非主属性 GRADE，对两个候选码(SNO，CNO)和(SNAME，CNO)都是完全函数依赖，并且不存在对两个候选码的传递函数依赖，因此 SC∈3NF。

但是如果学生退选了课程，相应的元组被删除，也失去了学生学号与姓名的对应关系，因此仍然存在删除异常的问题。此外，由于学生选课很多，姓名也将重复存储，造成数据冗余。因此 3NF 虽然已经是比较好的模型，但仍然存在改进的空间。

2.3.9　BCNF 范式

定义 2.12　关系模式 R∈1NF，对任何非平凡的函数依赖 X→Y(Y⊈X)，X 均包含码，则 R∈BCNF。

BCNF 是由 1NF 直接定义而成，可以证明，如果 R∈BCNF，则 R∈3NF。

根据 BCNF 的定义可以看到，每个 BCNF 的关系模式都具有以下三个性质：

(1) 所有非主属性都完全函数依赖于每个候选码。

(2) 所有主属性都完全函数依赖于每个不包含它的候选码。

(3) 没有任何属性完全函数依赖于非码的任何一组属性。

如果关系模式 R∈BCNF，由定义可知，R 中不存在任何属性传递函数依赖于或部分依赖于任何候选码，所以必定有 R∈3NF。但是，如果 R∈3NF，R 未必属于 BCNF。

3NF 和 BCNF 是以函数依赖为基础的关系模式规范化程度的测度。

如果一个关系数据库中的所有关系模式都属于 BCNF，那么在函数依赖范畴内，它已实现了模式的彻底分解，达到了最高的规范化程度，从而消除了插入异常和删除异常的问题。

BCNF 是对 3NF 的改进，但是在具体实现时，有时会遇到问题。例如，在下面的模型 SJT(U，F)中

$$U = \{S, T, J\}, \quad F = \{SJ \rightarrow T, ST \rightarrow J, T \rightarrow J\}$$

其中，码 ST 和 SJ，没有非主属性，所以 STJ∈3NF。

但是，在非平凡的函数依赖 T→J 中，T 不是码，因此 SJT 不属于 BCNF。

而当用分解的方法提高规范化程度时，可能将破坏原有模式的函数依赖关系，这对

于系统设计来说是有问题的。这个问题涉及模式分解的一系列理论问题，此处不再进一步探讨。

在信息系统的设计中，普遍采用"基于 3NF 的系统设计"方法，这是由于 3NF 是无条件可以达到的，并且基本解决了"异常"的问题。因此，这种方法目前在信息系统的设计中仍被广泛地应用。

如果仅考虑函数依赖这一种数据依赖，属于 BCNF 的关系模式已经相当完美。但如果考虑其他数据依赖，如多值依赖，属于 BCNF 的关系模式仍存在问题，不能算是一个完美的关系模式。

2.3.10　关系模式分解

设有关系模式 R(U)，取定 U 的一个子集的集合 {U1, U2,…, Un}，使得 U = U1∪U2∪…∪Un，如果用一个关系模式的集合 ρ = {R1(U1), R2(U2), …, Rn(Un)} 代替 R(U)，则称 ρ 是关系模式 R(U)的一个分解。

在 R(U)分解为 ρ 的过程中，需要考虑以下两个问题：

(1) 分解前的模式 R 和分解后的 ρ 是否表示相同的数据，即 R 和 ρ 是否等价的问题。

(2) 分解前的模式 R 和分解的 ρ 是否保持了相同的函数依赖，即在模式 R 上有函数依赖集 F，在其上的每一个模式 Ri 上有一个函数依赖集 Fi，则 {F1, F2,…, Fn} 是否与 F 等价。

如果这两个问题得不到解决，分解前后的模式将无法保持一致，从而失去模式分解的意义。

上述第一点考虑了分解后关系中的信息是否保持的问题，由此又引入了保持依赖的概念。

1. 无损分解概念

设 R 是一个关系模式，F 是 R 上的一个依赖集，R 分解为关系模式的集合 ρ = {R1(U1), R2(U2), …, Rn(Un)}。如果对于 R 中满足 F 的每一个关系 r，都有

$$r = \pi R1(r) \bowtie \pi R2(r) \bowtie \cdots \bowtie \pi Rn(r)$$

则称分解相对于 F 是无损连接分解(Lossingless Join Decomposition)，简称为无损分解，否则就称为有损分解(Lossy Decomposition)。

【例 2-13】 设有关系模式 R(U)，其中 U = {A, B, C}，将其分解为关系模式集合 ρ = {R1{A, B}, R2{A, C}}。如图 2-14 所示。

A	B	C
1	1	1
1	2	1

(a) 关系 r

A	B
1	1
1	2

(b) 关系 r1

A	C
1	1

(c) 关系 r2

图 2-14　无损分解

在图 2-14 中，(a)是 R 上一个关系，(b)和(c)是 r 在关系模式 R1({A, B})和 R2({A, C})上的投影 r1 和 r2。此时不难得到 r1 ⋈ r2 = r，也就是说，在 r 投影、连接之后仍然能够恢复为 r，即没有丢失任何信息，这种模式分解就是无损分解。

下面再看 R(U)的有损分解，如图 2-15 所示。

A	B	C
1	1	4
1	2	3

(a) 关系 r

A	B
1	1
1	2

(b) 关系 r1

A	C
1	4
1	3

(c) 关系 r2

A	B	C
1	1	4
1	1	3
1	2	4
1	2	3

(d) r1 ⋈ r2

图 2-15　有损分解

在图 2-15 中，(a)是 R 上一个关系 r，(b)和(c)是 r 在关系模式 R1({A, B})和 R2({A, C})上的投影，(d)是 r1 ⋈ r2，此时，r 在投影和连接之后比原来 r 的元组还要多(增加了噪声)，同时将原有的信息丢失。此时的分解就为有损分解。

2. 无损分解测试算法

如果一个关系模式的分解不是无损分解，则分解后的关系通过自然连接运算将无法还原到分解前的关系。如何保证关系模式分解具有无损分解性？这需要在对关系模式进行分解时必须利用属性间的依赖性质，并通过适当的方法判定其分解是否为无损分解。为达到此目的，人们提出一种"追踪"过程。

输入：

(1) 关系模式 R(U)，其中 U = {A1, A2, …, An}。

(2) R(U)上成立的函数依赖集 F。

(3) R(U)的一个分解 ρ = {R1(U1), R2(U2), …, Rn(Uk)}，而 U = U1∪U2∪…Uk。

输出：

ρ 相对于 F 是否具有无损分解性的判断。

计算步骤如下：

(1) 构造一个 k 行 n 列的表格，其中每列对应一个属性 A_j(j = 1, 2, …, n)，每行对应一个关系模式 $R_i(U_i)$(i = 1, 2, …, k)的属性集合。如果属性 A_j 在 U_i 中，那么在表格的第 i 行第 j 列处添上记号 a_j，否则添上记号 b_{ij}。

(2) 重复检查 F 的每一个函数依赖，并修改表格中的元素，直到表格不能修改为止。

取 F 中函数依赖 X→Y，如果表格中有两行在 X 上分量相等，而在 Y 分量上不相等，则修改 Y 分量的值，使这两行在 Y 分量上相等，实际修改分为两种情况：

① 如果 Y 分量中有一个是 a_j，另一个也修改成 a_j；

② 如果 Y 分量中没有 a_j，就用标号较小的那个 b_{ij} 替换另一个符号。

(3) 修改结束后的表格中有一行全是 a，即 a_1, a_2, …, a_n，则 ρ 相对于 F 是无损分解，否则不是无损分解。

【例 2-14】 设有关系模式 R(U,F)，其中 U = {A, B, C, D, E}，F = {A→C, B→C, C→D, {D, E}→C, {C, E}→A}。R(U, F)的一个模式分解 ρ = {R1(A, D), R2(A, B), R3(B, E), R4(C, D, E), R5(A, E)}。下面使用"追踪"法判断是否为无损分解。

(1) 构造初始表格，如表 2-10 所示。

表 2-10　初 始 表 格

	A	B	C	D	E
{A, D}	a1	b12	b13	a4	b15
{A, B}	a1	a2	b23	b24	b25
{B, E}	b31	a2	b33	b34	a5
{C, D, E}	b41	b42	a3	a4	a5
{A, E}	a1	b52	b53	b54	a5

(2) 重复检查 F 中函数依赖，修改表格元素。

① 根据 A→C，对表 2-10 进行处理，由于第 1、2 和 5 行在 A 分量(列)上的值为 a1(相同)，在 C 分量上的值不相同，因此将属性 C 列的第 1、2 和 5 行上的值 b13，b23 和 b53 修改为同一符号 b13。结果如表 2-11 所示。

表 2-11　第 1 次修改结果

	A	B	C	D	E
{A, D}	a1	b12	b13	a4	b15
{A, B}	a1	a2	b13	b24	b25
{B, E}	b31	a2	b33	b34	a5
{C, D, E}	b41	b42	a3	a4	a5
{A, E}	a1	b52	b13	b54	a5

② 根据 B→C，考察表 2-11，由于第 2 和第 3 行在 B 列上相等，在 C 列上不相等，因此将属性 C 列的第 2 和第 3 行中的 b13 和 b33 改为同一符号 b13，结果如表 2-12 所示。

表 2-12　第 2 次修改结果

	A	B	C	D	E
{A, D}	a1	b12	b13	a4	b15
{A, B}	a1	a2	b13	b24	b25
{B, E}	b31	a2	b13	b34	a5
{C, D, E}	b41	b42	a3	a4	a5
{A, E}	a1	b52	b13	b54	a5

③ 根据 C→D，考察表 2-12，由于第 1、2、3 和 5 行在 C 列上的值为 b13(相等)，在 D 列上的值不相等，因此将 D 列的第 1、2、3 和 5 行上的值 a4，b24，b34，b54 都改为 a4，如表 2-13 所示。

表 2-13　第 3 次修改结果

	A	B	C	D	E
{A, D}	a1	b12	b13	a4	b15
{A, B}	a1	a2	b13	a4	b25
{B, E}	b31	a2	b13	a4	a5
{C, D, E}	b41	b42	a3	a4	a5
{A, E}	a1	b52	b13	a4	a5

④ 根据 {D, E}→C，考察表 2-13，由于第 3、4 和 5 行在 D 和 E 列上的值为 a4 和 a5，即相等，在 C 列上的值不相等，因此将 C 列的第 3、4 和 5 行上的元素都改为 a3，结果如表 2-14 所示。

表 2-14　第 4 次修改结果

	A	B	C	D	E
{A, D}	a1	b12	b13	a4	b15
{A, B}	a1	a2	b13	a4	b25
{B, E}	b31	a2	a3	a4	a5
{C, D, E}	b41	b42	a3	a4	a5
{A, E}	a1	b52	a3	a4	a5

⑤ 根据 {C, E}→A，考察表 2-14，由于第 3、4 和 5 行在 C 和 E 列上的值为 a3 的 a5，即相等，在 C 列上的值不相等，因此将 A 列的第 3、4 和 5 行的元素都改成 a1，结果如表 2-15 所示。

由于 F 中的所有函数依赖已经检查完毕，而表 2-15 是全 a 行，所以关系模式 R(U) 的分解 ρ 是无损分解。

表 2-15　第 5 次修改结果

	A	B	C	D	E
{A, D}	a1	b12	b13	a4	b15
{A, B}	a1	a2	b13	a4	b25
{B, E}	a1	a2	a3	a4	a5
{C, D, E}	a1	b42	a3	a4	a5
{A, E}	a1	b52	a3	a4	a5

2.3.11　关系模式规范化步骤

规范化程度过低的关系模式可能无法充分描述现实世界，可能会存在插入异常、删除异常、修改复杂、数据冗余等问题。解决这些问题的方法就是对其进行规范化，将其转换成高级范式。

规范化的基本思想是逐步消除数据依赖中不合适的部分，使模式中的各关系模式达到某种程度的"分离"，即采用"一事一地"的模式设计原则，让一个关系模式只描述一个概念、一个实体或实体间的一种联系。若多于一个概念就把它"分离"出去。因此所谓规范化实质上是对概念的单一化处理。关系模式规范化的基本步骤如图 2-16 所示。

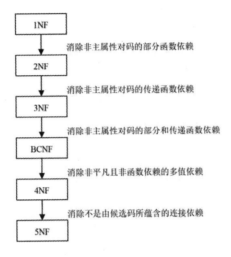

图 2-16 规范化步骤

(1) 对 1NF 关系进行投影，消除原关系中非主属性对码的部分函数依赖，从而将 1NF 关系转换成为若干个 2NF 关系。

(2) 对 2NF 关系进行投影，消除原关系中非主属性对码的传递函数依赖，从而产生一组 3NF。

(3) 对 3NF 关系进行投影，消除原关系中主属性对码的部分函数依赖和传递函数依赖(即使决定属性都成为投影的候选码)，得到一组 BCNF 关系。

以上三步也可以合并为一步：对原关系进行投影，消除决定属性不是候选码的任何函数依赖。

(4) 对 BCNF 关系进行投影，消除原关系中非平凡且非函数依赖的多值依赖，从而产生一组 4NF 关系。

(5) 对 4NF 关系进行投影，消除原关系中不是由候选码所蕴含的连接依赖，即可得到一组 5NF 关系。

5NF 是最终范式。

规范化程度过低的关系可能会存在插入异常、删除异常、修改复杂、数据冗余等问题，因此需要对其进行规范化，转换成高级范式。然而，这并不意味着规范化程度越高的关系模式就越好。在设计数据库模式结构时，必须结合现实世界的实际情况和用户应用需求作进一步分析，以确定一个合适的、能够准确反映现实世界的模式。上述的规范化步骤可以在其中任何一步终止，以满足具体应用的需求。

2.3.12 关系模式规范化的实例

【例 2-15】 表 Project(ECode，ProjCode，Dept，Hours)的结构与数据，如表 2-16 所示。

表 2-16   表 Project

Ecode	ProjCode	Dept	Hours
E101	P27	Systems	90
E305	P27	Finance	10
E508	P51	Admin	NULL
E101	P51	Systems	101
E101	P20	Systems	60
E508	P27	Admin	72

这种情况会引发以下问题：

- 插入时，只有当一个员工被分配到一个项目之后，才能记录其所属部门。
- 更新时，对于一个给定的员工，其员工代码和部门重复多次。因此，如果一个员工调动到另一个部门，该调动会影响表中所有属于该员工的所有行。任何遗漏都将导致数据的不一致性。
- 删除时，如果一个员工完成了某一项目的工作，其记录将被删除。同时，该员工所属的部门相关的信息也将丢失。

这里，主关键字是复合的(ECode + ProjCode)。

表 2-16 符合第一范式(1NF)。现在需要检查其是否符合第二范式(2NF)。

在表 2-16 中，对于 Ecode 的每个值，都有多个 Hours 与其对应。例如，对于 Ecode E101，有三个 Hours 值(90、101 和 60)与其对应。因此，Hours 并不函数依赖于 Ecode。类似地，对于每个 ProjCode 值，也有多个 Hours 值与其对应。例如，对于 ProjCode P27，有三个 Hours 值(90、10 和 72)与其对应。然而，对于 Ecode 和 ProjCode 的组合值，只有一个确定的 Hours 值与之对应。因此，Hours 函数依赖于整个关键字：ECode + ProjCode。

现在，必须检验 Dept 是否函数依赖于主关键字：Ecode + ProjCode。对于 Ecode 的每个值，有一个确定的 Dept 值。例如，对于 ECode 101，有一个确定的对应值：Systems。因此，Dept 函数依赖于 Ecode。然而，对于每个 ProjCode 值，有多个对应的 Dept 值。例如，对于 ProjCode P27，有两个对应的 Dept 值：Systems 和 Finance。所以，Dept 不函数依赖于 ProjCode。因此，Dept 函数依赖于主关键字的一部分(Ecode)而非全部(Ecode + ProjCode)。因此，表 Project 不是 2NF。为了使该表成为 2NF，非关键字属性必须完全函数依赖于整个关键字，而不是部分关键字。

将表转换成 2NF 的步骤如下：

(1) 找出并移去函数依赖于部分关键字而不是整个关键字的属性，将它们放到另一张表中；

(2) 将剩余的属性分组。

为了将表 Project 转换成 2NF，必须移去那些不完全函数依赖于整个关键字的属性，并将这些属性连同其函数依赖的属性放入另一张表中。在例 2-15 中，因为 Dept 不完全函数依赖于整个关键字 Ecode + ProjCode，所以将 Dept 连同 Ecode 一起放入新表 EmployeeDept 中，如表 2-17 表示。

现在，表 Project 中包含 Ecode、ProjCode 和 Hours。

表 2-17(a) EmployeeDept

ECode	Dept
E101	Systems
E305	Finance
E508	Admin

表 2-17(b) Project

ECode	ProjCode	Hours
E101	P27	90
E101	P51	101
E101	P20	60
E305	P27	10
E508	P51	NULL
E508	P27	72

【例 2-16】 表 Employee 的数据和结构如表 2-18 所示。

表 2-18 Employee

Ecode	Dept	DeptHead
E101	Systems	E901
E305	Finance	E909
E402	Sales	E906
E508	Admin	E908
E607	Finance	E909
E608	Finance	E909

由依赖引发的问题有：

• 插入时，现在新成立部门的领导手下还没有员工，因而，这些领导无法被加入到 DeptHead 列中。这是因为主关键字是未知的。

• 更新时，对于一个给定的部门，某个特定的部门领导(DeptHead)的代码重复多次。因此，如果部门领导调动到另一个部门，则所作的修改会引起表中数据的不一致。

• 删除时，如果一个员工的记录被删除，与其相关的部门领导的信息也将被删除。因此，这将引起数据的丢失。

因为表 2-18 的每个单元中都有单一的值，所以它是 1NF。在表 Employee 中的主关键字是 Ecode。对于 Ecode 的每个值，都有一个确定的 Dept 值。因此，属性 Dept 函数依赖于主关键字 Ecode。类似地，对于每个 Ecode 值，都有一个确定的 DeptHead 值。因此，DeptHead 函数依赖于主关键字 Ecode。由于所有的属性都函数依赖于整个关键字 Ecode。因此，该表是 2NF。

然而，属性 DeptHead 也依赖于属性 Dept。对于每个 3NF 而言，所有的非关键字属性都必须仅仅函数依赖于主关键字。因此，该表不是 3NF，是因为 DeptHead 函数依赖于 Dept，而 Dept 不是主关键字。

将一个表转换为 3NF 的步骤如下：

(1) 找出并移去函数依赖于非主关键字属性的非关键字属性，将它们放入另一个表中；

(2) 将其余的属性分组。

为了将表 Employee 转换成 3NF，必须移去 DeptHead 列，并将该列连同其函数依赖的属性 Dept 放入另一个名为 Department 的表中。因为 DeptHead 不仅仅函数依赖于主关键字 Ecode，还函数依赖于 Dept。如表 2-19 所示。

表 2-19(a)　Employee

ECode	Dept
E101	Systems
E305	Finance
E402	Sales
E508	Admin
E607	Finance
E608	Finance

表 2-19(b)　Department

Dept	DeptHead
Systems	E901
Sales	E906
Admin	E908
Finance	E909

2.4　非规范化设计

规范化的最终产物是一系列相关的表，这些表共同构成了数据库。但有的时候，为了得到简单的输出，可能需要连接多个表，这会影响查询的性能。在这种情况下，更明智的做法是引入一定程度的冗余，包括引入额外的列或额外的表。为了提高性能，在表中故意引入冗余的做法称为非规范化。

非规范化设计的基本思想是：现实世界并不总是遵循某一完美的数学化的关系模式。强制性地对事物进行规范化设计，虽然形式上显得简单化，但在内容上趋于复杂化，更重要的是会导致数据库运行效率的降低。非规范化要求适当地降低甚至抛弃关系模式的范式，不再要求一个表只描述一个实体或实体间的一种联系，其主要目的在于提高数据库的运行效率。

非规范化处理的主要技术包括增加冗余列或派生列，对表进行合并、分割或增加重复表。一般认为，在下列情况下可以考虑进行非规范化处理：

(1) 大量频繁进行的查询所涉及的表，需要进行连接；

(2) 主要的应用程序在执行时需要将表连接起来进行查询；

(3) 对数据的计算需要使用临时表或进行复杂的查询。

非规范化设计的主要优点是减少了查询操作所需的连接，减少了外键和索引的数量，可以预先进行统计计算，提高了查询时的响应速度。存在的主要问题是增加了数据冗余，影响了数据库的完整性，降低了数据更新的速度，增加了存储表所占用的物理空间，其中最重要的是数据库的完整性问题。这一问题通常可通过建立触发器、应用事务逻辑、在适当的时间间隔运行批处理命令或存储过程等方法得到解决。

在设计过程中，应根据具体问题具体分析，权衡利弊。

本 章 小 结

　　本章主要讨论关系数据库的理论基础，其中包括关系及其关系模型的一些基本概念、关系代数运算和规范化理论。

　　在关系代数中，运算可分为传统的集合运算和专门的关系运算，包括并、交、差、笛卡尔积，选择、投影、连接、除。其中，选择是针对关系的行运算，投影是针对关系的列运算，一般连接和等值连接针对关系的列运算，而自然连接和除运算是同时针对行和列的运算。因此，要求大家必须熟练运算。

　　关系模式设计的好坏，对消除数据冗余和保持数据一致性等重要问题有直接影响。好的关系模式设计，必须以相应理论为基础，即关系设计中的规范化理论。在数据库中，数据冗余的一个主要原因是数据之间存在的相互依赖关系，这种依赖关系表现为函数依赖、多值依赖等。消除冗余的基本做法是把不符合规范的关系模式分解成若干个比较小的关系模式。而这种分解的过程，是逐步将数据依赖化解的过程，并使之达到一定的范式。对于函数依赖，通常考虑达到 2NF、3NF 或 BCNF。关系模式的规范化过程本质上是一个模式分解过程，而模式分解实际上是将模式中的属性进行重新分组，将逻辑上独立的信息放在独立的关系模式中。

习 题 2

一、名词解释

　　函数依赖，部分函数依赖，完全函数依赖，传递函数依赖，1NF，2NF，3NF，BCNF，多值依赖，4NF，连接依赖，5NF，最小函数依赖集，无损分解。

二、选择题

1. 关系代数运算是以(　　)为基础的运算。

A. 关系运算　　　　B. 谓词演算　　　　C. 集合运算　　　　D. 代数运算

2. 关系数据库管理系统应能实现的专门关系运算包括(　　)。

A. 排序、索引、统计　　　　　　　　B. 选择、投影、连接

C. 关联、更新、排序　　　　　　　　D. 显示、打印、制表

3. 五种基本关系代数运算是(　　)。

A. ∪ − × σ π　　　　　　　　　　B. ∪ − σ π ⋈

C. ∪ ∩ × σ π　　　　　　　　　　D. ∪ ∩ σ π ⋈

4. 关系代数表达式的优化策略中，首先要做的是(　　)。

A. 对文件进行预处理　　　　　　　　B. 尽早执行选择运算

C. 执行笛卡尔积运算　　　　　　　D. 投影运算

5. 关系数据库中的投影操作是指从关系中(　　)。

A. 抽出特定记录　　　　　　　　　B. 抽出特定字段

C. 建立相应的影像　　　　　　　　D. 建立相应的图形

6. 从一个数据库文件中取出满足某个条件的所有记录形成一个新的数据库文件的操作是(　　)操作。

A. 投影　　　　　　B. 连接　　　　　　C. 选择　　　　　　D. 复制

7. 关系代数中的连接操作是由(　　)操作组合而成。

A. 选择和投影　　　　　　　　　　B. 选择和笛卡尔积

C. 投影、选择、笛卡尔积　　　　　D. 投影和笛卡尔积

8. 自然连接是构成新关系的有效方法。一般情况下,当对关系 R 和 S 是用自然连接时,要求 R 和 S 含有一个或者多个共有的(　　)。

A. 记录　　　　　　B. 行　　　　　　C. 属性　　　　　　D. 元组

9. 假设有关系 R 和 S,在下列的关系运算中,(　　)运算不要求:"R 和 S 具有相同的元组,且它们的对应属性的数据类型也相同"。

A. R∩S　　　　　B. R∪S　　　　　C. R－S　　　　　D. R×S

10. 假设有关系 R 和 S,关系代数表达式 R－(R－S)表示的是(　　)。

A. R∩S　　　　　B. R∪S　　　　　C. R－S　　　　　D. R×S

11. 下面列出的关系代数表达式中,能够成立的有(　　)。

i. $\sigma_{f1}(\sigma_{f2}(E)) = \sigma_{f1 \wedge f2}(E)$

ii. $E1 \bowtie E2 = E2 \bowtie E1$

iii. $(E1 \bowtie E2) \bowtie E3 = E1 \bowtie (E2 \bowtie E3)$

iv. $\sigma_{f1}(\sigma_{f2}(E)) = \sigma_{f2}(\sigma_{f1}(E))$

A. 全部　　　　　　B. ii 和 iii　　　　　C. 没有　　　　　　D. i 和 iv

12. 有关系 SC(S_ID,C_ID,AGE,SCORE),查找年龄大于 22 岁的学生的学号和分数,正确的关系代数表达式是(　　)。

i. $\pi_{S\_ID, SCORE}(\sigma_{age>22}(SC))$

ii. $\sigma_{age>22}(\pi_{S\_ID, SCORE}(SC))$

iii. $\pi_{S\_ID, SCORE}(\sigma_{age>22}(\pi_{S\_ID, SCORE, AGE}(SC)))$

A. i 和 ii　　　　　B. 只有 ii 正确　　　　C. 只有 i 正确　　　　D. i 和 iii 正确

三、填空题

1. 关系代数运算中,传统的集合运算有＿＿＿、＿＿＿、＿＿＿、＿＿＿。

2. 专门的关系代数运算中,基本的运算是＿＿＿＿、＿＿＿＿、＿＿＿＿、＿＿＿＿。

3. 关系代数中,从两个关系中找出相同元组的运算称为＿＿＿＿运算。

4. R×S 表示 R 与 S 的＿＿＿＿。

5. 设有学生关系:S(XH,XM,XB,NL,DP)。在这个关系中,XH 表示学号,XM 表示姓名,XB 表示性别,NL 表示年龄,DP 表示系部。查询学生姓名和所在系的投影操作的关系运算式是＿＿＿＿＿＿＿＿＿＿。

6. 在"学生-选课-课程"数据库中的三个关系如下：S(S#, SNAME, SEX, AGE)；SC(S#, C#, GRADE)；C(C#, CNAME, TEACHER)，查找选修"数据库技术"这门课程学生的学生名和成绩，若用关系代数表达式来表示为_____。

四、简答题

1. 现要建立关于系、学生、班级、学会等信息的一个关系数据库。语义为：一个系有若干专业，每个专业每年只招一个班，每个班有若干学生，一个系的学生住在同一个宿舍区，每个学生可参加若干学会，每个学会有若干学生。

描述学生的属性有：学号、姓名、出生日期、系名、班号、宿舍区；

描述班级的属性有：班号、专业名、系名、人数、入校年份；

描述系的属性有：系名、系号、系办公室地点、人数；

描述学会的属性有：学会名、成立年份、地点、人数、学生参加某会有一个入会年份。

(1) 请写出关系模式。

(2) 写出每个关系模式的最小函数依赖集，指出是否存在传递依赖，在函数依赖左部是多属性的情况下，讨论函数依赖是完全依赖，还是部分依赖。

(3) 指出各个关系模式的候选关键字、外部关键字，有没有全关键字。

2. 笛卡尔积、等值连接、自然连接三者之间有什么区别？

3. 设关系模式 R(A, B, C, D)，函数依赖集 F = {A→C, C→A, B→AC, D→AC, BD→A}。

(1) 求出 R 的候选码。

(2) 求出 F 的最小函数依赖集。

(3) 将 R 分解为 3NF，使其既具有无损连接性又具有函数依赖保持性。

4. 设关系模式 R(A, B, C, D, E, F)，函数依赖集 F = {AB→E, BC→D, BE→C, CD→B, CE→AF, CF→BD, C→A, D→EF}，求 F 的最小函数依赖集。

5. 判断下面的关系模式是不是 BCNF，为什么？

(1) 任何一个二元关系。

(2) 关系模式选课(学号，课程号，成绩)，函数依赖集 F = {(学号，课程号)→成绩}。

(3) 关系模式 R(A, B, C, D, E, F)，函数依赖集 F = {A→BC, BC→A, BCD→EF, E→C}。

6. 设关系模式 R(B, O, I, S, Q, D)，函数依赖集 F = {S→D, I→S, IS→Q, B→Q}。

(1) 求出 R 的主码。

(2) 把 R 分解为 BCNF，且具有无损连接性。

7. 设有关系模式 R(A, B, C)，函数依赖集 F = {AB→C, C→→A}，R 属于第几范式？为什么？

8. 设有关系模式 R(A, B, C, D)，函数依赖集 F = {A→B, B→A, AC→D, BC→D, AD→C, BD→C, A→CD, B→CD}。

(1) 求 R 的主码。

(2) R 是否为 BCNF？为什么？

(3) R 是否为 3NF，为什么？

03

第 3 章　SQL Server 2022 的使用

本章要点 ✍

◆ 掌握 SQL Server 2022 的安装。

◆ 熟悉 SQL Server 2022 常用工具。

◆ 掌握数据库的创建。

◆ 掌握数据表的创建。

3.1　SQL Server 2022 简介

　　SQL Server 是由美国微软公司(Microsoft)开发和推广的关系数据库管理系统,它最初是由 Microsoft、Sybase 和 Ashton-Tate 三家公司共同开发的,并于 1988 年推出了首个 OS/2 版本。SQL Server 历经多年的发展,在 2022 年推出了 SQL Server 2022。这一版本是迄今为止最支持 Azure 的 SQL Server 版本,在性能、安全性和可用性方面进一步创新,标志着在三十多年历史中 SQL Server 的最新里程碑。SQL Server 2022 与 Azure 的连接,包括 Azure Synapse Link 和 Microsoft Purview,使客户能够更轻松地从大规模数据中获得更深入的洞察、预测以及实现数据治理。Azure 集成还包括 Azure SQL Managed Instance 托管实例的托管灾难恢复(Disaster Recovery,DR)以及近实时分析,允许数据库管理员以更大的灵活性和更小的用户影响来管理数据资产。同时,内置的全新查询智能将自动提升性能和可扩展性。

　　SQL Server 2022 有两个主要版本：SQL Server Enterprise 和 SQL Server Standard,此外,还提供一个专业版 SQL Server Web 和两个扩展版本 SQL Server Developer、SQL Server Express,具体如表 3-1 所示。

表 3-1   SQL Server 2022 版本

SQL Server 版本	定　　义
Enterprise (64 位和 32 位)	作为高级产品/服务，SQL Server Enterprise Edition 提供了全面的高端数据中心功能，具有极高的性能和无限虚拟化，还具有端到端商业智能，可为任务关键工作负载和最终用户访问数据见解提供高服务级别。 企业版可用于评估，评估部署的有效期为 180 天。相关详细信息，请参阅 SQL Server 许可资源和文档
Standard (64 位和 32 位)	SQL Server Standard 版提供了基本数据管理和商业智能数据库，使部门和小型组织能够顺利运行其应用程序并支持将常用开发工具用于内部部署和云部署，有助于以最少的 IT 资源获得高效的数据库管理
Web (64 位和 32 位)	对于 Web 主机托管服务提供商(包括在 Azure 上的 IaaS 上选择 Web 版)和 Web VAP 而言，SQL Server Web 版本是一项总拥有成本较低的选择，可针对从小规模到大规模 Web 资产等内容提供可伸缩性、经济性和可管理性能力
Developer (64 位和 32 位)	SQL Server Developer 版支持开发人员基于 SQL Server 构建任意类型的应用程序。它包括 Enterprise 版的所有功能，但有许可限制，只能用作开发和测试系统，而不能用作生产服务器。SQL Server Developer 是构建和测试应用程序的人员的理想之选
Express 版 (64 位和 32 位)	SQL Server Express Edition 是入门级的免费数据库,是学习和构建桌面及小型服务器数据驱动应用程序的理想选择。它是独立软件供应商、开发人员和热衷于构建客户端应用程序的人员的最佳选择。如果您需要使用更高级的数据库功能,则可以将 SQL Server Express 无缝升级到其他更高端的 SQL Server 版本。SQL Server Express LocalDB 是 Express 版本的一种轻型版本,该版本具备所有可编程性功能,在用户模式下运行,并且具有快速零配置安装和必备组件要求较少的特点

3.2   SQL Server 2022 的安装

3.2.1   安装过程

SQL Server 2022 的安装过程提供了一个功能树，用于安装所有 SQL Server 组件，包括计划、安装、维护、工具、资源、高级、选项等功能。下面是各功能选项中所包含的内容，如图 3-1 所示。

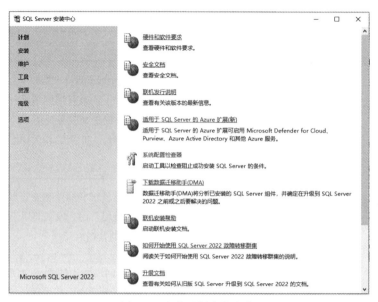

图 3-1   安装计划中的内容

具体安装过程包括以下几个步骤：

(1) 选择"安装"功能，要创建 SQL Server 2022 的全新安装，单击"全新 SQL Server 独立安装或向现有安装添加功能"选项，如图 3-2 所示。

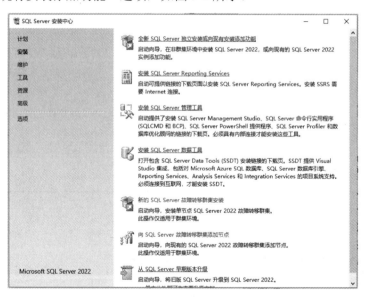

图 3-2   "安装"功能中的内容

(2) 选择要安装的 SQL Server 版本，如图 3-3 所示。用户可以选择使用通过输入产品密钥购买的 SQL Server 许可证，也可以通过 Microsoft Azure 选择即用即付的计费方式。此外，还可以指定 SQL Server 的免费版本：Developer、Evaluation 或 Express。如 SQL Server 联机丛书中所述，Evaluation 版本包含最大的 SQL Server 功能集，已激活且具有 180 天的有效期。Developer 版本永不过期，并且包含与 Evaluation 版本相同的功能集，但仅许可进行非生产数据库应用程序开发。

图 3-3　SQL Server "版本"界面

(3) 在"许可条款"页上选择我接受许可条款和(A)打钩。

(4) 在"Microsoft 更新"页上，可以不用勾选，直接单击"下一步"。

(5) 继续单击"下一步"直到进入"安装规则"页面，系统将在此阶段进行安装程序支持规则检查，以确定安装 SQL Server 安装程序支持文件时可能发生的问题。必须更正所有的失败，安装程序才能继续，可以忽略火墙警告，单击"下一步"，如果安装失败建议暂时关闭 Windows 防火墙后再进行尝试。

(6) 在"适用于 SQL Server 的 Azure"页面上，如果启用 MicrosoftDefender for Cloud、Purview 和 Azure Active Directory，则需要安装适用于 SQL Server 的 Azure 扩展；如果不启用这些服务，可以单击"下一步"。若要安装适用于 SQL Server 的 Azure 扩展，请提供 Azure 账户或服务主体，以便向 Azure 验证 SQL Server 实例。此外，还需要提供订阅 ID、资源组、区 域 和 租 户 ID，以 便 在 其 中 注 册 此 实 例。有 关 每 个 参 数 的 详 细 信 息，请 访 问 https://aka.ms/arc-sql-server。

(7) 在"功能选择"页上，选择要安装的组件。选择某个功能名称后，右侧窗体中会显示每个组件的说明，可根据实际需要，选中一些功能，如图 3-4 所示。一般应用可选择"数据库引擎服务""客户端工具连接""SQL 客户端连接""管理工具"等选项。

(8) 在"实例配置"页面上，指定安装默认实例还是命名实例。对于默认实例，实例的名称和 ID 都是 MSSQLSERVER，也可以自己"命名实例"来安装实例，如图 3-5 所示。SQL Server 支持多个实例，即支持在同一台计算机上可以同时运行多个 SQL Server 数据库引擎实例，每个 SQL Server 数据库引擎实例拥有独立的系统及用户数据库，不与其他实例共享。应用程序连接同一台计算机上的 SQL Server 数据库引擎实例的方式，与连接其他计算机上运行的 SQL Server 数据库引擎的方式基本相同。

图 3-4 "功能选择"界面

图 3-5 "实例配置"界面

(9) 在"服务器配置"页面上，指定 SQL Server 服务的登录账户。SQL Server 提供了多种服务，可以为所有 SQL Server 服务分配相同的登录账户，也可以分别配置每个服务账户。此外，还可以指定服务是自动启动、手动启动还是禁用。Microsoft 建议对各服务账户进行单独配置，以便为每项服务提供最低特权，即向 SQL Server 服务授予它们完成各自任务所需的最低权限，如图 3-6 所示。SQL Server 中的每个服务代表一个进程或一组进程，每个进程需要有访问 SQL Server 相关文件和系统注册表的权限。为了确保 SQL Server 服务能够在操作系统中正常启动和运行，需要指定 SQL Server 的服务账户，所以服务账户指的是 Windows 操作系统中的账户。

图 3-6 "服务器配置"界面

(10) 在"数据库引擎配置"的"服务器配置"页面上，指定身份验证模式、用户名、密码，如图 3-7 所示。这里的用户身份验证指的是登录服务器所使用的身份验证模式及用户名和密码。身份验证模式分为"Windows 身份验证模式"和"混合模式(SQL Server 身份验证和 Windows 身份验证)"。如果选择"Windows 身份验证模式"，表示只能使用 Windows 的账号登录，即使用当前登录到操作系统的账号进行登录，通过这种方式用户登录到 SQL Server 中时不再需要输入账号和密码；如果选择"混合模式"，表示除了可以使用登录到 Windows 的账号作为登录的依据外，还可以使用 SQL Server 系统的账号登录。在此模式下，必须为内置 SQL Server 系统管理员账户(SA)提供一个强密码，并且必须为 SQL Server 实例指定至少一个系统管理员。若要添加用户以运行 SQL Server 安装程序账户，则要单击"添加当前用户"按钮。若要向系统管理员列表中添加账户或从中删除账户，则单击"添加..."或"删除"按钮，然后编辑将拥有 SQL Server 实例的管理员特权的用户、组或计算机列表。

(11) 在"准备安装"页面上显示了安装过程中的安装选项的树视图，如图 3-8 所示。若要继续，单击"安装"按钮。在安装过程中，"安装进度"页面会提供相应的状态信息，以便用户在安装过程中监视安装进度。

图 3-7　设置身份验证模式和管理员

图 3-8　"准备安装"界面

(12) 安装完成后，"完成"页面提供指向安装日志文件摘要以及其他重要说明的链接。

3.2.2　SQL Server 2022 系统数据库和用户数据库

系统安装完成后，SQL Server 2022 会自动创建系统数据库和用户数据库两类数据库。其中系统数据库是 SQL Server 自己使用的数据库，用来存储有关数据库系统的信息，是在 SQL Server 安装时自动创建。用户数据库是由用户自行创建的数据库，用于存储用户使用的数据信息。

1. 系统数据库

SQL Server 2022 有四个系统数据库，分别是 Master 数据库、Model 数据库、MSDB 数据库和 TempDB 数据库。

1) Master 数据库

Master 数据库是 SQL Server 的核心，如果该数据库受到损坏，SQL Server 将无法正常工作。所以定期备份 Master 数据库是至关重要。Master 数据库中包含以下重要信息：

- 所有的登录名或用户 ID 所属的角色信息；
- 所有的系统配置设置，如数据排序信息、安全实现规则、默认语言；
- 服务器中所有的数据库名称及相关信息；
- 数据库文件的存储位置；
- SQL Server 的被初始化方式；
- 缓存的使用方式；
- 字符集的选择；
- 系统错误和警告消息；
- 程序集(一种特殊的 SQL Server 对象)信息。

2) Model 数据库

Model 数据库是一个特殊的系统数据库，用作在 SQL Server 实例上创建所有数据库的模板。当发出 CREATE DATABASE(创建数据库)语句时，将通过复制 Model 数据库中的内容来创建数据库的第一部分，剩余部分由空页填充。因此，如果修改 Model 数据库，之后创建的数据库都将继承这些修改。

3) MSDB 数据库

MSDB 数据库是 SQL Server 代理服务所使用的数据库，主要为代理程序的报警、任务调度和记录操作员的操作提供存储空间。

4) TempDB 数据库

TempDB 数据库是一个临时性的数据库，专门为所有的临时表、临时存储过程及其他临时操作提供存储空间。TempDB 数据库被整个系统中的所有数据库共享，不管用户使用哪个数据库，所建立的临时表和临时存储过程都存储在 TempDB 上。每次启动 SQL Server 时，TempDB 数据库都会被重新建立。当用户与 SQL Server 断开连接时，其临时表和存储过程将自动被删除。

 注意　　因为 TempDB 的大小是有限的，所以在使用它时必须当心，避免 TempDB 被不当的存储过程生成的数据填满。如果发生这种情况，不仅当前的处理无法继续，整个服务器都可能会受到影响，从而影响到该服务器上的所有用户。

2. 用户数据库

安装完成 SQL Server 后默认并不存在任何用户数据库，用户数据库一般由数据库管理员创建。在 SQL Server 中，对应于 OLTP、数据仓库和 Analysis Service 解决方案，提供了 AdventureWorks、AdventureWorksDW、AdventureWorksAS 三个用户示例数据库(简称示例数据库)，可以作为学习 SQL Server 的工具。默认情况下，SQL Server 2022 并未安装示例数据库。如果需要可以从微软网站下载安装。

3.3   SQL Server 2022 **常用管理工具**

3.3.1   SQL Server 配置管理器

启动数据库服务可使用 SQL Server 配置管理器完成，而登录到数据库服务器可使用 SQL Server Management Studio 实现。SQL Server 配置管理器是一种用于管理与 SQL Server 相关联的服务、配置 SQL Server 使用的网络协议，以及从 SQL Server 客户端计算机管理网络连接配置的工具。从"开始"菜单中，选择"所有程序"→"SQL Server 2022 配置管理器"来启动 SQL Server 配置管理器。

1. 启动 SQL Server 服务

SQL Server 服务包括 SQL Server 数据库服务器服务、服务器代理、全文检索、报表服务和分析服务等。使用配置管理器可以启动、暂停、恢复或停止这些服务，还可以查看或更改服务属性。具体操作如下：

在 SQL Server 配置管理器中，单击"SQL Server 服务"选项，在右边列表中可以查看本地所有的 SQL Server 服务，包括不同实例(如果有的话)的服务。如果要启动、停止、暂停或重启这些 SQL Server 服务，可在对应的服务条目上单击右键，在弹出的快捷菜单里选择相应的操作按钮即可，如图 3-9 所示。如果要查看或更改 SQL Server 服务属性，右击服务名称，在弹出的快捷菜单中选择"属性"即可，如图 3-10 所示。

图 3-9   SQL Server 服务

图 3-10   SQL Server(MSSQLSERVER)属性

2. SQL Server 网络配置

SQL Server 网络配置可以配置服务器和客户端网络协议以及连接选项。在正常安装、启用后，通常不需要更改服务器网络连接。但是，如果需要重新配置服务器连接，使 SQL Server 侦听特定的网络协议、端口或管道，则可以使用 SQL Server 配置管理器对网络进行重新配置。具体操作如下：

在 SQL Server 配置管理器中，单击"SQL Server 网络配置"选项，选择要管理的协议——"MSSQLSERVER 的协议"，在右侧的显示区可以看到 SQL Server 2022 所支持的网络协议及其状态，如图 3-11 所示。如果要更改(启用或禁用)协议的状态，可在相应协议上单击右键，并在弹出的快捷菜单里选取相应的选项。如果要查看该协议的属性，则需在快捷菜单中选取"属性"选项。

图 3-11　SQL Server 网络配置

3. SQL Native Client 11.0 配置

SQL Native Client 11.0 配置是指运行客户端程序的网络协议配置，本地计算机仅需安装 SQL Server 的客户端工具。SQL Sever 服务器位于远程计算机上，则需要正确配置本地计算机使用的协议。配置的过程与 SQL Sever 网络配置相似。

> **注意**　无论 SQL Server 使用何种协议，只有服务器端和客户端都使用相同的协议才能进行正常通信。因此，为 SQL Server 2022 配置协议时，必须分别配置服务器端和客户端，并确保两者的一致性。默认情况下，正常安装后两端启用的是传输控制协议/网络协议。

3.3.2　SQL Server 管理平台

SQL Server 管理平台(SQL Server Management Studio，SSMS)是一种集成环境，用于访问、配置、控制、管理和开发 SQL Server 的所有组件。SSMS 将一组多样化的图形工具与多种功能齐全的脚本编辑器组合在一起，可为各种技术水平的开发人员和管理员提供对 SQL Server 的全面访问。

SSMS 将早期版本的 SQL Server 中所包含的企业管理器、查询分析器和 Analysis Manager 功能整合到单一的环境中。此外，SSMS 还可以和 SQL Server 的所有组件(如 Reporting Services、Integration Services) 协同工作。这样，开发人员可以获得熟悉的操作体验，而数据库管理员可获得功能齐全的单一实用工具，该工具结合了易于使用的图形工具和丰富的脚本撰写功能。SQL Server 的版本如果是 2016 之后的版本，则不会集成 SSMS，用户需要去官网单独下载 SSMS 并安装。

启动 SQL Server Management Studio 后，会出现一个如图 3-12 所示的"连接到服务器"对话框。在此对话框中，用户需指定要连接的服务器类型、服务器名称和服务器的身份验证方式，然后单击"连接"按钮，连接并身份验证成功后将进入主界面，如图 3-13 所示。

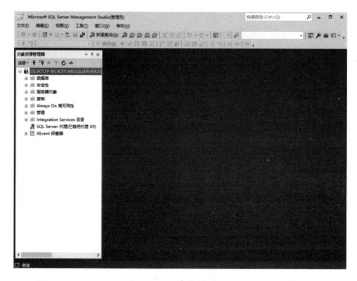

图 3-12　SQL Server Management Studio 登录界面

图 3-13　Microsoft SQL Server Management Studio 主界面

注意　　在启动 Microsoft SQL Server Management Studio 之前，请先开启"SQL Server (MSSQLSERVER)"服务。

3.4　创 建 数 据 库

3.4.1　SQL Server 数据库结构

数据库包括两个方面的含义：一方面，描述信息的数据存储于数据库中，并由 DBMS 统一管理，这种组织形式构成了数据库的逻辑结构；另一方面，描述信息的数据又是以文件的形式存储在物理磁盘上，由操作系统进行统一管理，这种组织形式构成了数据库的物理结构。

1. 数据库逻辑结构

数据库的逻辑结构主要应用于面向用户的数据组织和管理。从逻辑的角度看，数据库由若干个用户可视的对象构成，如表、视图、索引等，由于这些对象存在于数据库中，因此也叫数据库对象。用户利用这些数据库对象存储或读取数据库中的数据，以直接或间接的方式满足于不同应用程序的存储、操作、查询等工作。

SQL Server 数据库内部包含的数据库对象有数据库关系图、表、视图、约束、角色、存储过程、函数、触发器等。通过 SQL Server 对象资源管理器，用户可以查看当前数据库内的各种数据库对象，如图 3-14 所示。

在对象资源管理器中，数据库结点展开后是数据库名，这是编程人员直接引用的名称。在数据库名的右键快捷菜单中单击"属性"，在弹出的窗口中可以找到数据库逻辑名。数据库逻辑名是数据库管理系统使用的名称。

图 3-14　数据库对象资源管理器

2. 数据库物理结构

数据库的物理结构主要是面向计算机操作系统的数据组织和管理，包括数据文件、表与视图的数据组织方式、磁盘空间的利用与回收，以及文本和图形数据的有效存储等。数据库的表现形式是操作系统的物理文件，一个数据库通常由一个或多个磁盘上的文件组成，对用户是透明的。数据库物理文件名是操作系统使用的，SQL Server 将数据库映射成一组操作系统文件，数据和日志信息分别存储在不同的文件中，每个数据库都有自己的数据文件和日志文件。

在 SQL Server 中，数据库是由数据库文件和事务日志文件组成。一个数据库至少应包含一个数据库文件和一个事务日志文件。

1) 数据库文件

数据库文件(Database File)是存放数据库数据和数据库对象的文件。一个数据库可以有一个或多个数据库文件，而每一个数据库文件只属于一个数据库。当数据库包含多个数据库文件时，其中一个文件被定义为主数据库文件(Primary Database File)，扩展名为 .mdf，用来存储数据库的启动信息和部分或全部数据，每个数据库只能有一个主数据库文件。其他数据库文件被称为次数据库文件(Secondary Database File)，扩展名为 .ndf，用来存储主数据库文件没有存储的其他数据。

采用多个数据库文件存储数据的优点主要体现在下面两个方面：

● 数据库文件可以不断扩充，不受操作系统文件大小的限制；

● 可以将数据库文件存储在不同的硬盘中，这样可以同时对几个硬盘做数据存取，提高了数据处理的效率，对于服务器型的计算机尤为重要。

2) 事务日志文件

事务日志文件(Transaction Log File)是用来记录数据库更新情况的文件，扩展名为 .ldf。例如，使用 INSERT、UPDATE、DELETE 等对数据库进行的操作都会记录在此文件中，而像 SELECT 等不会对数据库内容产生影响的操作则不会记录在案。一个数据库可以有一个或多个事务日志文件。

在 SQL Server 中，事务采用"Write-Ahead(提前写)"的方式，即对数据库的修改先写入事务日志中，再写入数据库。其具体操作是：系统先将更改操作写入事务日志中，再更改存储在计算机缓存中的数据；为了提高执行效率，此更改不会立即写入硬盘中的数据库中，而是由系统以固定的时间间隔执行 CHECKPOINT 命令，将更改过的数据批量写入硬盘。SQL Server 有个特点，即在执行数据更改时，会设置一个开始点和一个结束点，如果在尚未到达结束点就因某种原因导致操作中断，那么在 SQL Server 重新启动时，系统将会自动恢复已修改的数据，使其恢复到未被修改的状态。由此可见，当数据库被破坏时，可以利用事务日志恢复数据库内容。

3) 文件组

文件组(File Group)是将多个数据库文件集合形成的一个整体，每个文件组都有一个组名。与数据库文件一样，文件组也分为主文件组(Primary File Group)和次文件组(Secondary File Group)。一个文件只能存在于一个文件组中，一个文件组也只能被一个数据库使用。主文件组中包含了所有的系统表。当建立数据库时，主文件组包括主数据库文件和未指定组的其他文件。在次文件组中，可以指定一个默认文件组，如果在创建数据库对象时未指定将该对象应放在哪一个文件组中，就会将其放在默认文件组中。如果没有指定默认文件组，则主文件组为默认文件组。

在考虑数据库的空间分配时，需要了解以下规则：

(1) 所有数据库都包含一个主数据库文件与一个或多个事务日志文件，此外，还可以包含零个或多个辅助数据库文件。实际的文件都有两个名称：操作系统管理的物理文件名和数据库管理系统管理的逻辑文件名(在数据库管理系统中使用的、用在 Transact-SQL 语句中的名字)。数据库文件和事务日志文件的默认存放位置为"\Program Files\Microsoft SQL Server\MSSQL\Data"文件夹。

(2) 在创建用户数据库时，包含系统表的 Model 数据库自动被复制到新建的数据库中。

(3) 在 SQL Server 中，数据的存储单位是页(Page)。一页是一块 8 KB 的连续磁盘空间，页是存储数据的最小单位。页的大小决定了数据库中的一行数据的最大存储容量。

(4) 在 SQL Server 中，表中的一行数据不允许跨页存储，即行数据必须完整地存储在单个页内。

(5) 在 SQL Server 中，一行数据的大小(即各列所占空间的和)不能超过 8060 B。

根据数据页的大小和行不能跨页存储的规则，可以估算出一个数据表所需的大致空间。例如，假设一个数据库表有 10 000 行数据，每行 3000 B，每个数据页可以存放两行数据，则此表需要的存储空间为(10 000/2) × 8 KB = 40 MB。

3. 数据库的文件属性

在定义数据库时，除了要指定数据库的名字外，还要定义数据库中的数据库文件和事务日志文件的以下属性。

1) 文件名及其位置

每个数据库的数据库文件和事务日志文件都具有一个逻辑文件名和物理存放位置(包括物理文件名)。一般情况下，如果有多个数据库文件，建议将文件分散存储在多个磁盘上，来提高数据存取的并发性，从而获得更好的性能。

2) 初始大小

可以为每个数据库文件和事务日志文件指定初始大小，它们的最小值均为 512 KB。在指定主数据库文件的初始大小时，其大小不能小于 Model 数据库主文件的大小，因为系统会将 Model 数据库的主数据库文件中的内容拷贝到用户数据库的主数据库文件中。

3) 增长方式

如果需要，可以指定文件是否自动增长。该选项的默认配置为自动增长，即当数据库的初始空间用完后，系统会自动扩大数据库空间，目的是防止由于数据库空间不足而造成的不能插入新数据或不能进行数据操作的错误。

4) 最大大小

文件的最大大小指的是文件增长所允许的最大空间限制，默认情况是无限制。建议用户设定允许文件增长的最大空间大小，因为如果用户没有设定最大空间大小并且设置了文件自动增长方式，则文件将会无限制增长直至磁盘空间用完为止。

3.4.2　使用对象资源管理器创建用户数据库

在 SQL Server Management Studio 中，利用图形化方法创建数据库的步骤如下：

(1) 启动 SQL Server 服务，并打开 SQL Server Management Studio；使用"Windows 身份验证"或"SQL Server 身份验证"模式登录到 SQL Server 数据库实例。

(2) 展开 SQL Server 实例，在"数据库"节点上单击鼠标右键，或者在任何一个数据库名上单击鼠标右键，在弹出的右键快捷菜单中选择"新建数据库"命令。

(3) 在弹出如图 3-15 所示的"新建数据库"对话框中，在"数据库名称"文本框中输入数据库名，"所有者"选项为默认值。

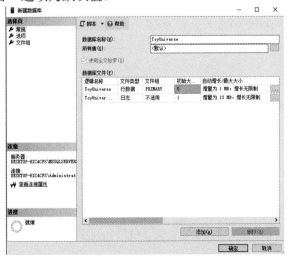

图 3-15　新建数据库对话框

默认情况下，第一个指定的文件为主数据库文件。默认的主数据库文件的逻辑文件名是以数据库名加上"_Data"构成。例如，如果数据库的名字为 ToyUniverse，则主数据库文件的默认逻辑文件名就为 ToyUniverse_Data。主数据库文件的默认存储位置是在 SQL Server 安装目录下的 data 子目录中，默认的物理文件名为"数据库名"+".mdf"。例如，上述"ToyUniverse"数据库的默认主数据库文件的物理文件名就为 ToyUniverse.mdf。文件名可以修改。主数据库文件默认的初始大小为 1 MB。若要更改数据库文件的存储位置，可单击"位置"框上的按钮，弹出查找数据库文件窗口，用户可在此窗口中设置数据库文件的物理存储位置和物理文件名。

命名要符合 SQL Server 的命名规则：长度应在 1～128 个字符之间，名称的第一个字符必须是字母或"_""@""#"中的任意字符；中文名称不能包含空格，也不能包含 SQL Server 的保留字(如 master)。

 注意 可以添加多个数据库文件，从第二个开始指定的文件均为辅助数据库文件。

如果希望使用辅助数据库文件，则可单击"添加"按钮，并指定辅助数据文件的逻辑文件名、物理存储位置和初始大小。这些文件的扩展名均为 .ndf。

(4) 设置所有者。在"所有者"下拉列表框中，可以选择数据库的所有者，数据库的所有者是对数据库有完全操作权限的用户，默认值为当前登录 Windows 系统的管理员账户。如果需要更改所有者的名字，单击所有者后面的"…"按钮，弹出如图 3-16 所示的"选择数据库所有者"对话框，来选取操作系统的用户。

图 3-16　更改数据库所有者设置

(5) 设置数据库文件的初始大小。主数据库文件和辅助数据库文件的默认初始大小均为 1 MB，若要更改数据文件的初始大小，可直接在"初始大小"框中输入所需的大小(以 MB 为单位)。

(6) 设置数据文件的增长方式。如果希望数据库文件的容量能根据实际数据的需要由系统自动增加，可选中"文件属性"栏中的"文件自动增长"选项。文件的自动增长方式有以下两种：

① 如果希望每次数据文件的增长均以 MB 为单位自动增加，可选中图 3-17 中的"按 MB(M)"单选按钮，并指定每次增加 MB 数量(默认为 1 MB)。

② 如果希望文件按当前大小的百分比增长，可选中图 3-17 中的"按百分比(P)"单选按钮，并指定每次增加的百分比(默认为 10%)。

设置数据文件的大小是否有上限。若要允许文件的增长没有限制，可选中图 3-17 中的"无限制(U)"单选按钮；系统默认本选项。注意：没有上限的含义是数据库文件增长仅受磁盘空间的限制。若要使文件的增长有限制，可选中图 3-17 中的"限制为(MB)(L)"单选按钮，并在后面的框中输入一个最大值，表示当文件增长到此上限值时将不再增长。

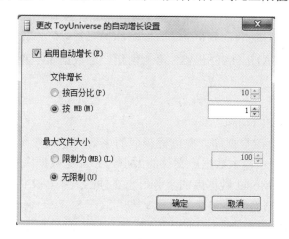

图 3-17　更改数据库自动增长设置

(7) 如果需要更改新建数据库的默认选项，可选择"选项"页。在该页中，可以修改排序规则、恢复模式、兼容级别、恢复选项、游标选项等数据库选项。

(8) 如果需要对新建数据库添加文件组，可以选择"文件组"页，并单击"添加"按钮可以添加其他的文件组。

当完成新建数据库的所有选项后，单击"确定"按钮，SQL Server 数据库引擎会根据用户的设置完成数据库的创建。这时在"SQL Server Management Studio"的"数据库"节点下即可看见新创建的数据库。

3.4.3　使用 SQL 语句创建数据库

使用 Transact-SQL(T-SQL)语言创建数据库的语句为 CREATE DATABASE。对于经验丰富的编程用户而言，这种方式更加直接和高效。

在 SQL Server Management Studio 中，单击标准工具栏的"新建查询"按钮，启动 SQL 编辑器窗口，如图 3-18 所示。在光标处输入创建数据库的 T-SQL 语句，然后单击"执行"按钮；SQL 编辑器会将用户输入的 T-SQL 语句，发送到服务器端，先进行语法检查，后编译执行，最后返回执行结果。

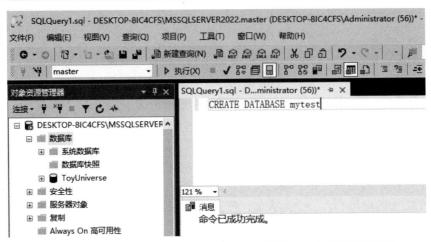

图 3-18　在 SQL Server Management Studio 中通过命令方式创建数据库

【例 3-1】　用 CREATE DATABASE 语句创建一个数据库，数据库名为"mytest"，其他项均采用默认方式。

语法如下：

CREATE DATABASE mytest

创建名为"mytest"的数据库，并创建相应的主数据库文件和事务日志文件。因为该语句没有指定其他参数，所以主数据库文件的大小为 Model 数据库的主数据库文件的大小。事务日志文件的大小为 Model 数据库的事务日志文件的大小。文件可以增长到填满所有可用的磁盘空间为止。数据库文件和事务日志文件存放在 SQL Server 安装目录下的默认子目录中，一般是"MSSQL12.MSSQLSERVER 2022\MSSQL\DATA"。

【例 3-2】用 CREATE DATABASE 语句创建一个数据库，数据库名为"ToyUniverse"，此数据库包含一个数据库文件和一个事务日志文件。

具体参数如表 3-2 所示。

表 3-2　ToyUniverse 数据库各个参数

选　项		参　数
数据库名称		ToyUniverse
数据文件	逻辑文件名	ToyUniverse_Data
	物理文件名	D:\SQL 2022\DataBase\ToyUniverse_Data.mdf
	初始大小	10 MB
	最大容量	不受限制
	增长量	5 MB
日志文件	逻辑文件名	ToyUniverse_Log
	物理文件名	D:\SQL 2022\DataBase\ToyUniverse_Log.ldf
	初始大小	10 MB
	最大容量	2000 MB
	增长量	10%

完成上述要求的 SQL 语句为：

```
USE master                        --设置当前工作数据库
GO                                --一批 SQL 语句的分隔符。
CREATE DATABASE ToyUniverse
ON PRIMARY
(
        NAME = ToyUniverse_Data,        --数据库文件逻辑文件名
        FILENAME = 'D:\SQL 2022\DataBase\ToyUniverse_Data.mdf',   --数据库文件物理文件名
        SIZE = 10,                      --数据库文件初始大小为 10 MB
        MAXSIZE = UNLIMITED,            --数据库文件大小无限制
        FILEGROWTH = 5                  --数据库文件每次增量为 5 MB
)
LOG ON
(
        NAME = ToyUniverse_Log,         --事务日志文件逻辑文件名
        FILENAME = 'D:\SQL 2022\DataBase\ToyUniverse_Log.ldf',   --事务日志文件物理文件名
        SIZE = 10,                      --事务日志文件初始大小为 10 MB
        MAXSIZE = 2000,                 --事务日志文件最大为 2000 MB
        FILEGROWTH = 10%                --事务日志文件每次增量为当前大小的 10%
)
GO
```

关于 Create DataBase 的详细语法，可查阅 SQL Server 的帮助文档。

3.5　创建数据表

在使用数据库的过程中，最常用的就是数据库中的表。表是数据存储的地方，是数据库中最重要的部分，管理好表也就管理好了数据库。

3.5.1　数据类型

计算机中的数据有两种特征：类型和长度。所谓数据类型，就是以数据的表现方式和存储方式来划分的数据的种类。在 SQL Server 中，每个变量、参数、表达式等都有数据类型。系统提供的数据类型分为七大类，如表 3-3 所示。

表 3-3　SQL Server 的数据类型

数据类型分类	数 据 类 型	基本目的
精确数值	BIT、INT、SMALLINT、TINYINT、BIGINT、DECIMAL(p, s)、NUMERIC(p, s)	存储带或不带小数的精确数值
近似数值	FLOAT(p)、REAL	存储带小数或不带小数的数值
货币	MONEY、SMALLMONEY	存储带 4 位小数位的数值，专门用于货币值
日期和时间	DATE、DATETIMEOFFSET、DATETIME2、SMALLDATETIME、DATETIME、TIME	存储时间和日期信息
字符串	CHAR(n)、NCHAR(n)、VARCHAR(n)、VARCHAR(max)、NVARCHAR(n)、NVARCHAR(max)、TEXT、NTEXT	存储基于可变长度的字符的值
二进制	BINARY(n)、VARBINARY(n)、VARBINARY(max)、IMAGE	存储二进制表示数据
特定数据类型	CURSOR、TIMESTAMP、HIERARCHYID、UNIQUEIDENTIFIER、SQL_VARIANT、XML、TABLE、GEOGRAPHY、GEOMETRY	专门处理的复杂的数据类型

这七种数据类型又可细分为以下几种类型。

1) 精确数值数据类型

精确数值数据类型用来存储没有小数位或带有多个精确小数位的数值。使用任何算术运算符都可以操作这些数据类型中的数值，不需要任何特殊处理。精确数值数据类型的存储也有明确的定义，如表 3-4 所示，表中列出了 SQL Server 支持的精确数值数据类型。其中：p 表示可供存储的值的总位数(不包括小数点)，默认值为 18；s 表示小数点后的位数，默认值为 0。

表 3-4　精确数值数据类型

数据类型	存储长度/B	取值范围	说 明
BIT	1	0 或 1	如果输入 0 或 1 以外的值，将被视为 1
INT	4	$-2^{31} \sim 2^{31}-1$	正负整数
SMALLINT	2	$-32\,768 \sim 32\,767$	正负整数
TINYINT	1	$0 \sim 255$	正整数
BIGINT	8	$-2^{63} \sim 2^{63}-1$	大范围的正负整数
DECIMAL(p,s)	5～17	$-10^{38}+1 \sim 10^{38}-1$	最大可存储 38 位十进制数
NUMERIC(p,s)	5～17	$-10^{38}+1 \sim 10^{38}-1$	与 DECIMAL 等价

例如，decimal (15, 5)，表示共有 15 位数，其中整数 10 位，小数 5 位；最大精度是 38 位，

使用最大精度时，有效值为 $(-10^{38} + 1) \sim (10^{38} - 1)$。

2) 近似数值数据类型

近似数值数据类型用来存储十进制数值，但其数值只能精确到数据类型定义中指定的精度，不能保证小数点右边的所有数字都能正确存储，所以可能会有误差。由于这些数据类型的精度有限，所以使用频率较低，通常仅在精度数据类型不够大时才考虑使用。表 3-5列出了 SQL Server 支持的近似数值数据类型。

表 3-5　近似数值数据类型

数据类型	存储长度/B	取 值 范 围	说　明
FLOAT(p)	4 或 8	$1.79\mathrm{E} + 308 \sim -2.23\mathrm{E} - 308$、0 和 $2.23\mathrm{E} - 308 \sim 1.79\mathrm{E} + 308$	存储大型浮点数
REAL	4	$-3.40\mathrm{E} + 38 \sim -1.18\mathrm{E} - 38$、0 和 $1.18\mathrm{E} - 38 \sim 3.40\mathrm{E} + 38$	SQL-92 标准已被 FLOAT 替换

3) 货币数据类型

货币类型用于存储精确到 4 位小数位的货币值，表 3-6 列出了 SQL Server 支持的货币数据类型。

表 3-6　货币数据类型

数据类型	存储长度/B	取 值 范 围	说　明
MONEY	8	$-922\,337\,203\,685\,477.5808 \sim 922\,337\,203\,685\,477.5807$	存储大型货币值
SMALLMONEY	4	$-214\,748.3648 \sim 214\,748.3647$	存储小型货币值

4) 日期和时间数据类型

日期和时间数据类型用于存储日期和时间，表 3-7 列出了 SQL Server 支持的日期和时间数据类型。

表 3-7　日期和时间数据类型

数据类型	存储长度/B	取 值 范 围	精　度
DATE	3	0001-01-01 ~ 9999-12-31	1 day
TIME	3~5	00:00:00.0000000 ~ 23:59:59.9999999	100 ns
SMALLDATETIME	4	1900-01-01 ~ 2079-06-06	1 min
DATETIME	8	1753-01-01 ~ 9999-12-31	0.003 33 s
DATETIME2	6~8	0001-01-01 00:00:00.0000000 ~ 9999-12-31 23:59:59.9999999	100 ns
DATETIMEOFFSET	8~10	0001-01-01 00:00:00.0000000 ~ 9999-12-31 23:59:59.9999999 (以世界协调时间 UTC 表示)	100 ns

5) 字符数据类型

字符数据类型用于存储字符数据，每种字符占用 1 个或 2 个字节，具体取决于该数据类型的编码方式。编码方式主要有 ANSI 和 Unicode 两种，其中 ANSI 编码使用单字节来表示每个字符，Unicode 标准使用 2 个字节来表示字符。表 3-8 列出了 SQL Server 支持的字符数据类型。使用 Unicode 标准的优势在于因其使用 2 个字节做存储单位，增加了每个存储单位的容纳量，能够涵盖全球范围内的语言文字，一个数据列中可以同时包含中文、英文、法文、德文等，而不会出现编码冲突。

表 3-8　字符数据类型

数据类型	存储长度	取值范围	说　明
CHAR(n)	1～8000 B	最多 8000 个字符	固定长度 ANSI 数据类型
NCHAR(n)	2～8000 B	最多 4000 个字符	固定长度 Unicode 数据类型
VARCHAR(n)	1～8000 B	最多 8000 个字符	可变长度 ANSI 数据类型
VARCHAR(max)	最大 2 G	最多 1 073 741 824 个字符	可变长度 ANSI 数据类型
NVARCHAR(n)	2～8000 B	最多 4000 个字符	可变长度 Unicode 数据类型
NVARCHAR(max)	最大 2 G	最多 536 870 912 个字符	可变长度 Unicode 数据类型
TEXT	最大 2 G	最多 1 073 741 824 个字符	可变长度 ANSI 数据类型
NTEXT	最大 2 G	最多 536 870 912 个字符	可变长度 Unicode 数据类型

注意　可变长度数据类型具有变动长度的特性，因为 VARCHAR 数据类型的存储长度为实际数值长度。若输入数据的字符数小于 n，则系统不会在其后添加空格来填满设定好的空间；反之固定长度的类型，如果输入字符长度比定义长度小，则在其后添加空格来填满长度。

6) 二进制数据类型

二进制数据类型存储的是 0、1 组成的文件。表 3-9 列出了 SQL Server 支持的 4 种二进制数据类型。

表 3-9　二进制数据类型

数据类型	存储长度	说　明
BINARY(n)	1～8000 B	存储固定大小的二进制数据
VARBINARY(n)	1～8000 B	存储可变大小的二进制数据
ARBINARY(max)	最大 2 G	存储可变大小的二进制数据
IMAGE	最大 2 G	存储可变大小的二进制数据

说明　在 Microsoft SQL Server 的未来版本中，将删除 ntext、text 和 image 数据类型，请避免在新的开发工作中使用这些数据类型，并考虑修改当前使用这些数据类型的应用程序，改用 nvarchar(max)、varchar(max)和 varbinary(max)较好。

7) 特定数据类型

除了上述的数据类型外，SQL Server 还提供了几种特殊的数据类型，表 3-10 描述了这几种特殊的数据类型。

表 3-10　特殊数据类型

数据类型	说　　明
TABLE	该类型数据用于存储结果集，方便进行后续处理。TABLE 主要用于临时存储一组作为表值函数的结果集返回的行。TABLE 变量可用于函数、存储过程和批处理中
HIERARCHYID	HIERARCHYID 数据类型是一种长度可变的系统数据类型，可使用 HIERARCHYID 表示层次结构中的位置。类型为 HIERARCHYID 的列不会自动表示树。由应用程序来生成和分配 HIERARCHYID 值，确保行与行之间的所需关系反映在这些值中
TIMESTAMP	TIMESTAMP 的数据类型为 ROWVERSION 数据类型的同义词，不推荐使用 TIMESTAMP 语法
UNIQUWIDENTIFIER	这是一个 16 B 的全球唯一标识符 GUID，用来全局标识数据库、实例和数据表中的一行
CURSOR	这是变量或存储过程 OUTPUT 参数的一种数据类型，这些参数包含对游标的引用
SQL_VARIANT	该类型数据用于存储 SQL Server 支持的各种数据类型(不包括 TEXT、NTEXT、IMAGE、TIMAGE 和 SQL VARIANT)的值
XML	这是指存储 XML 数据的数据类型，可以在列中或者 XML 类型的变量中存储 XML 实例
GEOGRAPHY	地理空间数据类型 GEOGRAPHY 在 SQL Server 中是通过 .net 公共语言运行时(CLR)数据类型实现的，表示圆形地球坐标系中的数据。SQL Server 的 GEOGRAPHY 数据类型用于存储椭球体(圆形地球)数据，如 GPS 纬度和经度坐标之类的
GEOMETRY	平面空间数据类型 GEOMETRY 在 SQL Server 中是作为公共语言运行时(CLR)数据类型实现的，表示欧几里得(平面)坐标系中的数据

3.5.2　使用表设计器创建表

在对象资源管理器中使用表设计器的步骤如下：

如果 SQL Server 服务尚未启动，应先启动 SQL Server 服务；然后打开 SQL Server Management Studio，依次展开服务器和数据库节点，选择要创建表的数据库；在"表"上单击鼠标右键，然后在弹出的快捷菜单中选择"新建表"命令，右边窗口将打开表设计器，如图 3-19 所示。

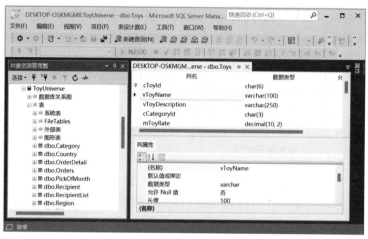

图 3-19　表设计器

在表设计器添加表的列(字段)信息时，需设置列名、数据类型、精度、默认值等属性。为了便于记忆和编程，建议列名取得有实际意义，并尽量使用英文。列名的开头建议带上数据类型代码，紧接着的第一个字母大写，以便于识别，如 vToyName，表示"玩具名称"，是 VarChar 类型。

把所有的列设置好后，单击"保存"按钮，在弹出的对话框中输入表名，即表创建完成。SQL Server 默认情况下不允许表设计器更改表的信息。如果保存时弹出错误提示框，在"工具"→"选项"→"设计器"中取消勾选"阻止保存重新创建表的更改"的选项即可，如图 3-20 所示。

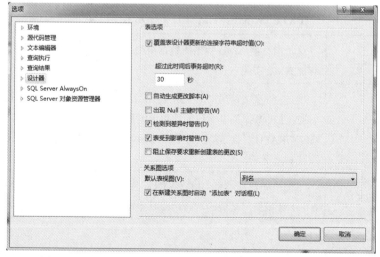

图 3-20　取消勾选"阻止保存要求重新创建表的更改"选项

注意　　定义为 IDENTITY 的列不能允许 NULL 值，一个表至少有一列，但最多不超过 1024 个列，每个数据库中最多可以创建 200 万个表。表在存储时使用的计量单位是盘区 (Extent)，一个盘区分为 8 个数据页，每页大小为 8 KB。在创建新表时，系统会分配给它一个初始值，通常为一个盘区的存储空间。增加表的存储空间时，以盘区为单位增加。

3.5.3　使用关系图管理表与表之间的关系

在 SQL Server 中，可以使用图形化界面管理表与表之间的关系，实现对表的主键和外键的可视化管理。方法如下：

在对象资源管理器中选中"数据库关系图"，并右击鼠标，从弹出的快捷菜单中选择"新建数据库关系图"，如图 3-21 所示。

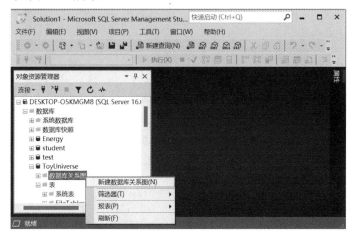

图 3-21　新建数据库关系图

从弹出的对话框中选择要进行关系管理的数据表，点击"确定"按钮后，系统将根据这些表中已经建立的主键和外键建立关系图，如图 3-22 所示。

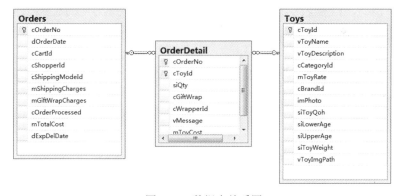

图 3-22　数据库关系图

图中"🔑∞"指向的是主键表。Orders 表与 OrderDetai 表通过 cOrderNo 列联系起来；cOrderNo 列在 Orders 表中是主键，在 OrderDetail 表中是外键。因此，Orders 表是主键表，OrderDetail 表是外键表。同样，Toys 表与 OrderDetail 表通过 cToyId 列联系起来，cToyId 在 Toys 表中是主键，在 OrderDetail 表中是外键。因此 Toys 表是主键表，OrderDetail 表是外键表。

如果表中没有定义好外键，在关系图中将不会显示关系线条。要建立表之间的关系，可以把外键拖动到它参照的表的主键上，放开鼠标后弹出对话框，如图 3-23 所示。检查主键和外键的对应关系是否正确，如有错误可进行更正。

图 3-23　创建关系

确认关系正确后，点击"确定"，关系图中将会出现关系线条。若要删除关系，选中该关系线条，右击鼠标，选择"从数据库中删除关系"。从数据库存删除关系其实是删除了外键表中外键的定义。如果要修改关系的属性，可以选中关系图中的关系线条，右键鼠标从快捷菜单中选择"属性"，在属性窗口里的"INSERT 和 UPDATE 规范"中可设置更新和删除规则。规则选项有："不执行任何操作""级联""设置为 NULL""设置默认值"。

* "不执行任何操作"表示当主键表中的数据更新或删除时，如果外键表中存在这个值，则不允许更新或删除；
* "级联"表示当主键表中的数据更新或删除时，外键表中对应的数据同样更新或删除；
* "设置为 NULL"表示当主键表中的数据更新或删除时，外键表中对应的数据设置为 NULL；
* "设置默认值"表示当主键表中的数据更新或删除时，外键表对应的数据将使用这个列上的默认值。

3.6　删 除 数 据 库

注意　　数据库一旦被删除，将永久被删除，文件及其数据都将从服务器磁盘中删除，所以删除前要做好备份，并慎重操作。

删除用户数据库有以下两种方法：

1. 利用对象资源管理器删除用户数据库

如果想要删除数据库，需打开 SQL Server Management Studio，并在"对象资源管理器"窗口展开数据库实例下的"数据库"节点，在要删除的数据库上单击鼠标右键；然后在快捷菜单中选取"删除"命令，在弹出的"删除对象"对话框中，单击"确定"按钮执行删除操作。数据库删除成功后，在"对象管理器"中将不再出现被删除的数据库。

2. 利用 T-SQL 语句删除用户数据库

T-SQL 语言删除数据库的语句为: DROP DATABASE。对于经验丰富的编程用户而言,这种方式更直接和高效。语法如下:

```
DROP DATABASE database_name
```

 database_name 指要删除的数据的名称。

【例 3-3】 删除 Test 数据库。

语法如下:

```
DROP DATABASE Test
```

本 章 小 结

本章介绍了 SQL Server 2022 的相关知识,内容主要包括 SQL Server 2022 的版本体系,SQL Server 2022 的安装,以及 SQL Server 2022 主要管理工具。本章还介绍了数据库的结构和数据类型,以及如何使用对象资源管理器创建数据库和数据表等内容。

习 题 3

一、选择题

1. 下列哪一个数据库不是 SQL Server 2022 的系统数据库( )。

A. master 数据库
B. msdb 数据库
C. pubs 数据库
D. model 数据库

2. SQL Server 的系统管理员账号是( )。

A. Admin
B. sa
C. root
D. Administrator

3. 可以启动和关闭 SQL Server 服务的工具是( )。

A. SQL Server Management Studio
B. SQL Server 配置管理器
C. SQL Server 分析器
D. SQL Server 联机丛书

4. 对于 NVARCHAR 数据类型,下列说法正确的是( )。

A. 最多可以存储长度为 8000 个汉字的数据
B. 最多可以存储长度为 4000 个汉字的数据
C. 最多可以存储长度为 2000 个汉字的数据
D. 存储数据的大小无限制

5. 下列说法正确的是( )。

A. 一个数据库只能有一个数据库文件，一个数据库文件可以属于多个数据库

B. 一个数据库可以有多个数据库文件，一个数据库文件也可以属于多个数据库

C. 一个数据库可以有一个或多个数据库文件，一个数据库文件只属于一个数据库

D. 一个数据库可以有一个或多个数据库文件，一个数据库文件可以属于多个数据库

6. 事务日志文件用于记录(   )。

A. 程序运行过程   B. 数据

C. 对数据的所有更新操作   D. 程序执行的结果

二、问答题

1. SQL Server 2022 提供了哪些实用工具，并说明其主要用途。

2. SQL Server 数据库由哪两类文件组成？这些文件的作用是什么，推荐扩展名分别是什么？

3. SQL Server 数据库可以包含几个主数据文件?几个辅助数据文件?几个日志文件?

4. SQL Server 中数据是按什么存储的？SQL Server 2022 每个数据页的大小是多少?

5. 数据文件的初始大小如何估算？如果一个数据库表包含 20 000 行数据，每行的大小是 5000 B，此数据库表大约需要多少空间?

6. 用 CREATE DATABASE 语句创建符合如下条件的数据库：数据库的名字为 ToyUniverse；数据文件的逻辑文件名为 ToyUniverse_Data，物理文件名为 ToyUniverse_Data.mdf，存放在"D:\Test"目录下(若 D：中无此目录，可先建立此目录，然后再创建数据库)；文件的初始大小为 5 MB；增长方式为自动增长，每次增加 1 MB；日志文件的逻辑文件名字为：ToyUniverse_log，物理文件名为 ToyUniverse_log. ldf，也存放在"D:\Test"目录下；日志文件的初始大小为 2 MB；日志文件的增长方式为自动增长，每次增加 10%。创建完成后，在 SSMS 中查看数据库的选项。

7. 使用 SSMS 对上题所建的 ToyUniverse 数据库空间进行如下扩展；增加一个新的数据文件，文件的逻辑名为 ToyUniverse_Data，物理文件名为 ToyUniverse_Data2.ndf，存放在"D:\Test"目录下，文件的初始大小为 2 MB，不自动增长。

8. 在 SQL Server 2022 中有哪些数据类型?

第 4 章 MySQL 8.0 的使用

◆ 了解 MySQL 的管理工具。
◆ 掌握 MySQL 数据库的创建。
◆ 掌握 MySQL 数据表的创建。

4.1 MySQL 概 述

　　MySQL 是一个关系型数据库管理系统，由瑞典 MySQL AB 公司开发，目前属于 Oracle 公司。由于其开放源代码、高性能、简单易用、跨平台等特性，应用范围非常广泛。如今很多中小型数据库应用系统，以及大型网站均选择使用 MySQL 数据库来存储数据。MySQL 是一个多用户、多线程的数据库服务器。它是以客户机/服务器结构实现的，由一个服务器守护程序 mysqld 以及多种不同的客户端程序和库组成。MySQL 能够快速、有效和安全地处理大量数据。相对于 Oracle 等大型数据库来说，MySQL 的操作非常简单，其主要目标是快速、高效和易用。

　　如果需要选择一种免费的或不昂贵的数据库管理系统，MySQL 是一个值得考虑的选择。将 MySQL 与其他数据库系统进行比较时，应着重考虑这几个关键因素：性能、支持、特性(如 SQL 的一致性、扩展等)、认证条件及约束条件、价格等。相比之下，MySQL 具有以下几点吸引人之处：

　　(1) 开源。MySQL 是一个开放源代码的数据库，任何人都可以获取该数据库的源代码。这就使得用户可以修改 MySQL 的缺陷，并能根据自身要求以任何目的使用该数据库。

　　(2) 易于使用。MySQL 是一个高性能且相对简单的数据库系统，与一些大型数据库系统的设置和管理相比，其复杂程度较低。

　　(3) 价格。MySQL 是一款自由软件。用户可以从 MySQL 的官方网站免费下载该软件。所有社区版本的 MySQL 均可免费使用。即使是需要付费的附加功能，其价格也相对较低。

与 Oracle、DB2 和 SQL Server 等高昂的商业软件相比，MySQL 具有绝对的价格优势。

(4) 支持查询语言。MySQL 支持使用 SQL(结构化查询语言)，SQL 是一种所有现代数据库系统都适用的语言。此外，也可以支持开放式数据库连接(Open DataBase Connectivily，ODBC)的应用程序，ODBC 是由 Microsoft 开发的一种数据库通信协议。

(5) 性能。MySQL 8.0 针对 InnoDB 存储引擎进行了多方面的优化，包括 I/O 负载、元数据操作等。这些优化使得 MySQL 8.0 在性能和可扩展性方面有了显著提升。无论是处理大规模数据还是应对高并发场景，MSQL 8.0 都表现出色。

(6) 连接性和安全性。MySQL 8.0 新增了 caching_sha2_password 认证插件，并将其作为默认的身份认证插件，性能和安全性方面有所加强。

(7) 可移植性。MySQL 能够在各种版本的 UNIX 以及其他非 UNIX 的系统上运行，如 Windows、OS/2、Solaris、IRIX 等。从家用计算机到高级的服务器，都可以运行 MySQL。

MySQL 主要包括以下几个常见版本。

① 社区版本(MySQL Community Server)：该版本开源免费，但不提供官方技术支持，是数据库学习者常用的 MySQL 版本。

② 企业版本(MySQL Enterprise Edition)：此版本需付费，包含了 MySQL 企业级数据库软件、监控与咨询服务。同时还提供可靠性、安全性和实时性的技术支持。

③ 集群版(MySQL Cluster)：该版本开源免费，是由多台服务器组成、同时对外提供数据管理服务的分布式集群系统。该版本可将多个 MySQL Server 封装成一个 Server，能实现负载均衡，并提供冗余机制，可用性较强。

④ 高级集群版(MySQL Cluster CGE)：此版本需付费，其中包括了用于管理、审计和监视 MySQL Cluster 数据库的工具，并提供 Oracle 标准支持服务。

除上述官方版本，MySQL 还有一些分支，如 MariaDB、Percona Server，可以与 MySQL 完全兼容。

可到 MySQL 官方网站 https://www.mysql.com 下载所需的 MySQL 版本进行安装。

4.2　MySQL 管理工具

MySQL 数据库管理系统提供了多种命令行工具和可视化管理工具，这些工具可以用于管理 MySQL 服务器，对数据库进行访问控制，以及对数据库进行备份和恢复等。最常用的可视化数据库管理工具是 MySQL Workbench 和 Navicat Premium。

4.2.1　MySQL Workbench

MySQL Workbench 是一款统一的可视化开发和管理工具，它有开源和商业化两个版本，可在 Windows、Linux 和 Mac 系统上使用。在安装 MySQL 8.0 时，MySQL Workbench 通常会作为默认安装的一部分一并安装。启动 MySQL Workbench，进入欢迎界面，如图 4-1 所示。

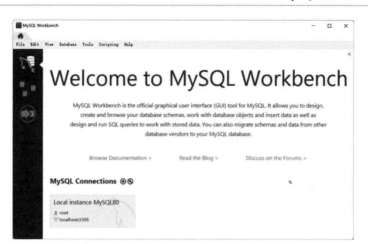

图 4-1　MySQL Workbench 欢迎界面

界面左下方为 MySQL 本地登录账号，单击它进入登录界面，如图 4-2 所示。

图 4-2　登录界面

MySQL 服务器的默认端口是 3306，管理员账号名为 root，输入密码，即可连接到数据库，进入主界面，可对数据库进行各种操作，图 4-3 所示。

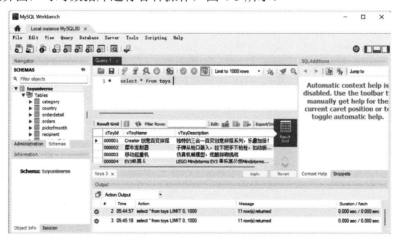

图 4-3　MySQL Workbench 主界面

如果要连接到其他 MySQL 服务器，可在菜单栏中选择"Database→Manage Server

Connections"，出现如图 4-4 所示的界面，在这个界面中可新建、删除、复制数据库连接。

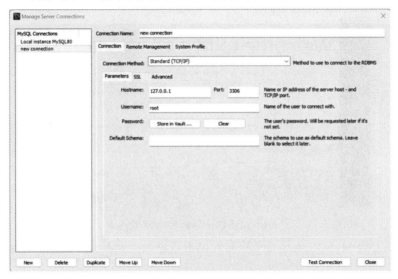

图 4-4　数据库连接管理界面

4.2.2　Navicat Premium

Navicat Premium 是一款可创建多个连接的数据库开发工具，允许用户从单一应用程序中同时连接多种数据库，如 MySQL、Redis、MariaDB、MongoDB、SQL Server、Oracle、PostgreSQL 和 SQLite。它还兼容多个云数据库，如 GaussDB、OceanBase 数据库及 Amazon RDS、Amazon Aurora、Amazon Redshift、Amazon ElastiCache、Microsoft Azure、Oracle Cloud、MongoDB Atlas、Redis Enterprise Cloud、阿里云、腾讯云和华为云等。使用户可以快速轻松地创建、管理和维护数据库。

用户可以从 Navicat Premium 的官方网站 https://www.navicat.com.cn 下载软件，安装完成后进行注册或试用，其主界面如图 4-5 所示。

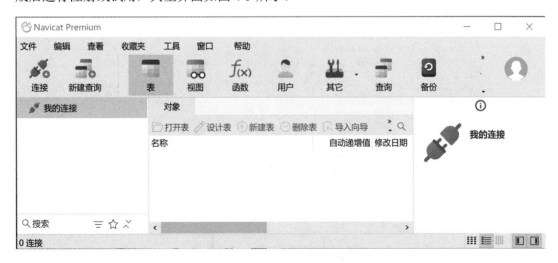

图 4-5　Navicat Premium 主界面

单击图 4-5 中的"连接"图标，从弹出的对话框中选择要连接的数据库类型"MySQL"，出现如图 4-6 所示的新建连接界面。

图 4-6　新建连接界面

　　在此界面中输入连接名、主机、端口、用户名、密码后，单击"确定"按钮，可连接到服务器，执行各种管理维护工作，如创建数据库、创建表、插入数据、备份数据库等。

4.2.3　MySQL Shell

　　MySQL Shell 是 MySQL 的命令行客户端，用户不仅可以通过它执行传统的 SQL 语句，还可以使用包括 Python 和 JavaScript 在内的编程语言与服务器进行交互。在安装 MySQL 时会同时安装 MySQL Shell。在 Windows 平台上，可以通过执行"开始→MySQL→MySQL Shell"命令，启动 MySQL Shell，如图 4-7 所示。

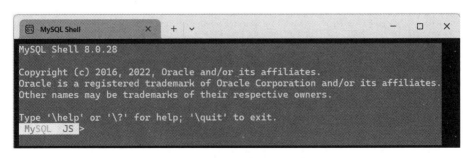

图 4-7　MySQL Shell 界面

其中，"MySQL JS>"说明当前的交互语言是 JavaScript，可以通过"MySQL JS>\Sql"转换到"MySQL SQL>"。然后通过 connect 命令连接到 MySQL 数据库，即可执行 SQL 指令。如图 4-8 所示。

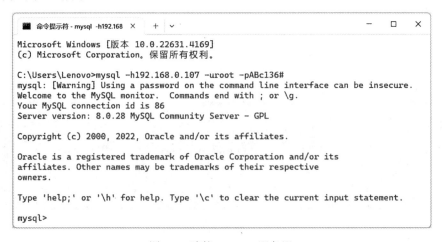

图 4-8　MySQL Shell 执行指令

图 4-8 中执行了"show databases"指令，用于查看 MySQL 数据库服务器中有哪些数据库。

4.2.4　命令行方式

在 Windows 和 Linux 系统下，均可以通过命令行方式执行 SQL 命令。登录到 MySQL 服务器的语法格式如下：

　　　mysql　-h 主机名(或 IP)　-u 用户名　-p 密码　-P 端口

【例 4-1】　登录到主机 192.168.0.107 的 MySQL 服务器中，端口是默认端口"3306"，用户名为"root"，密码为"ABc136#"。

可在命令提示符下输入如下指令：

　　　mysql　-h192.168.0.107 -uroot -pABc136#

运行结果如图 4-9 所示。

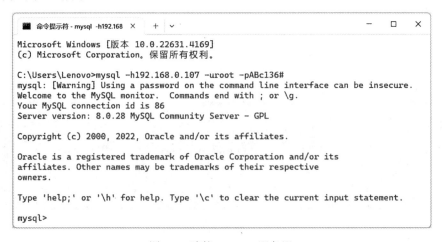

图 4-9　连接 MySQL 服务器

　　如果连接到本地的 MySQL 数据库服务器，则可以省略"-h"参数。

　　登录到 MySQL 服务器后，在"mysql>"提示符下输入 SQL 命令或 MySQL 命令，以";"结束并执行该命令，如图 4-10 所示。

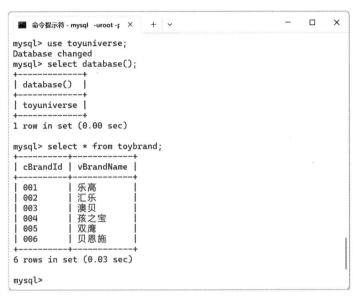

图 4-10　连接到远程 MySQL 服务器

　　图中的"use toyniverse"命令用于选择当前使用的数据库 toyniverse，"select database()"命令用于查看当前使用的数据库名称。"select * from toybrand"命令用于查看当前数据库中 toybrand 表中的数据。

4.3　创 建 数 据 库

4.3.1　MySQL 数据库的存储引擎

　　数据库的存储引擎是数据库底层软件组织，数据库管理系统(DBMS)使用存储引擎进行创建、查询、更新和删除数据。不同的存储引擎提供不同的存储机制、索引技巧、锁定水平等功能，即存储引擎是决定如何存储数据库中数据、如何建立索引、如何更新和查询数据的机制。使用不同的存储引擎，还可以获得特定的功能。

　　Oracle 和 SQL Server 等管理系统只有一种存储引擎，而 MySQL 则提供了多种存储引擎，用户可以根据不同的需求为数据表选择合适的存储引擎，也可以根据自己的需要编写自己的存储引擎。MySQL 常用的存储引擎有 InnoDB、MyISAM、MEMORY 和 MERGE 等。

　　用户可使用"SHOW ENGINES"命令查看系统支持的存储引擎。如图 4-11 所示。

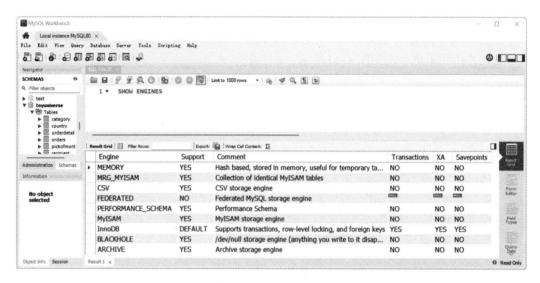

图 4-11　MySQL 支持的存储引擎

下面对几个主要的存储引擎进行说明。

1. InnoDB 存储引擎

自 MySQL 5.5 版本开始，InnoDB 成为 MySQL 的默认存储引擎，InnoDB 是事务型数据库的首选引擎，具有提交、回滚和崩溃修复能力。InnoDB 引擎采用缓冲池技术来提高数据库的整体性能，专为处理巨大数据量时的最大性能设计。此外，InnoDB 支持外键约束，是 MySQL 上首个提供外键约束的存储引擎。InnoDB 存储引擎将表和索引存储在同一个表空间中，表空间可以包含多个文件(或原始磁盘分区)。如果需要支持外键和事务，建议选择此引擎。

2. MyISAM 存储引擎

在 MySQL 5.5 版本之前，MyISAM 是 MySQL 的默认存储引擎。MyISAM 不支持事务处理，也不支持外键约束，但是，MyISAM 具有高效的查询速度和快速插入数据的功能，这使其成为 Web、数据仓储等应用环境中最常使用的存储引擎之一。但 MyISAM 的修复时间与数据量成正比，随着数据量的增加，MyISAM 的修复能力随之变弱。MyISAM 不提供专门的缓冲池，必须依靠操作系统来管理读取和写入的缓存，因此在某些情况下，其数据访问效率可能低于 InnoDB。在使用 MyISAM 创建数据库时，将生成三个文件，文件的主文件名与表名相同，扩展名包括 ".frm" ".myd" ".myi"。其中，".frm" 文件存储数据表的定义，".myd" 文件存储数据表中的数据，".myi" 文件存储数据表的索引。如果对数据插入和查询比较多，数据之间的关联性较少，则可以选择此引擎。

3. MEMORY 存储引擎

MEMORY 类型的表中的数据存储在内存中，如果数据库重启或者发生崩溃，表中的数据都将消失。MEMORY 类型的表适用于暂时存放数据的临时表、作为统计操作的中间表，以及数据仓库中的维度表。每个 MEMORY 类型的表对应一个文件，其主文件名与表名相同，扩展名为 ".frm"，该文件仅存储数据表的定义，而数据表中的实际数据存储在内存中，这样可以有效地提高数据的处理速度。MEMORY 默认使用哈希(HASH)索引。如果对数据的安全性要求比较低，仅在内存中存储一些临时性数据，可以选择此引擎。

4. MERGE 存储引擎

MERGE 存储引擎是一组具有相同结构的 MyISAM 表的组合。MERGE 表本身不存储数据，但可以对其进行查询、更新和删除操作，这些操作实际上是对内部的 MyISAM 表进行的。

5. BLACKHOLE 存储引擎

BLACKHOLE 存储引擎可以用来验证转储文件语法的正确性；通过比较允许和禁止二进制日志功能的 BLACKHOLE 表的性能差异，可以用来查找与存储和引擎自身不相关的性能瓶颈；还可以对二进制日志记录进行开销测量。

6. CSV 存储引擎

CSV 存储引擎实际上操作的是一个标准的 CSV 文件，且不支持索引。CSV 文件是很多软件都支持的较为标准的格式，当需要把数据库中的数据导出成一份报表文件时，可以先在数据库中建立一个 CVS 表，然后将生成的报表信息插入到该表，得到 CSV 报表文件。

7. ARCHIVE 存储引擎

ARCHIVE 存储引擎主要用于通过较小的存储空间来存储过期并很少访问的历史数据。

4.3.2　MySQL 数据库的字符集

针对数据的存储，MySQL 提供了多种字符集，对于同一字符集内字符之间的比较，MySQL 提供了与之对应的多种校对规则。一个字符集至少对应一种校对规则(通常是一对多的关系)，两个不同的字符集不能拥有相同的校对规则，并且每个字符集都设置默认的校对规则。

可以通过"SHOW CHARACTER SET"命令查看 MySQL 支持的所有字符集，或者查询 information_schema 数据库中的 CHARACTER_SETS 表的数据，其查询结果如图 4-12 所示。

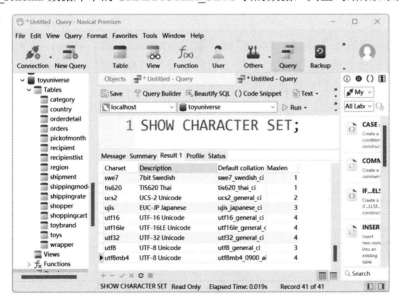

图 4-12　MySQL 字符集查询

图中“Charset”列是字符集的名称，“Description”列是对字符集的描述，“Default collation”列是默认的校对规则，Maxlen 列是字符集中单个字符所占的最大字节数。

校对规则是在字符集内用于比较字符的一套规则，它们决定了如何对字符串进行排序和比较，如是否区分大小写等。MySQL 的校对规则命名通常以字符集名开始，后面加“_ci”“_cs”“_bin”结尾，“ci”表示大小写不敏感，“cs”表示大小写敏感，“bin”表示按二进制比较(大小写敏感)。例如，“utf8mb4”字符集的默认校对规则是“utf8mb4_0900_ai_ci”，而“utf8”字符集的默认校对规则是“utf8_general_ci”。可以通过如下指令查看某个字符集包括了哪些校对规则：

```
use information_schema;
select * from collations where character_set_name='utf8mb4';
```

或

```
show collation where charset='utf8mb4';
```

上面指令可以查询到“utf8mb4”字符集的校对规则，查询结果如图 4-13 所示。

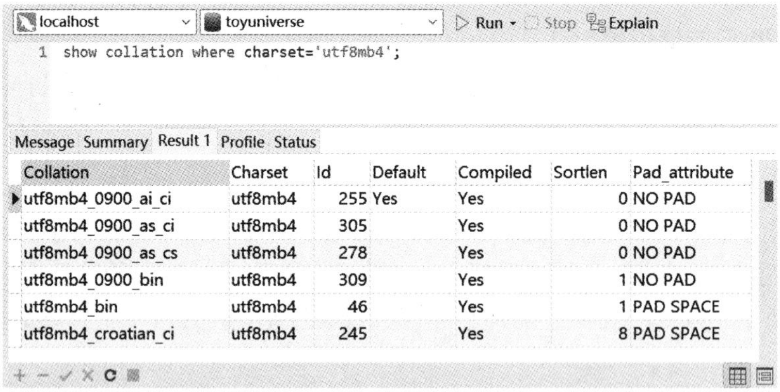

Collation	Charset	Id	Default	Compiled	Sortlen	Pad_attribute
utf8mb4_0900_ai_ci	utf8mb4	255	Yes	Yes	0	NO PAD
utf8mb4_0900_as_ci	utf8mb4	305		Yes	0	NO PAD
utf8mb4_0900_as_cs	utf8mb4	278		Yes	0	NO PAD
utf8mb4_0900_bin	utf8mb4	309		Yes	1	NO PAD
utf8mb4_bin	utf8mb4	46		Yes	1	PAD SPACE
utf8mb4_croatian_ci	utf8mb4	245		Yes	8	PAD SPACE

图 4-13　utf8mb4 字符集的部分校对规则

从图中可以看到字符集“utf8mb4”的默认校对规则为“utf8mb4_0900_ai_ci”，其中“ai”表示不区分音调。例如，字符“à”和“á”，在这个校对规则下认为两者是相同的。

校对规则可以在服务器级、数据库级、表级和连接级设置默认值。例如，创建数据库时指定字符集和校对规则，也可以在创建表时指定字符集和校对规则。可以查看 MySQL 字符集在各个级别上的默认设置，查看命令如下：

```
SHOW VARIABLES LIKE 'character%';
```

运行结果如图 4-14 所示。

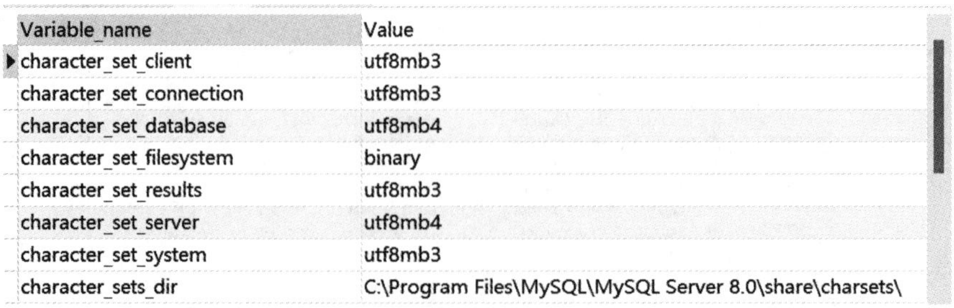

Variable_name	Value
character_set_client	utf8mb3
character_set_connection	utf8mb3
character_set_database	utf8mb4
character_set_filesystem	binary
character_set_results	utf8mb3
character_set_server	utf8mb4
character_set_system	utf8mb3
character_sets_dir	C:\Program Files\MySQL\MySQL Server 8.0\share\charsets\

图 4-14　当前服务器各个级别的默认字符集

其中，"character_set_client"是客户端数据使用的字符集，客户端发送给服务器的 SQL 命令需要与这个字符集一致。"character_set_connection"是连接层字符集，MySQL 接收到用户查询后，按照"character_set_client"将其转化为"character_set_connection"设定的字符集。"character_set_database"是当前选中数据库的字符集。"character_set_results"是查询结果的字符集。"character_set_server"是服务器的字符集。"character_set_system"是系统原数据(字段定义等)的字符集，这个值是只读的，不能修改。

用户可以通过修改配置文件和执行命令两种方式修改各个级别的默认字符集。

配置文件名称为"my.ini"(Windows)或"my.cnf"(Linux)，在 Windows 系统下默认位于"C:\ProgramData\MySQL\MySQL Server 8.0"目录下，在 Linux 系统下一般位于"/etc/my.cnf"目录下。打开配置文件，找到字符集相关的选项，例如，"#character-set-server="，去掉前面的注释符"#"，修改字符集，重启 MySQL 服务，即完成默认字符集的修改。

也可以使用命令方式修改字符集，例如：

    set character_set_server=utf8mb4;

但是这种方式在服务器重启后会失效，应该通过修改配置文件修改默认字符集。

4.3.3　使用可视化工具创建数据库

使用可视化工具创建数据库时，需先用 MySQL Workbench 连接到数据库，然后在工具栏里选择"create a new schema in the connected server"图标，如图 4-15 所示。

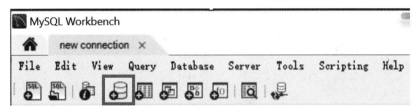

图 4-15　创建数据库图标

在 MySQL 中，schema 与 database 是同义词，都是创建数据库。在右边主窗口中输入数据库名称，选择字符集和校对规则，单击下面的"Apply"按钮，完成数据库的创建。

4.3.4　使用 SQL 语句创建数据库

在 MySQL 中，创建数据库的语法格式如下：

    CREATE DATABASE | SCHEMA [IF NOT EXISTS] db_name
    [[DEFAULT] CHARACTER SET charset_name]
    [[DEFAULT] COLLATE collation_name]

【例 4-2】创建名称为"stu"的数据库。

命令如下：

    CREATE DATABASE stu;

数据库创建好之后，可以使用"SHOW CREATE DATABASE stu"查看数据库的定义。还可以使用"SHOW DATABASES"命令查看服务器中存在哪些数据库。

【例4-3】创建名称为"rs"的数据库,设置默认字符集为"utf8",设置默认校对规则为"utf8_unicode_ci"。

可以输入如下 SQL 语句:

```
CREATE DATABASE rs
CHARACTER SET utf8
COLLATE utf8_unicode_ci;
```

4.3.5　删除数据库

删除数据库是将已经存在的数据库从磁盘空间上清除,清除之后,数据库中的所有数据将被删除,其命令格式与 SQL Server 的相同,使用"DROP DATABASE"命令实现。

【例4-4】 删除"stu"数据库。

可输入如下命令:

```
DROP DATABASE stu;
```

也可使用可视化工具删除数据库,在 MySQL Workbench 中用鼠标右击要删除的节点,从弹出的菜单中选择"Drop Schema"即可删除。

4.4　创 建 数 据 表

4.4.1　MySQL 的数据类型

MySQL 提供的数据类型分为几大类,如表 4-1 所示。

表 4-1　MySQL 8.0 的数据类型

数据类型分类	数　据　类　型		
数值型	精确数值	整数	TINYINT, SMALLINT, MEDIUMINT, INT, BIGINT
		定点数	DECIMAL, NUMERIC
	近似数值	浮点数	FLOAT, DOUBLE
字符串型	文本字符串		CHAR,VARCHAR,TINYTEXT,TEXT,MEDIUMTEXT, LONGTEXT, ENUM, SET
	二进制字符串		BIT,BINARY,VARBINARY,TINYBLOB,BLOB,MEDIUMBLOB, LONGBLOB
日期和时间型	DATE, TIME, DATETIME, TIMESTAMP, YEAR		
JSON 型	JSON		

1. 整数类型

整数类型属于精确数值类型,用于存储没有小数位或有多个精确小数位的数值。由于整数类型本身没有小数位，因此它可以定义为有符号和无符号整数类型，有符号整数类型可以存储负整数。表 4-2 列出了 MySQL 支持的整数型数据类型。

表 4-2　MySQL 中的整数型数据类型

类型	存储字节数/个	有符号最小值	无符号最小值	有符号最大值	无符号最大值
TINYINT	1	−128	0	127	255
SMALLINT	2	−32768	0	32767	65535
MEDIUMINT	3	−8388608	0	8388607	16777215
INT	4	−2147483648	0	2147483647	4294967295
BIGINT	8	-2^{63}	0	$2^{63}-1$	$2^{64}-1$

定义一个整数类型时，如果在类型后加了一个数字，这个数字表示显示宽度，而不是存储空间长度，整数的存储空间大小是固定的。例如，INT 类型的存储空间是 4 个字节，最大可表示数值为 4294967295，如果定义 INT(5)，这个 5 表示以 5 字符宽度来显示列的内容，如果没有 5 个字符，则补空格或补 0；如果超出 5 个字符，则显示列的全部字符。

2. 定点数和浮点数

MySQL 中使用定点数和浮点数来表示小数。定点数属于精确数值类型，浮点数属于近似数值类型。近似数值数据类型用来存储十进制值，但其值只能精确到数据类型定义中指定的精度，不能保证小数点右边的所有数字都能正确存储，因此存在误差。由于这些数据类型是不精确的，所以使用频率小，只有在精度要求不高时才考虑使用。

MySQL 中的定点数据类型是 DECIMAL 和 NUMERIC，两者没有实质性差异，可以互换使用。其定义格式为：DECIMAL[(M[,D])]，其中 M 表示位数的总数，称为精度，D 表示小数点后面的位数，称为标度。需要注意小数点和负号不包括在 M 中。如果 D 是 0，则值没有小数点和小数部分。DECIMAL 类型中整数最大位数(M)为 65，支持的十进制数的最大位数(D)是 30。如果 D 省略，默认是 0；如果 M 省略，默认是 10。

MySQL 中的浮点数类型有两种：单精度浮点类型(FLOAT)和双精度浮点类型(DOUBLE)。MySQL 8.0 以前的非标准语法为：FLOAT[(M,D)]，其中 M 是数值总位数，D 是小数点后面的位数。双精度浮点类型的定义格式与单精度浮点类型的定义格式相似。MySQL 8.0 以后的语法为：FLOAT(p)，当 p 在 0～24 范围时表示单精度浮点类型，当 p 在 25～53 范围时表示双精度浮点类型。浮点数据类型的存储空间和数值范围如表 4-3 所示。

表 4-3　浮点数据类型

数据类型	存储长度/B	取　值　范　围
FLOAT	4	−3.402823466E+38～−1.175494351E−38, 0, 1.175494351E−38～3.402823466E+38
DOUBLE	8	−1.7976931348623157E+308～−2.2250738585072014E−308, 0, 2.2250738585072014E−308～1.7976931348623157E+308
FLOAT(p)	4(0≤p≤24), 8(25≤p≤53)	p 小于等于 24 同 FLOAT，p 大于 24 同 DOUBLE

不论是定点数类型还是浮点数类型，如果用户输入的数据超出了精度范围，则会四舍
五入。

3. 文本字符串类型

字符串类型用来存储字符串数据，MySQL 支持两类字符串型数据：一类是文本字符串，
一类是二进制字符串。文本字符串存储文本信息；二进制字符串存储二进制数据，如声音
和图片。表 4-4 是文本字符串数据类型。

表 4-4　文本字符串数据类型

数据类型	存储需求	说　明
CHAR(M)	M 个字符，$0 \leqslant M \leqslant 255$	固定长度非二进制字符串
VARCHAR(M)	$(L+1)B$，M 取值与字符集有关，最大不能超过 65535 字节	变长非二进制字符串
TINYTEXT	$(L+1)B$，其中 $L<2^8$	非常小的非二进制字符串
TEXT	$(L+2)B$，其中 $L<2^{16}$	小的非二进制字符串
MEDIUMTEXT	$(L+3)B$，其中 $L<2^{24}$	中等大小的非二进制字符串
LONGTEXT	$(L+4)B$，其中 $L<2^{32}$	大的非二进制字符串
ENUM('value1', 'value2', ...)	1 或 2B，取决于枚举值的个数（最多 65535 个值）	枚举类型，只能有一个枚举字符串值
SET('value1', 'value2', ...)	1、2、3、4 或者 8B，取决于 SET 成员的数目(最多 64 个成员)	一个集合，字符串对象可以有零个或多个集合成员

表格中"L"指的是实际数据长度(字节数)，实际长度与字符集有关。例如，CHAR(10)
可以存储 10 个字符，包括数字、字母、汉字等，如果采用 UTF8 编码，一个数字或字母占
1 个字节，汉字占 3 个字节，则"123abc 你好"这个字符串占 12 个字节。TINYTEXT 最多
能存放 255 个字节，如果用 UTF8 编码，最多能存放的汉字个数为 255/3=85。

CHAR(M)与 VARCHAR(M)是最常用的数据类型。CHAR(M)是一种固定长度的类型，
而 VARCHAR(M)则是一种可变长度的类型。CHAR(M)的数据不管其中字符数有没有达到
它允许的 M 个字符都要占用 M 个字符的空间；VARCHAR(M)中数据所需存储空间主要取
决于该字符串中实际包含的字符数，再附加一个额外的结束字符占用字节数。定长字符串
类型 CHAR(M)中保存字符超过其允许的 M 个时会对所保存的字符串进行截断处理，而不
足 M 个时会用空格进行补足；变长的 VARCHAR(M)中保存字符超过其允许的 M 个时同样
会对所保存的字符串进行截断处理，而不足 M 个时不会用空格进行补足。表 4-5 展示了
CHAR(4)与 VARCHAR(4)的存储区别。

表 4-5　CHAR(4)与 VARCHAR(4)的存储区别

插入值	CHAR(4)	存储需求	VARCHAR(4)	存储需求
''	'　　　'	4 B	''	1 B
'ab'	'ab　'	4 B	'ab'	3 B
'abcd'	'abcd'	4 B	'abcd'	5 B

从表中可以看出，CHAR(4)都是占用的 4 字节，而 VARCHAR(4)占用字节为实际占用字节加 1。如果要存放长文本，可以用 MEDIUMTEXT 或 LONGTEXT 数据类型。

4. 二进制字符串类型

MySQL 支持的二进制字符串数据类型主要有：BIT(M)、BINARY(M)、VARBINARY(M)、TINYBLOB、BLOB、MEDIUMBLOB、LONGBLOB 等 7 种，它们主用来存储由 "0" "1" 组成的字符串。跟字符串类型数据一样，不同的二进制数据类型允许的最多字符个数不一样、占用存储空间也不一样，表 4-6 是 MySQL 中的二进制字符串类型。

表 4-6　MySQL 中的二进制字符串类型

数据类型	存储需求/B	说　明
BIT(M)	$(M+7)/8$ B，$1{\leqslant}M{\leqslant}64$	位数据类型
BINARY(M)	MB	固定长度二进制字符串
VARBINARY(M)	$M+1$ 个 B	可变长度二进制字符串
TINYBLOB(M)	$(L+1)$B，其中 $L<2^8$	非常小的二进制大对象
BLOB(M)	$(L+2)$B，其中 $L<2^{16}$	二进制大对象
MEDIUMBLOB(M)	$(L+3)$B，其中 $L<2^{24}$	中等大小的二进制大对象
LONGBLOB(M)	$(L+3)$B，其中 $L<2^{32}$	非常大的二进制大对象

BIT 是位数据类型，用于以二进制形式保存数据，例如，数字 9 的二进制是 1001，可以定义数据类型为 BIT(4)，以保存 1001 这种二进制数。

BINARY 和 VARBINARY 类似于 CHAR 和 VARCHAR，不同的是两者存储的是二进制字节串。BINARY 的长度是固定的，定长类型二进制数据不管其中字节数有没有达到它允许的 M 个字节都要占用 M 个字节的空间。VARBINARY 是变长类型二进制数据，其所需存储空间主要取决于该串中实际包含的字节数，再附加一个额外的结束字节。

BLOB 是一个二进制大对象，通常用于保存声音和图片对象。

5. 日期和时间数据类型

日期和时间数据类型用于存储日期和时间，表 4-7 列出了 MySQL 支持的日期和时间数据类型。

表 4-7　日期和时间数据类型

数据类型	格式	日 期 范 围	存储需求/B
YEAR	YYYY	1901—2155	1
DATE	YYYY-MM-DD	1000-01-01—9999-12-31	3
TIME	HH:MM:SS	−838:59:59—838:59:59	3
DATETIME	YYYY-MM-DD HH:MM:SS	1000-01-01 00:00:00—9999-12-31 23:59:59	8
TIMESTAMP	YYYY-MM-DD HH:MM:SS	1970-01-01 00:00:01 UTC—2038-01-19 03:14:07 UTC	4

6. JSON 数据类型

JSON(JavaScript Object Notation) 是一种轻量级的数据交换格式，在网络通信程序中应用非常广泛。JSON 数据类型用于存储 JSON 格式的数据。图 4-16 所示的 customerinfo 字段存储的是 JSON 格式的数据。

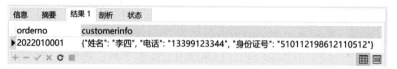

图 4-16 JSON 数据

4.4.2 使用可视化工具创建表

数据库建立完成后，可以使用可视化工具和 SQL 指令创建表。在 Navicat Premium 的左边列表中展开数据库节点，选择"表"，单击工具栏中的"新建表"；在弹出的新建表的界面中，点击"Add Field"添加字段，填写好字段名、数据类型等信息，完成主键、外键、存储引擎的设置后，点击"Save"保存表，完成表的创建，如图 4-17 所示。

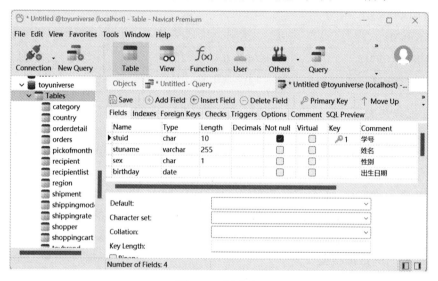

图 4-17 新建表

表创建完成后，可以在表左边的"Tables"下选择一个要打开的表，点击鼠标右键或点击工具栏中的"打开表"按钮，就可以打开该表，完成对表中数据的管理，如图 4-18 所示。

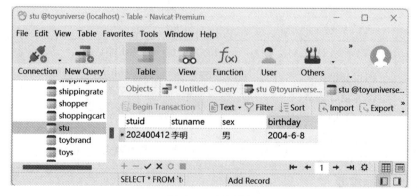

图 4-18 打开表

4.4.3　使用命令查看表

表创建好后，可以使用"show tables"命令查看当前数据库里有哪些表。如果要查看表的字段定义情况，可使用"desc 表名"命令，如图 4-19 所示。

```
命令提示符 - mysql  -uroot -p ×  +  ∨                              —   □   ×

mysql> show tables;
+-------------+
| Tables_in_szw |
+-------------+
| stu         |
| teacher     |
+-------------+
2 rows in set (0.00 sec)

mysql> desc stu;
+----------+--------------+------+-----+---------+-------+
| Field    | Type         | Null | Key | Default | Extra |
+----------+--------------+------+-----+---------+-------+
| stuid    | char(10)     | NO   | PRI | NULL    |       |
| stuname  | varchar(255) | YES  |     | NULL    |       |
| sex      | char(1)      | YES  |     | NULL    |       |
| birthday | date         | YES  |     | NULL    |       |
+----------+--------------+------+-----+---------+-------+
4 rows in set (0.00 sec)

mysql>
```

图 4-19　数据库中的表和表的结构

如果要获取创建数据表时的详细语句，可用"show create table 表名"命令实现。

4.4.4　管理表与表之间的关系

在 MySQL 中，可以使用 Navicat Premium 等图形化管理工具管理表与表之间的关系，实现对表的主键和外键的可视化管理，方法如下。

在 Navicat Premium 连接到数据库后，在主界面的右下角点击"ER Diagram"图标（"▦"），将看到表与表之间的关系，如图 4-20 所示。

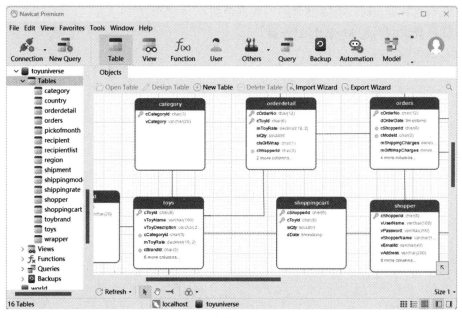

图 4-20　数据库 ER 图

表中的钥匙图标"🔑"表示主键，线条表示主键表和外键表的参照关系，一条线就是一个外键。通过这个图，能很方便地了解表与表之间的关系。双击图中的表，进入表设计界面，可对表的字段、主键、外键等进行修改。

本 章 小 结

本章主要介绍了 MySQL 数据库的管理工具和使用方法，内容涉及连接 MySQL 数据库和执行 SQL 命令的方法等。同时，本章还介绍了 MySQL 的存储引擎、字符集、数据类型等内容，介绍了通过可视化工具创建数据库和数据表的方法。此外，还给出了一些操作数据库的基本指令。

习 题 4

一、填空题

1. 在 MySQL 中，可以使用＿＿＿＿＿＿＿语句来选择数据库。

2. 在 MySQL 中，可以使用＿＿＿＿＿＿＿语句来查看数据库中的表。

3. MySQL 中，可以使用＿＿＿＿＿＿＿语句来查看表结构。

二、简答题

1. MySQL 与 SQL Server 有哪些异同点？

2. 在创建数据表时，有哪些常用的数据类型？

3. 如何登录到远程 MySQL 服务器？

第 5 章　SQL 语 言

本章要点 🖋

◆ 了解 SQL 的语句结构。
◆ 学习 CREATE TABLE 语句的语法。
◆ 学习 INSERT、UPDATE、DELETE 语句的语法。
◆ 掌握 SELECT 数据查询语句的语法。
◆ 熟悉 SELECT 语句相关的子句。
◆ 掌握使用 SELECT 语句进行简单查询、连接查询和嵌套查询。

结构化查询语言(Structured Query Language，SQL)是一种用户操作关系数据库的通用语言。虽然 SQL 叫结构化查询语言，并且查询操作也确实是数据库中的主要操作，但事实上，SQL 语言不仅限于查询操作，它还包含数据定义、数据操纵和数据控制等与数据库相关的全部功能。

5.1　SQL 概 述

SQL 语言由 Boyce 和 Chamberlin 于 1974 年提出。1975 年至 1979 年期间，IBM 公司 San Jose Research Laboratory 研制的关系数据库管理系统原形系统 System R 实现了这种语言。由于它功能丰富、语言简洁、使用方法灵活等特点，所以备受用户和计算机业界的青睐，被众多的计算机公司和软件公司采用。

自 20 世纪 80 年代以来，SQL 一直是关系数据库管理系统(RDBMS)的标准语言。最早的 SQL 标准是 1986 年 10 月由美国 ANSI 发布的。随后，ISO 于 1987 年 6 月也正式采纳它为国际标准，并在此基础上进行了补充。1989 年 4 月，ISO 提出了具有完整性特征的 SQL，并称之为 SQL-89。SQL-89 标准的公布，对数据库技术的发展和数据库的应用都起了极大的推动作用。尽管如此，SQL-89 仍有许多不足或无法完全满足应用需求的方面。为此，在

SQL-89 的基础上，经过三年多的研究和修改，ISO 和 ANSI 于 1992 年 8 月共同发布了 SQL 的新标准，即 SQL-92(或称为 SQL 2)。然而，SQL-92 标准也不是非常完备，又于 1999 年颁布了新的 SQL 标准，称为 SQL-99 或 SQL 3。随后，ANSI 和 ISO 相继发布了 SQL-99、SQL-2003、SQL-2006 和 SQL-2011 等版本的 SQL 标准。每个版本都引入了新的功能和改进，使得 SOL 语言变得更加强大和灵活。同时，SOL 的标准化也促进了不同数据库系统之间的互操作性，使得开发人员可以在不同的数据库系统之间实现无缝切换和迁移。除了标准化的 SQL 语言外，各个数据库厂商也开发了自己的 SQL 实现。这些实现通常在标准 SQL 的基础上进行了扩展和优化，以满足不同的需求和场景，例如，SQL Server 的 Transact-SQL，Oracle 的 PL-SQL 等。

5.1.1　SQL 语言的特点

SQL 之所以能够被用户和业界广泛接受，并成为国际标准，是因为它是一个综合的、功能强大且又简便易学的语言。SQL 语言集数据查询、数据操纵、数据定义和数据控制功能于一身，其主要特点包括以下几点。

1. 一体化

SQL 语言风格统一，可以完成数据库活动中的全部工作，包括创建数据库、定义模式、更改和查询数据，以及安全控制和维护数据库等，这为数据库应用系统的开发提供了良好的环境。用户在数据库系统投入使用之后，还可以根据需要随时修改模式结构，修改过程中不影响数据库的运行，从而使系统具有良好的可扩展性。

2. 高度非过程化

在使用 SQL 语言访问数据库时，用户不需向计算机详细描述每一步"如何"实现，只需清晰地表达"做什么"。SQL 语言便能将用户的请求交给系统，然后由系统自动完成全部工作。

3. 简洁

虽然 SQL 语言功能很强，但它只有为数不多的几条命令，另外 SQL 的语法也比较简单，它是一种描述性语言，接近自然语言(英语)，因此容易学习和掌握。

4. 以多种方式使用

SQL 语言可以直接以命令方式交互使用，也可以嵌入到程序设计语言中使用。现在很多数据库应用开发工具(如.Net、Java、PHP、Python 等)，都可以将 SQL 语言嵌入自身的语言当中，使用户操作方便快捷。这些使用方式为用户提供了灵活的选择余地。而且不管是哪种使用方式，SQL 语言的语法基本保持一致。

5.1.2　SQL 语言的组成

SQL 语言按其功能可分为以下几部分组成：
- 数据定义语言(Data Definition Language，DDL)：实现定义、删除和修改数据库对象的功能。
- 数据查询语言(Data Query Language，DQL)：实现数据库查询数据的功能。

● 数据操纵语言(Data Manipulation Language，DML)：实现对数据库数据的增加、删除和修改功能。

● 数据控制语言(Data Control Language，DCL)：实现控制用户对数据库的操作权限的功能。

SQL 语句数目、种类较多，其主体大约由将近 40 条语句组成，如表 5-1 所示。

表 5-1　常见 SQL 语句

语　句	功　能	语　句	功　能
数据操作			
INSERT	向数据库表中添加数据行	ALTER DOMAIN	改变域定义
UPDATE	更新数据库表中的数据	DROP DOMAIN	从数据库中删除域
DELETE	从数据库表中删除数据行		
数据查询		数据控制	
SELECT	从数据库表中检索数据	GRANT	授予用户访问权限
数据定义		DENY	拒绝用户访问
CREATE TABLE	创建一个数据库表	REVOKE	解除用户访问权限
DROP TABLE	从数据库中删除表	事务控制	
ALTER TABLE	修改数据库表结构	COMMIT	结束当前事务
CREATE VIEW	创建一个视图	ROLLBACK	回滚当前事务
DROP VIEW	从数据库中删除视图	SAVE TRANSACTION	在事务内设置保存点
CREATE INDEX	为数据库表创建一个索引	程序化 SQL	
DROP INDEX	从数据库中删除索引	DECLARE	设定游标
CREATE PROCEDURE	创建一个存储过程	OPEN	打开一个游标
DROP PROCEDURE	从数据库中删除存储过程	FETCH	检索一行查询结果
CREATE TRIGGER	创建一个触发器	CLOSE	关闭游标
DROP TRIGGER	从数据库中删除触发器	PREPARE	为动态执行准备 SQL 语句
CREATE DOMAIN	创建一个数据值域	EXECUTE	动态执行 SQL 语句

5.1.3　SQL 语句的结构

所有的 SQL 语句均有自己的格式，如图 5-1 所示。每条 SQL 语句均由一个谓词(Verb)开始，该谓词描述这条语句要产生的动作，如图 5-1 所示的 SELECT 关键字。谓词后紧接着一个或多个子句(Clause)，子句中给出了被谓词作用的数据或提供谓词动作的详细信息；每一条子句由一个关键字开始，如图 5-1 所示的 WHERE。

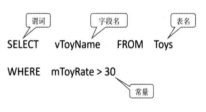

图 5-1　SQL 语句结构

5.1.4　常用的 SQL 语句

在使用数据库时，最常用的语言是数据操纵语言(DML)和数据查询语言(DQL)。DML

包含了最常用的核心 SQL 语句，即 INSERT、UPDATE、DELETE；DQL 是 SQL 语言中使用频率最高、功能最强大、结构最复杂的语句，即 SELECT 语句。下面对常用到的 SELECT 语句进行简单介绍。

【例 5-1】 查询所有玩具的玩具号和玩具名。

代码如下：

```
SELECT cToyId, vToyName FROM Toys
```

该语句从 Toys 表中查询数据，查询的字段(列)是 cToyId、vToyName，查询 Toys 表中的所有行，运行结果如图 5-2 所示。

图 5-2　运行结果

【例 5-2】 查询玩具表的所有数据。

代码如下：

```
SELECT * FROM Toys
```

该语句从 Toys 表中查询数据，SELECT 后面的"*"表示所有的字段(列)，返回表中所有的行，运行结果如图 5-3 所示。

	cToyId	vToyName	vToyDescription	cCategoryId	mToyRate	cBrandId	imPhoto	siToyQoh	xiLowerAge	siUpperAge	fToyWeight	vToyImgPath
1	000001	Creator 创意百变拼搭	独特的三合一百变创...	001	334.00	001	NULL	49	5	8	0.78	NULL
2	000002	犀牛发射器	子弹从枪口装入，拉...	002	699.00	004	NULL	59	8	12	2	NULL
3	000003	移动起重机	仿真机械模型，炫酷...	001	1839.00	001	NULL	89	12	18	4.18	NULL
4	000004	EV3机器人	LEGO Mindstorms EV...	001	1556.24	001	NULL	74	8	9	1	NULL
5	000005	创意颗粒	让孩子们任意拼砌...	001	234.22	001	NULL	80	4	12	1	NULL

图 5-3　运行结果

【例 5-3】 查询玩具表中玩具价格大于 30 元的所有玩具，并按照玩具价格升序排列。

代码如下：

```
SELECT vToyName, mToyRate FROM Toys
    WHERE mToyRate > 30
    ORDER BY mToyRate
```

该语句从 Toys 表中查询数据，查询的字段是 vToyName、mToyRate，返回的是 Toys 表中满足 WHERE 后面的条件"mToyRate > 30"的行，对返回的结果按 mToyRate 字段升序排列，运行结果如图 5-4 所示。

	vToyName	mToyRate
1	电动组装工具车	68.00
2	触摸故事手拍鼓	80.00
3	真龙水枪	98.00
4	滚轮挖掘机	138.00

图 5-4　运行结果

5.1.5　注释符与运算符

1. 注释符(Annotation)

SQL Server 和 MySQL 都可以使用两类注释符，ANSI 标准的注释符"--"用于单行注释；与 C 语言相同的程序注释符号，即"/**/"。"/*"用于注释文字的开头，"*/"用于注释文字的结尾，可在程序中标识多行文字为注释。MySQL 还可以使用"#"用于单行注释。

2. 运算符(Operator)

1) 算术运算符

算术运算符包括：+(加)、−(减)、*(乘)、/(除)、%(取余)。

2) 比较运算符

比较运算符包括：>(大于)、<(小于)、=(等于)、>=(大于等于)、<=(小于等于)、<>(不等于)、!=(不等于)、IS NULL(是否为 NULL)、IS NOT NULL(是否不为 NULL)、LIKE(模糊匹配)。在 MySQL 中还有 REGEXP(正则表达式匹配)、<=>(严格比较)。

3) 逻辑运算符

逻辑运算符包括：AND(与)、OR(或)、NOT(非)。在 MySQL 中还可以使用：&&(与)、||(或)、!(非)。

4) 位运算符

位运算符包括：&(按位与)、|(按位或)、~(按位非)、^(按位异或)。

运算符的处理顺序如下所示(如果相同层次的运算出现在一起时，则处理顺序位从左到右)：

　　　　括号　()
　　　　位运算符　~
　　　　算术运算符　*、/、%
　　　　算术运算符　+、−
　　　　位运算符　^
　　　　位运算符　&
　　　　位运算符　|
　　　　逻辑运算符　NOT
　　　　逻辑运算符　AND
　　　　逻辑运算符　OR

5.2　数据定义语言

数据定义语言(DDL)包括模式定义(数据库定义)、表定义、视图和索引的定义等，本节内容主要讲述表的定义。

5.2.1　基本表的定义

SQL 语言使用 CREATE TABLE 语句定义基本表，其基本格式如下：

```
CREATE TABLE <表名> (<列名> <数据类型> [列级完整性约束条件]
            [[, <列名> <数据类型> [列级完整性约束条件]]
             …
            [, <表级完整性约束条件>]
             )
```

【例 5-4】　创建商标信息表 ToyBrand。

代码如下：

```
CREATE TABLE ToyBrand (
        cBrandId CHAR(3),
        cBrandName CHAR(20)
    )
```

查看表是否创建成功可以执行查询命令获知，语句如下：

```
SELECT * FROM ToyBrand
```

如果表创建成功，则会显示表的所有列，但没有数据。

【例 5-5】　创建玩具表 Toys。

代码如下：

```
CREATE TABLE Toys (
    cToyId            CHAR(6),
    vToyName          VARCHAR(20),
    vToyDescription   VARCHAR(250),
    cCategoryId       CHAR(3) ,
    mToyRate          DECIMAL(12,2),
    cBrandId          CHAR(3),
    vPhotopath        VARCHAR(1000),
    siToyQoh          SMALLINT,
    siLowerAge        SMALLINT,
    siUpperAge        SMALLINT,
    siToyWeight       FLOAT,
    vToyImgPath       VARCHAR(50)
    )
```

SQL 语句中的 ALTER TABLE 语句来修改字段数据类型、添加和删除字段等。其一般格式为：

```
ALTER TABLE <表名>
[ADD [COLUMN] <新列名><数据类型>[完整性约束]
```

[ADD <表级完整性约束>]

[DROP [COLUMN] <列名>]

[DROP CONSTRAINT <完整性约束名>]

[ALTER COLUMN <列名> <数据类型>];

【例 5-6】　在玩具表中添加一个进货时间列 dStockTime。

代码如下：

ALTER TABLE Toys ADD dStockTime DATETIME

【例 5-7】　将玩具表的玩具描述列的数据类型修改为 varchar(1000)。

SQL Server 的代码如下：

ALTER TABLE Toys ALTER COLUMN vToyDescription VARCHAR(1000)

MySQL 的代码如下：

ALTER TABLE Toys MODIFY COLUMN vToyDescription VARCHAR(1000)

【例 5-8】　将玩具表中的进货时间列删除。

命令如下：

ALTER TABLE Toys DROP COLUMN dStockTime

DROP TABLE 命令可以删除一个表和表中的数据，以及与表有关的所有索引、触发器、约束。

DROP TABLE 的代码如下：

DROP TABLE table_name

要删除的表如果不在当前数据库中，则应在 table_name 中指明其所属数据库和用户名。在删除一个表之前要先删除与此表相关联的表中的外关键字约束。删除表后，绑定的规则或缺省值会自动松绑。

【例 5-9】　删除 Toys 表。

代码如下：

DROP TABLE Toys

不能删除系统表。如果表被其他表引用时(作为主键表)则不能删除。

5.2.2　数据库完整性的定义

数据库中的数据是从外界输入的，由于种种原因，输入数据时可能会发生输入无效或错误信息。保证输入的数据符合规定，成了数据库系统尤其是多用户的关系数据库系统首要关注的问题。例如，前面创建的玩具表，对插入的数据没有做任何限制，这样可能出现完全相同的数据，导致数据冗余，无谓地占用磁盘空间，并在表进行连接运算时出现更多的重复数据，从而破坏了实体完整性。在玩具表中可能出现商标表中不存在的商标编号，使存储的数据失去意义，破坏了参照完整性。因此，必须确保数据库的完整性。数据库的完整性概念在第 1 章中已详细介绍，包括实体完整性、参照完整性(引用完整性)、域完整性、用户自定义完整性。

1. 实体完整性

实体完整性是通过在表中创建主键来实现的。主键值不能取空值并且不能重复。可以在 CREATE TABLE 语句中用 PRIMARY KEY 定义主键。对于单个列构成的主键有两种说明方法：一种是将其定义为列级约束条件，另一种是定义为表级约束条件。而对于多个字段构成的主键只有一种说明方法，即定义为表级约束条件。

【例 5-10】 创建玩具商标表 ToyBrand，将商标编号定义为主键，玩具商标表的结构见表 1-6。

代码如下：

```
CREATE TABLE ToyBrand (
    cBrandId CHAR(3) PRIMARY KEY ,              /*在列级定义主键*/
    cBrandName CHAR (20) NOT NULL
)
```

或者

```
CREATE TABLE ToyBrand (
    cBrandId CHAR (3),
    cBrandName CHAR (20) NOT NULL ,
    PRIMARY KEY(cBrandId)                        /*在表级定义主键*/
)
```

或者

```
CREATE TABLE ToyBrand (
    cBrandId CHAR (3),
    cBrandName CHAR (20) NOT NULL ,
    CONSTRAINT pkBraId PRIMARY KEY (cBrandId)    /*在表级定义主键*/
)
```

 　　　　cBrandId 列定义为了一个主键，因此该列的值不能为空值(NULL)且不能重复。cBrandName 增加了列级约束 NOT NULL，表示此列的值不能取空值。

【例 5-11】创建订单细节表 OrderDetail，将订单编号和玩具 ID 定义为主键(复合主键)。
代码如下：

```
CREATE TABLE OrderDetail(
    cOrderNo CHAR(12),
    cToyId CHAR(6) ,
    mToyRate DECIMAL(12,2) NOT NULL,
    siQty SMALLINT NOT NULL,
    cIsGiftWrap CHAR(1) ,
    cWrapperId CHAR(3),
    vMessage VARCHAR(256),
    mToyCost DECIMAL(12,2),
```

```
PRIMARY KEY(cOrderNo, cToyId)
)
```

如果数据表已经存在，但没有定义主键，可以使用 ALTER TABLE 语句对表进行修改，添加主键约束，但要求主键列设置了 NOT NULL 属性，否则不能添加。

【例 5-12】　将订单表的订单编号设置为主键。

代码如下：

```
ALTER TABLE Orders
ADD CONSTRAINT pkOrderNo PRIMARY KEY (cOrderNo)
```

或

```
ALTER TABLE Orders
ADD PRIMARY KEY (cOrderNo)
```

注意　　如果表中存在数据并且 cOrderNo 列中有重复数据，则以上语句会执行失败；消除重复数据后可以创建成功。

语句中 pkOrderNo 是约束的名称。如果要删除主键约束，同样可以使用 ALTER TABLE 命令，SQL Server 的代码如下：

```
ALTER TABLE Orders
DROP CONSTRAINT pkOrderNo
```

MySQL 的代码如下：

```
ALTER TABLE toys
DROP PRIMARY KEY
```

当向表中插入或修改数据时，系统要对实体完整性规则自动进行检查，包括下面两项：

(1) 检查主键值是否唯一，如果不唯一，则拒绝插入或修改。

(2) 检查主键的每一个列是否为空，只要有一个为空就拒绝插入或修改。

通过检查保证了实体完整性。

注意　　不能使用一个定义为 TEXT 或 IMAGE 数据类型的列创建主关键字。

2. 参照完整性(引用完整性)

在关系数据库中用外键来实现参照完整性，可以在 CREATE TABLE 语句中用 FOREIGN KEY 定义哪些列为外键，用 REFERENCES 指明这些外键参照哪些表的主键。其语法格式如下：

```
[CONSTRAINT <约束名>] FOREIGN KEY (<从表 A 中字段名>[{,<从表 A 中字段名>}])
REFERENCES <主表 B 表名> (<主表 B 中字段名>[{,<主表 B 中字段名>})
[ON DELETE {RESTRICT | CASCADE | SET NULL | NO ACTION}]
[ON UPDATE {RESTRICT | CASCADE | SET NULL | NO ACTION}]
```

其中，

RESTRICT 表示拒绝对主表 B 的删除或更新操作。若有一个相关的外码值在从表 A 中，则不允许删除或更新 B 表中的主码值。

CASCADE 表示在主表 B 中删除或更新时，会自动删除或更新从表 A 中对应的记录。

SET NULL 表示在主表 B 中删除或更新时，将从表中对应的外码值设置为 NULL。
NO ACTION 和 RESTRICT 相同。

【例 5-13】　创建订单细节表 OrderDetail，并定义外键。

代码如下：

```
CREATE TABLE OrderDetail(
    cOrderNo CHAR(12) REFERENCES Orders(cOrderNo),        /*在列级定义*/
    cToyId CHAR(6),
    mToyRate DECIMAL(10,2) NOT NULL,
    siQty SMALLINT NOT NULL,
    cIsGiftWrap CHAR(1) ,
    cWrapperId CHAR(3),
    vMessage VARCHAR(256),
    mToyCost DECIMAL(10,2),
    PRIMARY KEY(cOrderNo, cToyId),                        /*在表级定义主键*/
    FOREIGN KEY(cToyId)    REFERENCES Toys(cToyId)        /*在表级定义外键*/
)
```

cToyId 列是主键的一部分，同时也是一个外键，它参照 Toys 表的 cToyId 列，即此列的值要么为空，要么只能是 Toys 表中 cToyId 列中的值，由于它是主键的一部分，所以不能为空。

参照表的外键的数据类型和长度要求与被参照表的主键的数据类型和长度一致。要先创建主键表才能创建外键表，被参照的列必须是主键。

如果数据表已经存在但没有建立外键，可以使用 ALTER TABLE 语句对表进行修改，添加外键约束。

【例 5-14】　将订单细节表的订单编号和玩具 ID 设置为外键。

代码如下：

```
ALTER TABLE OrderDetail
ADD CONSTRAINT fkOrderNo FOREIGN KEY(cOrderNo) REFERENCES Orders (cOrderNo);
ALTER TABLE OrderDetail
ADD CONSTRAINT fkToyId FOREIGN KEY (cToyId ) REFERENCES Toys(cToyId );
```

或

```
ALTER TABLE OrderDetail
ADD FOREIGN KEY(cOrderNo) REFERENCES Orders (cOrderNo);
ALTER TABLE OrderDetail
ADD FOREIGN KEY (cToyId ) REFERENCES Toys(cToyId );
```

参照完整性将两个表中的相应记录联系起来了。因此，在对被参照表和参照表进行增、删、改操作时，要对数据库的参照完整性进行自动检查，如果破坏了参照完整性，将采取相应的处理。处理规则如表 5-2 所示。

表 5-2　可能破坏参照完整性的情况及违约处理

被参照表 (主键表，例如订单)	动作方向	参照表 (外键表，例如订单细节)	违约处理
可能破坏参照完整性	←	插入记录	拒绝
可能破坏参照完整性	←	修改外键值	拒绝
删除记录	→	可能破坏参照完整性	拒绝/级联删除/设置为空值
修改主键值	→	可能破坏参照完整性	拒绝/级联更新/设置为空值

表中给出了如下几种情况：

(1) 当删除主键表中的记录时，如果外键表中存在相关联的记录，可以拒绝删除或级联删除外键表中的相关联记录，或设置外键表中相关联记录的外键值为 NULL。

(2) 当修改主键表中的主键值时，如果外键表中存在相关联的记录，可以拒绝修改或级联修改外键表中相关联记录的外键值或设置相关联记录的外键值为 NULL。

(3) 当在外键表中插入记录时，如果插入数据的外键值不为 NULL 且在主键表的主键中找不到相同的值，则拒绝插入。

(4) 当在外键表中修改外键值时，如果新的值在主键表中不存在且不为 NULL，则拒绝修改。

 注意　在外键表中删除记录对主键表没有影响。如果在创建表时在外键列上定义了不允许为空，则此列不能取 NULL 值。

例如，将订单表与订单细节表通过"订单编号"列关联起来，如果关联关系中设置了级联删除、级联更新，则当在订单表中删除订单编号为"202305200001"的记录时，订单细节表中所有订单编号为"202305200001"的记录都将被删除。同样的，如果在主键表中修改了订单编号，外键表中的订单编号将被自动修改。

从上述可知，当删除或修改主键表的记录时，系统可以采用三种策略加以处理：拒绝 (NO ACTION)、级联(CASCADE)、设置为空值。在默认情况下采用的策略是"拒绝"，可以在创建表时指出处理策略。

【例 5-15】　显示说明参照完整性的违约处理策略示例。

代码如下：

```
CREATE TABLE OrderDetail(
    cOrderNo CHAR(12) REFERENCES Orders(cOrderNo)   /*在列级定义参照完整性*/
    ON DELETE CASCADE    /*当删除 Orders 表中的记录时，级联删除 OrderDetail 表中
    /相关联的记录*/
    ON UPDATE CASCADE, /*当更新 Orders 表中的 cOrderNo 时，级联更新 OrderDetail 表中
    /相关联记录的 cOrderNo*/
    cToyId CHAR(6),
    mToyRate DECIMAL(10,2) NOT NULL,
    siQty SMALLINT NOT NULL,
    cIsGiftWrap CHAR(1),
    cWrapperId CHAR(3),
```

```
    vMessage VARCHAR(256),
    mToyCost DECIMAL(10,2),
    PRIMARY KEY(cOrderNo, cToyId),    /*在表级定义主键*/
    FOREIGN KEY(cToyId)    REFERENCES Toys(cToyId) /*在表级定义参照完整性*/
    ON DELETE NO ACTION /*当删除 Toys 表中的数据时，如果 OrderDetail 表中存在相关联的
    /记录，则拒绝删除*/
    ON UPDATE NO ACTION /*当更新 Toys 表中的 cToyId 时，如果 OrderDetail 表中存在相
    /关联的记录，则拒绝更新*/
    )
```

注意　　cOrderNo 列参照 Orders 表的 cOrderNo 列，并设置了级联删除和级联更新，当删除 Orders 表中的数据时，如果本表中存在外键值与 Orders 表中被删除或更新的记录的主键值相同的记录，则这些记录被删除或外键值被更新。cToyId 列也是一个外键，并设置了拒绝删除和拒绝更新。

从上面的讨论可以看到，关系数据库管理系统在实现参照完整性时，除了要提供定义主码、外键的机制外，还需要提供不同违约处理策略供用户选择。具体选择哪种策略，要根据应用环境的要求确定。

3. 域完整性

域完整性确保了只有符合某一合法范围的值才能存储到一列中，这可以通过限制数据类型、值的范围和数据格式来实施域完整性。域完整性可以通过默认约束(DEFAULT)、检查约束(CHECK)、非空约束(NOT NULL)、唯一约束(UNIQUE)来实施。

1) 默认约束

默认约束用于为表的某列指定一个默认的数值。当插入数据时，如果这个设置了默认约束的列没有给出值，则系统将使用默认约束中指定的值。需要注意的是，一列上只能创建一个默认约束，且该列不能是自动增长列。

【例 5-16】　在学生性别列上给出一个默认值"男"。

代码如下：

```
    CREATE TABLE Student
    (
        Sno CHAR(10),
        Sname VARCHAR(50),
        Ssex CHAR(2) DEFAULT '男', /*创建默认约束，默认值为"男"*/
        Sage INT,
        Class VARCHAR(50)
    )
```

如果表已经存在，但没有指定默认项，则可以用 ALTER TABLE 命令来指定默认项。
SQL Server 的代码如下：

```
    ALTER TABLE Student
    ADD CONSTRAINT defSex DEFAULT '男' FOR Ssex
```

MySQL 的代码如下：

```
ALTER TABLE Student
MODIFY COLUMN ssex CHAR(2) DEFAULT '男'
```

如果要删除约束，也可以用 ALTER TABLE 命令，SQL Server 的代码如下：

```
ALTER TABLE Student
DROP CONSTRAINT defSex
```

MySQL 的代码如下：

```
ALTER TABLE Student
MODIFY COLUMN ssex CHAR(2)
```

默认约束在某些情况下是十分有用的，特别是一些数值型列上。例如，4 个 INT 型列 A、B、C、D，其中 D = A + B + C，由于 NULL 与任何数进行运算都等于 NULL，如果有一个列的值为 NULL，则结果为 NULL，这显然是不正确的结果。因此，在这些列上设置默认值 "0" 就能简单地解决这个问题，不然要通过程序判断是否为 NULL 才能进行计算。

2）检查约束

检查约束用于限定某一列的输入内容必须符合约束条件。在一列上可以定义多个检查约束，这些约束将按照定义的次序依次实施。此外，当约束被定义成表级约束时，单一的检查约束可以被应用到多列。

【例 5-17】　学生成绩表中的成绩必须大于等于 0 并且小于等于 100。

代码如下：

```
CREATE TABLE SC(
    Sno CHAR(10),
    Cno CHAR(3),
    Grade int CHECK(Grade >= 0 AND Grade <= 100)    /*创建检查约束*/
)
```

或

```
CREATE TABLE SC(
    Sno CHAR(10),
    Cno CHAR(3),
    Grade int CHECK(Grade BETWEEN 0 AND 100)    /*创建检查约束*/
)
```

条件中可以使用 SQL 的任意标量条件表达式，但不能使用子查询。

【例 5-18】　学生表中的性别只能取 "男" 和 "女"。

代码如下：

```
CREATE TABLE Student(
    Sno CHAR(10),
    Sname VARCHAR(50),
    Ssex CHAR(2) CHECK( Ssex IN ('男', '女'))
)
```

如果表已经存在，但没有指定检查约束，则可以用 ALTER TABLE 命令来修改表，添加检查约束，代码如下：

```
ALTER TABLE Student
ADD CONSTRAINT cons_sex CHECK(Ssex in ('男','女'))
```

如果要删除约束，也可以用 ALTER TABLE 命令，代码如下：

```
ALTER TABLE Student
DROP CONSTRAINT cons_sex
```

3) 非空约束

NULL：允许为空，表示没有数据，其值不是"0"，不是空白字符，更不是字符串"NULL"。

NOT NULL：不允许为空，表示字段中不允许出现空值。如果一个字段必须填一个值，则此字段应该设置不允许为空。

【例 5-19】 学生表中的姓名不能为空。

代码如下：

```
CREATE TABLE Student(
    Sno CHAR(10) PRIMARY KEY,
    Sname VARCHAR(50) NOT NULL,
    Ssex CHAR(2)
)
```

4) 唯一约束

唯一约束可以指定一个或多个列的组合值必须具有唯一性，以防止在列中输入重复的值。唯一约束指定的列可以有 NULL 属性，但 NULL 值也不能重复。由于主关键字的值本身具有唯一性，因此主关键字列不能再设定唯一约束。唯一约束最多由 16 个列组成。

创建 UNIQUE 约束的相关规则有：

- 可以创建在列级，也可以创建在表级。
- 不允许一个表中有两行取相同的非空值。
- 一个表中可以有多个 UNIQUE 约束。

【例 5-20】 在学生表的身份证列上创建一个唯一约束。

代码如下：

```
CREATE TABLE Student
(
    Sno CHAR(10),
    Sname VARCHAR(50),
    Ssex CHAR(2),
    Sage INT,
    Iden CHAR(18) UNIQUE,            /*创建唯一约束*/
    Class VARCHAR(50)
)
```

【例 5-21】 创建国家(Country)表，指定国家名称不能重复，ID 号为主键。

代码如下：

```
CREATE TABLE Country
```

```
(
        cCountryId CHAR(3) PRIMARY KEY,         /*主键*/
        cCountry CHAR(25) NOT NULL UNIQUE     /*唯一约束，没有指定约束名*/
)
```

如果表已经存在，但没有指定唯一约束，则可以用 ALTER TABLE 命令来修改表，添加唯一约束，代码如下：

```
ALTER TABLE Country
ADD CONSTRAINT unqCountry UNIQUE (cCountry)
```

上述命令修改了表 Country，并在 cCountry 上创建了 UNIQUE 约束，约束的名称为 unqCountry。

如果要删除约束，也可以用 ALTER TABLE 命令，代码如下：

```
ALTER TABLE Country
DROP CONSTRAINT unqCountry
```

当往表中插入元组(行)或修改属性的值时，关系数据库管理系统将检查属性上的约束条件是否被满足，如果不满足则操作被拒绝执行。

【例 5-22】　创建玩具表，将玩具编号设置为主键，商标编号设置为外键，玩具名称要求具有唯一性，玩具价格设置默认值为 0，玩具价格必须大于等于 0。

代码如下：

```
CREATE TABLE Toys (
        cToyId          CHAR(6) PRIMARY KEY,    /*设置主键*/
        vToyName        VARCHAR(20) UNIQUE,    /*设置唯一约束*/
        vToyDescription VARCHAR(250),
        cCategoryId     CHAR(3) ,
        mToyRate        DECIMAL(10,2) DEFAULT 0 CHECK(mToyRate >= 0),
    /*默认值为 0 且必须大于等于 0 */
        cBrandId        CHAR(3) REFERENCES ToyBrand(cBrandId), /*设置外键*/
        vPhotoPath      VARCHAR(1000),
        siToyQoh        SMALLINT,
        siLowerAge      SMALLINT,
        siUpperAge      SMALLINT,
        siToyWeight     FLOAT,
        vToyImgPath     VARCHAR(50)
)
```

4. 用户自定义完整性

域完整性可以被视为用户自定义完整性的子集，通过使用前面提到的默认约束 (DEFAULT)、检查约束(CHECK)、非空约束(NOT NULL)、唯一约束(UNIQUE)，可以实施用户自定义完整性。除此之外，如果要实现如"销售价格大于等于进货价格"这样的语义要求，可以使用触发器。触发器是实现用户自定义完整性的另一种方式。

5.3　　数据操纵语言(DML)

创建表的目的在于利用表存储和管理数据。新的信息需要存储；错误的数据需要更新，以显示正确信息；旧的数据需要删除，因为数据库空间不应被无用的数据占据。一个数据库能否保持信息的正确性和及时性，很大程度上依赖于数据操纵功能的强弱与实时性。

数据操纵包括插入、删除和修改(也称为更新)三种操作。本节将分别讲述如何使用这些操作，以便有效地更新数据库。

5.3.1　　数据的插入

SQL 语言使用 INSERT 语句来插入数据，INSERT 语句通常有两种形式：一种是插入一条记录，另一种是插入子查询的结果。后者可以一次插入多条记录。

1. INSERT 语句

先举例说明如何插入单行数据。

【例 5-23】　插入数据到商标表中。

代码如下：

```
INSERT INTO ToyBrand VALUES('009', '商标 1')
```

SQL Server 和 MySQL 都允许一次性插入多行数据，语句如下：

```
INSERT INTO ToyBrand VALUES('010', '商标 2'), ('011', '商标 3')
```

可以将一行的部分数据插入到表中，前提是这些表的某些列允许为 NULL 或允许分配默认值。INSERT 子句列出了要插入数据的列，但只有那些允许为 NULL 值或者有默认值的列不需要被列出。VALUES 子句提供了指定列的值。

其语法如下：

```
INSERT [INTO] 表名 [列列表]
VALUES 缺省值 | 值列表 | select 语句
```

各参数说明如下：

- INSERT 子句：指定要添加数据的表的名字。可以用该子句指定表中要插入数据的列。
- VALUES 子句：指定要插入表中的列所包含的值。
- 表名是指要插入行的表的名字，关键字 [INTO] 是可选的。
- 列列表：是一个可选参数。在需要向表中插入部分列或插入列的次序和表中定义的次序不同时使用该参数。
- 默认值：子句用于插入为列指定的默认值。如果没有为该列指定默认值，且该列的特性被指定为 NULL，则插入 NULL。如果没有为该列指定默认值，且不允许 NULL 作为列值，将返回出错信息并拒绝 INSERT 操作。
- 值列表：是指要作为行插入到表中的值的列表。如果需要为某列提供一个默认值，可以用 DEFAULT 关键字来代替列名。列也可以是任何表达式。

- Select 语句：是一个嵌套的 SELECT 语句，可以使用该语句向表中插入一行或一系列行数据。

【例 5-24】　Sales 表的结构如表 5-3 所示。

表 5-3　Sales 表的结构

属性名	类　型	长　度	特　性
cItemCode	字符	4	NOT NULL
cItemName	字符	20	NULL
iQtySold	整数		NULL
dSaleDate	日期时间	8	NOT NULL

如果需要将一行中所有的列值插入表 Sales，代码如下：

    INSERT INTO Sales VALUES ('I005', 'Printer', 100, '2024-2-11')

插入数据时，可以指定要插入的列，代码如下：

    INSERT INTO Sales (cItemCode, cItemName, iQtySold, dSaleDate)
    VALUES ('I005', 'Printer', 100, '2024-2-11')

如果需要将一行插入表 Sales，插入时在 INSERT 和 VALUES 子句中指定列次序和列值，可以使用如下代码：

    INSERT INTO Sales (cItemName, cItemCode, iQtySold, dSaleDate)
    VALUES ('Printer', 'I005', 100, '2024-2-11')

如果需要将一行插入表 Sales，插入时不指定列 cItemName 中的项目名称值，可以使用如下代码：

    INSERT INTO Sales VALUES ('I005', NULL, 100, '2024-2-11')

如果需要将一行插入表 Sales，插入时列 dSaleDate 使用已经设置好的默认值，可以使用如下代码：

    INSERT INTO Sales VALUES ('I005', 'Printer', 100, DEFAULT)

说明

◆ 数值的个数必须和表中或列列表中的属性个数相同。

◆ 插入信息的次序必须和插入列表中列出的属性次序相同。

◆ 信息的数据类型必须和表列中的数据类型匹配。

◆ 当插入二进制类型的数据时，其尾部的"0"将被去掉。

◆ 当插入 VARCHAR 或 TEXT 类型的数据时，其后的空格将被去掉；如果插入一个只含空格的字符串，则会被认为插入了一个长度为零的字符串。

◆ 标识列或自动增列不能指定数据，在 VALUES 列表中应跳过此列。

◆ 对字符类型的列，当插入数据，特别是插入字符串中含有数字字符以外的字符时，最好用引号将其括起来，否则容易出错。

2. SELECT INTO 语句

在 SQL Server 中可以使用 SELECT INTO 命令将一个表的内容复制到另一个新表中(数据库中不存在)。用 SELECT INTO 语句创建一个新表,并用 SELECT 的结果集填充该表。

其语法如下:

```
SELECT  列列表
    INTO  新表名
    FROM  表名
    WHERE  条件
```

各参数说明如下:

- 列列表:指定了新表中要包含的列。
- 新表名:指定了要存储数据的新表的名字。
- 表名:指定了要从中检索数据的表的名字。
- 条件:决定新表中应包含哪些行的条件。

在 MySQL 中,可以使用"CREATE TABLE ... AS SELECT"命令创建一个新表并将数据复制到新表中。

【例 5-25】 根据 Toys 表创建一个叫 NewToys 的新表,将玩具价格大于等于 30 的数据插入到新表中。

SQL Server 的代码如下:

```
SELECT * INTO newtoys FROM Toys WHERE mToyRate >= 30
```

MySQL 的代码如下:

```
CREATE TABLE newtoys AS SELECT * FROM Toys WHERE mToyRate >= 30
```

3. INSERT…SELECT 语句

可以使用 INSERT INTO 命令,从一个表向另一个已经存在的表中添加数据。

其语法如下:

```
INSERT [INTO] 表名 1
SELECT 列名
FROM 表名 2
WHERE 条件
```

各参数说明如下:

- 表名 1:指定了将要插入数据的表的名字。
- 列名:指定了需要从现有表复制到新表的列的名字。
- 表名 2:指定了从中复制数据的表。
- 条件:指定了插入的行要满足的条件。

【例 5-26】 将表 Toys 表中玩具价格大于 20 且小于 30 的数据插入到 newtoys 表中。

代码如下:

```
INSERT INTO newtoys
SELECT * FROM Toys WHERE mToyRate > 20 AND mToyRate < 30
```

这条语句要求 newtoys 的表结构与 toys 的表结构一致。如果表结构不一致,可以指定

要求插入的列和数据的来源列，并让他们一一对应，代码如下：

INSERT INTO newtoys(cToyid, vToyName, mToyRate, siToyQoh, siLowerAge, siUpperAge)

SELECT cToyid, vToyName, mToyRate, siToyQoh, siLowerAge, siUpperAge FROM Toys WHERE mToyRate > 20 AND mToyRate < 30

5.3.2 数据的更新

SQL 提供了 UPDATE 语句来进行数据修改。更新确保了任何时候都可以获得最新、最正确的信息。一行中的一栏是更新的最小单元。

数据更新的语法如下：

UPDATE 表名

SET 列名 = 值 [, 列名 = 值]

WHERE 条件

各参数说明如下：

- 表名：指定了要修改的表的名字。
- 列名：指定了在特定表中所要修改的列。
- 值：指定了要赋给表列的值，表达式、列名、变量名等都是合法值。也可以使用 DEFAULT 和 NULL 关键字。
- 条件：指定了要更新的行。

【例 5-27】 "商品" 表中的数据如表 5-4 所示，更新商品编号为 'I003' 的物品的数量，将它改为 80。

表 5-4 商   品

商品编号	商品名称	价格	数量
I001	Monitor	5000	100
I002	Keyboards	3000	200
I003	Mouse	1500	50

代码如下：

UPDATE 商品

SET 数量 = 80

WHERE 商品编号 = 'I003'

【例 5-28】 数据表同例 5-27，将所有商品的价格增加 5%。

代码如下：

UPDATE 商品 SET 价格 = 价格*1.05

【例 5-29】 数据表同例 5-27，将商品编号为 I001 的商品的价格改为 5500，数量改为 150。

代码如下：

UPDATE 商品 SET 价格 = 5500, 数量 = 150 WHERE 商品编号 = 'I001'

◆ 同一时刻只能对一张表进行更新。

◆ 如果一次更新违背了完整性约束，则所有的更新都将被回滚；也就是说，表没有发生任何变化。

◆ 使用 UPDATE 语句更新数据时，会将被更新的原数据存放到事务处理日志中。如果所更新的表特别大，则有可能在命令尚未执行完时，事务处理日志已被填满。这时系统会生成错误信息，并将更新过的数据返回原样。解决此问题有两种办法：一种是加大事务处理日志的存储空间，但这似乎不大合算；另一种是分解更新语句的操作过程，并及时清理事务处理日志。

5.3.3 数据的删除

数据库中应始终包含正确且最新的信息。一旦数据失效，便应从数据库中予以删除。在数据库中执行删除操作的最小单元是行。在 SQL 语言中通过使用 DELETE 语句删除数据，其基本语法格式如下：

```
DELETE  [FROM]   <表名>
WHERE <条件>
```

各参数说明如下：

● 表名：指定要删除行的表的名字。

● 条件：指定了要删除的行应符合的条件，如果没有指定条件则删除表中全部行。

【例 5-30】 从商品表中删除商品编号为'I002'的商品。

代码如下：

```
DELETE FROM  商品
WHERE  商品编号 = 'I002'
```

有时候，要删除一个表的所有数据使它成为空表，只要不带条件即可。

【例 5-31】 删除玩具(Toys)表中所有的记录。

代码如下：

```
DELETE FROM Toys
```

如果要删除表中的所有数据，那么使用 TRUNCATE TABLE 命令比使用 DELETE 命令速度快。这是因为 DELETE 命令除了删除数据外，还会将所删除的数据记录在事务处理日志中，如果删除失败可以使用事务处理日志来恢复数据；而 TRUNCATE TABLE 则只做删除与表有关的所有数据页的操作。TRUNCATE TABLE 命令功能上相当于使用不带WHERE 子句的 DELETE 命令，但是 TRUNCATE TABLE 命令不能用于被别的表的外关键字依赖的表。

TRUNCATE TABLE 命令代码如下：

```
TRUNCATE TABLE table_name
```

由于 TRUNCATE TABLE 命令不会对事务处理日志进行数据删除记录操作，因此不能激活触发器。

5.4 数据查询语言(DQL)

数据查询语句 SELECT 是 SQL 语言中使用频率最高的语句，可以说 SELECT 语句是 SQL 语言的灵魂。SELECT 语句具有强大的查询功能，由一系列灵活的子句组成，这些子句共同决定了检索的数据内容。用户使用 SELECT 语句除了可以查看普通数据库中的表格和视图的信息外，还可以查看数据库的系统信息。

在介绍 SELECT 语句的使用之前，先介绍 SELECT 语句的基本语法结构及执行过程。

虽然 SELECT 语句的完整语法非常复杂，但常用的主要子句可归纳如下：

```
SELECT select_list                      /*选择列表*/
FROM table_source                       /*选择数据源*/
[ WHERE search_condition ]              /*根据什么条件*/
[ GROUP BY group_by_expression ]        /*分组依据表达式*/
[ HAVING search_condition ]             /*分组选择条件*/
[ ORDER BY order_expression [ ASC | DESC ] ]   /*排序依据表达式*/
```

参数说明：

• SELECT 子句：指定由查询结果返回的列。

• FROM 子句：用于指定数据源，即引用的列所在的表或视图。如果对象不止一个，它们之间必须用逗号分开。

• WHERE 子句：指定用于限制返回的行的搜索条件。如果 SELECT 语句没有 WHERE 子句，DBMS 就认为目标表中的所有行都满足搜索条件。

• GROUP BY 子句：指定用来放置输出行的组，并且如果 SELECT 子句 select_list 中包含聚合函数，则计算每组的汇总值。

• HAVING 子句：指定组或聚合函数的搜索条件。HAVING 通常与 GROUP BY 子句一起使用。

• ORDER BY 子句：指定结果集的排序方式。ASC 关键字表示升序排列结果，DESC 关键字表示降序排列结果。如果没有指定关键字，系统默认是 ASC。如果没有指定 ORDER BY 子句，DBMS 将根据表中数据存放的顺序来显示数据。

注意　　　在这几个子句中，SELECT 子句和 FROM 子句是必需的，其他子句是可选的。还有，如果同时出现几个子句，它们是有顺序的。顺序就是按照上述的顺序，不能乱序。

当执行 SELECT 语句时，DBMS 的执行步骤可表示如下：

(1) 首先执行 FROM 子句，组装来自不同数据源的数据，即根据 FROM 子句中的一个或多个表创建工作表。如果在 FROM 子句中出现两个或多个数据表，DBMS 将执行 CROSS JOIN 运算对表进行交叉连接，形成笛卡尔积作为工作表。

(2) 如果有 WHERE 子句，实现基于指定的条件对记录进行筛选，即 DBMS 将 WHERE

子句中列出的搜索条件应用于第一步生成工作表。DBMS 将保留那些满足搜索条件的行，在工作表中删除不满足搜索条件的行。

(3) 如果有 GROUP BY 子句，它将把数据划为多个分组。DBMS 将第二步生成的工作表中的行分成多个组，每个组中所有的行 group_by_expression 字段具有相同的值；接着 DBMS 将每组减少为单行，而后将其结果添加到新的结果集中，生成新的工作表。在此过程中，DBMS 将 NULL 值看作相等，把所有 NULL 值归入同一组。

(4) 如果有 HAVING 子句，它将筛选分组。DBMS 将 HAVING 子句列出的搜索条件应用于第三步生成组合表中的每一行。DBMS 将保留那些满足搜索条件的行，删除不满足搜索条件的行。

(5) 将 SELECT 子句应用于上面的结果表，从中删除表中不包含在 select_list 中的列。如果 SELECT 子句中包含 DISTINCT 关键字，DBMS 将从结果集中删除重复的行。

(6) 如果有 ORDER BY 子句，则按指定的排序规则对结果进行排序。

(7) 对于交互式的 SELECT 子句，在屏幕上显示结果。对于嵌入式 SQL，使用游标将结果传递给宿主程序。

以上就是 SELECT 语句的基本执行过程。读者只有在学习过程中多加练习，才能理解上述的执行过程。

5.4.1　简单查询语句

1. 查询所有行和所有列

用 SELECT 子句检索单个表中所有列和行的语法如下：

> SELECT * FROM 表名

可以用星号(*)来指定所有列。

【例 5-32】 显示数据库 ToyUniverse 的表 Toys 中所有的数据。

代码如下：

```
USE ToyUniverse;   --使用 ToyUniverse 数据库
SELECT * FROM Toys;
```

在使用 "*" 通配符时要慎重，一般很少情况用到要查询所有行和列的数据，以免占用过多的系统资源和网络资源。

2. 显示一张表上指定列的所有数据

从单个表中检索指定列、所有行的 SELECT 子句的语法如下：

> SELECT 列名 [, 列名] … FROM 表名

列名也可以是经过计算的值，包括几个列的组合。

【例 5-33】 现在需要一张包含所有接受者(Recipient)的姓名、城市、电话号码的报表。

代码如下：

SELECT vRecipientName, vCity, cPhone FROM Recipient

运行结果如图 5-5 所示。

	vRecipientName	vCity	cPhone
1	张三	成都	028-84412233
2	李四	成都	028-84412255
3	李五	绵阳	0816-67891234
4	Betty Smith	Sunnyvale	123-87-567365

图 5-5　运行结果

 注意　　在指定列的查询中，结果集显示的顺序由 SELECT 子句中 select_list 指定，与数据表中的存储顺序无关，多列时用 "，" 隔开。

3. 显示指定的、带用户友好的列标题的列

有时，带属性名的输出结果对用户来讲，可能不够友好。为了使输出更加友好，可以在查询中指定自己的列标题，即给列取一个别名。其语法如下：

方法 1：SELECT 列名 AS 列标题 [, 列名…] FROM 表名

方法 2：SELECT 列名 列标题 [, 列名…] FROM 表名

【例 5-34】 现在需要一张包含所有购物者(Shopper)姓名、城市、电话号码的报表。

代码如下：

SELECT vShopperName AS 姓名, vCity AS 城市, cPhone AS 电话 FROM Shopper

或

SELECT vShopperName 姓名, vCity 城市, cPhone 电话 FROM Shopper

语句中 vShopperName、vCity、cPhone 是 Shopper 表中的列名，在查询时给这些列分别取了中文的别名，运行结果如图 5-6 所示。

	姓名	城市	电话
1	张三	成都	028-84412233
2	李四	成都	028-84412255
3	王明	北京	010-67894265
4	赵小红	北京	010-67893214
5	李明明	西安	029-65431234

图 5-6　运行结果

4. 选择结果中带运算的列

在数据查询时，经常需要对表中的列进行计算，才能获得所需要的结果。在 SELECT 子句中可以使用各种运算符和函数对指定列进行运算。

【例 5-35】 现在需要一张包含所有购物者(Shopper)姓名、城市、电话号码、信用卡年份的报表。

代码如下：

SELECT　vShopperName AS 姓名, vCity AS 城市, cPhone AS 电话, CAST(YEAR (dExpiryDate) AS

CHAR(4)) AS 信用卡年份 FROM Shopper

运行结果如图 5-7 所示。

	姓名	城市	电话	信用卡年份
1	张三	成都	028-84412233	2018
2	李四	成都	028-84412255	2016
3	王明	北京	010-67894265	2018
4	赵小红	北京	010-67893214	2017
5	李明明	西安	029-65431234	2015
6	张青友	重庆	023-67529988	2015

图 5-7 运行结果

信用卡年份使用了 CAST 和 YEAR 两个函数进行运算，先取日期时间数据类型列 dExpiryDate 中的年份值，然后将其转换为字符型。在此语句中，CAST 函数不是必需的。

【例 5-36】 显示玩具的原价和 8.5 折后的价格。

代码如下：

    SELECT ctoyid AS 玩具编号, vToyName AS 玩具名称, mToyRate AS 原价, mToyRate*0.85 AS 折扣价 FROM toys

运行结果如图 5-8 所示。

	玩具编号	玩具名称	原价	折扣价
1	000001	Creator 创意百变拼搭	334.00	283.900000
2	000002	犀牛发射器	699.00	594.150000
3	000003	移动起重机	1839.00	1563.150000
4	000004	EV3机器人	1556.24	1322.804000
5	000005	创意颗粒	234.22	199.087000
6	000006	真龙水枪	98.00	83.300000

图 5-8 运行结果

5. 结果集中去掉重复的值

使用 DISTINCT 关键字可以从结果集中删除重复的行，使结果集更简洁。用 SELECT 语句查询数据并去掉重复值的语法如下：

    SELECT DISTINCT 列名 FROM 表名

【例 5-37】 显示购物者所在的城市，去掉重复的城市。

代码如下：

    SELECT DISTINCT vCity FROM Shopper

运行结果如图 5-9 所示。

	vCity
1	北京
2	成都
3	西安
4	重庆

图 5-9 运行结果

6. 返回部分结果集

有时，一个表中的数据量过大，如果一次性全部传到客户端显示，会消耗大量网络资源，这时只要检索排好序的顶部几条记录即可。

在 SQL Server 中，检索顶部几条记录的 SELECT 子句的语法如下：

```
SELECT [TOP n [PERCENT]] 列名 [, 列名...]    FROM 表名
```

其中，n 是一个数字。

若使用 PERCENT 关键字，则返回总行数的百分之 n(行)。TOP 子句限制了结果集中返回的行数。

在 MySQL 中，使用 LIMIT 子句来限制查询结果的记录数量，其语法格式为：

```
LIMIT [OFFSET,] row_count | row_count OFFSET offset
```

OFFSET 是非负整型常量，用于指定查询结果中第一行的偏移量，其默认值为 0，表示查询结果的第 1 行；以此类推，OFFSET 的值为 1 时，表示查询结果的第 2 行。

row_count 是非负整型常量，用来指定查询结果的行数，如果 row_count 的值大于实际查询结果的行数，则返回实际行数。

row_count OFFSET 后面的 offset 也是非负整型常量，row_count OFFSET offset 表示查询结果从 offset+1 行开始，返回 row_count 行。

【例 5-38】 显示前 5 个玩具的玩具代码和玩具名。

SQL Server 的代码如下：

```
SELECT TOP 5 cToyId, vToyName    FROM Toys
```

MySQL 的代码如下：

```
SELECT cToyId, vToyName    FROM Toys LIMIT 5
```

运行结果如图 5-10 所示。

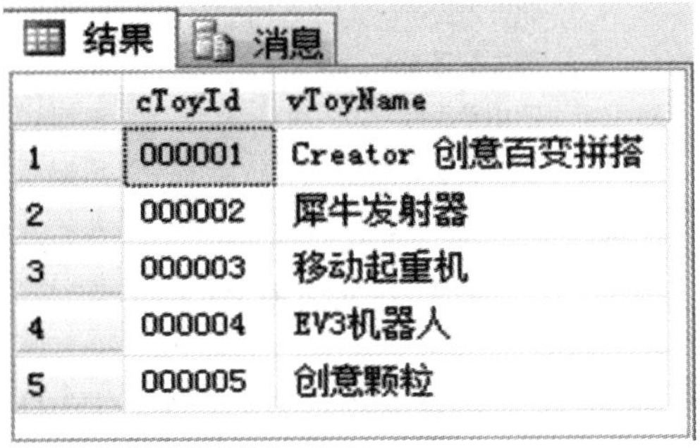

	cToyId	vToyName
1	000001	Creator 创意百变拼搭
2	000002	犀牛发射器
3	000003	移动起重机
4	000004	EV3机器人
5	000005	创意颗粒

图 5-10　运行结果

【例 5-39】 MySQL 中，显示玩具表中的第 11 行至第 15 行数据。

代码如下：

```
SELECT * FROM Toys LIMIT 10,5
```

7. 合并查询结果集

有时，需要将不同查询的输出结果合并成单一的结果集。这时就可以使用 UNION 操作符，将两张表中的数据合并为单一的输出。

其语法如下：

SELECT 列名[, 列名...]

　FROM 表名

UNION [ALL]

SELECT 列名[, 列名...]

　FROM 表名

 注意　　　结果集的列标题是第一个 SELECT 语句的列标题。后续的 SELECT 语句中的所有列必须具有同第一个 SELECT 语句中的列相似的数据类型，而且列数必须相同。

默认情况下，UNION 子句将移去重复行。如果使用了 ALL，这些重复行也将显示。

【例 5-40】　显示购物者和接收者的姓名、地址和城市，并显示一个区分购物者和接收者的列。

代码如下：

SELECT vShopperName, vAddress, vCity, '购物者' AS type FROM Shopper

UNION

SELECT vRecipientName, vAddress, vCity, '接收者' AS type FROM Recipient

运行结果如图 5-11 所示。

	vShopperName	vAddress	vCity	type
1	Betty Smith	227 Beach Ave.	Sunnyvale	接收者
2	李明明	陕西省西安市咸宁西路21号	西安	购物者
3	李四	四川省成都市人民南路35号	成都	购物者
4	李四	四川省成都市人民南路35号	成都	接收者
5	李五	四川省绵阳市锦兴东路2号	绵阳	接收者
6	王明	北京市海淀区人民大学南路1号	北京	购物者
7	张青友	重庆市新南路1号	重庆	购物者
8	张三	四川省成都市人民南路1号	成都	购物者
9	张三	四川省成都市人民南路1号	成都	接收者
10	赵小红	北京市海淀区人民大学南路50号	北京	购物者

图 5-11　运行结果

5.4.2　用条件来筛选表中指定的行(WHERE 子句)

一个数据表中通常存放大量的记录数据。实际使用时，绝大部分查询不是针对所有数据记录的查询，往往只需获取满足要求的部分记录数据。这时就需要用到 WHERE 条件子句。使用 WHERE 子句可以限制查询的范围，提高查询效率。在使用时，WHERE 子句必须紧跟在 FROM 子句之后。WHERE 子句中的条件表达式包括算术表达式和逻辑表达式，WHERE 子句中的查询条件可以为多个，没有个数限制。

1. 按指定的条件检索数据

按指定的条件检索数据，语法如下：

SELECT 选择列表　FROM 表名　WHERE 条件

按照比较运算符、表达式的形式书写条件。

使用比较运算符时，应考虑以下几点：

(1) 表达式中可以包含常数、列名、函数和通过算术运算符连接的嵌套查询。

(2) 确保在所有的 char、varchar、text、datetime 和 smalldatetime 类型的数据周围添加单引号。

【例 5-41】 现在需要一张家住在成都的购物者的姓名、城市、电话号码的报表。

代码如下：

```
SELECT vShopperName AS 姓名，  vCity AS 城市, cPhone AS 电话
FROM Shopper   WHERE   vCity = '成都'
```

运行结果如图 5-12 所示。

	姓名	城市	电话
1	张三	成都	028-84412233
2	李四	成都	028-84412255

图 5-12　运行结果

2. 根据多重条件，用 SELECT 子句检索并显示数据

用 SELECT 子句检索并显示数据的语法如下：

```
SELECT 选择列表 FROM 表名
WHERE [NOT] 条件 {AND | OR} [NOT]   条件
```

在 WHERE 子句中，可以使用逻辑运算符 AND 和 OR 来连接两个或多个搜索条件。当需要所有的条件都满足时用 AND；当需要满足任何一个条件时用 OR；NOT 否定跟在其后的表达式。

当在一句语句中使用多个逻辑运算符时，处理顺序是先执行 NOT，然后是 AND，最后是 OR。括号可以用来改变处理顺序，或增强表达式的可读性。

【例 5-42】 显示价格范围在 50 到 100 之间的所有玩具的列表。

代码如下：

```
SELECT cToyId, vToyName, mToyRate, siToyQoh FROM Toys
WHERE mToyRate >= 50 AND mToyRate <= 100
```

运行结果如图 5-13 所示。

	cToyId	vToyName	mToyRate	siToyQoh
1	000006	真龙水枪	98.00	20
2	000007	电动组装工具车	68.00	10
3	000011	触摸故事手拍鼓	80.00	33

图 5-13　运行结果

【例 5-43】 显示属于省份为"四川"和"北京"的购物者的姓名、e-mail 地址和省份。

代码如下：

SELECT vShopperName, vEmailId, vProvince

FROM Shopper

WHERE vProvince = '四川' or vProvince = '北京'

运行结果如图 5-14 所示。

	vShopperName	vEmailId	vProvince
1	张三	angelas@qmail.com	四川
2	李四	barbaraj@speedmail.com	四川
3	王明	bettyw@dpeedmil.cm	北京
4	赵小红	carolj@qmail.com	北京

图 5-14　运行结果

3. 限定数据范围(BETWEEN 关键字)

在 WHERE 子句中，使用 BETWEEN 关键字可以方便地限制查询数据的范围，其效果等同于使用 ">=" 和 "<=" 的逻辑表达式。

【例 5-44】　显示价格范围在 50 到 100 之间的所有玩具的列表。

代码如下：

SELECT cToyId, vToyName, mToyRate, siToyQoh FROM Toys

WHERE mToyRate BETWEEN 50 AND 100

其运行结果与例 5-42 的运行结果是相同的。

4. 用 IN 关键字来限定范围检索

如果要搜索的值不是连续的，而是离散的，可以使用 IN 关键字来限制检索数据范围。灵活使用 IN 关键字，可以使复杂的语句简单化。

【例 5-45】　显示属于 "四川" 和 "北京" 的购物者的名字、姓和 e-mail 地址。

代码如下：

SELECT vShopperName, vProvince, vEmailId FROM Shopper

WHERE vProvince IN ('四川', '北京')

其运行结果与例 5-43 的运行结果是相同的。

5. IS NULL 和 IS NOT NULL 关键字

用 SELECT 语句检索并显示指定列的值为 NULL 的行的数据，其语法是：

SELECT 选择列表 FROM 表名

WHERE 列名 IS [NOT] NULL

提示　　NULL 意味着某一行的某一列中没有数据项。这同 0 或空白是不同的。更要注意的是 NULL 不能进行任何比较和运算，NULL 与任何数进行运算都等于 NULL，NULL 与任何数比较都等于 FALSE。如两个 NULL 是不相等的。NULL 的序号很小，这意味着在按升序排列的输出结果中，NULL 将被排在第一个。

【例 5-46】　显示没有任何附加信息的订货的全部信息。

代码如下：

SELECT * FROM OrderDetail WHERE vMessage IS NULL

运行结果如图 5-15 所示。

cOrderNo	cToyId	mToyRate	siQty	cIsGiftWrap	cWrapperId	vMessage	mToyCost
202305200001	000001	334.00	2	Y	002	NULL	668.00
202305200002	000003	1839.00	2	N	NULL	NULL	3678.00
202305210001	000004	1556.24	1	N	NULL	NULL	1556.24
202306210002	000002	699.00	3	N	NULL	NULL	2097.00

图 5-15　运行结果

6. 模糊查询

查询时，如果不知道完全精确的值，可以使用 LIKE 或 NOT LIKE 进行模糊查询。

LIKE 定义的一般格式为：

　　<字段名>　LIKE　<字符串常量>

其中，字段名必须为字符型，字符串常量中的字符可以包含通配符，利用这些通配符，可以进行模糊查询，字符串中的通配符及其功能如表 5-5 所示。

表 5-5　模糊查询的通配符

通配符	说　　明	实　　例
%	包含零个或多个字符的任意字符串	'ab%'，'ab'后可接任意字符串
_(下画线)	任意单个字符	'a_b'，'a'与'b'之间有一个字符
[ ]	任意在指定范围或集合中的单个字符	[0-9]，0~9 之间的字符
[^]	任意不在指定范围或集合中的单个字符	[^0-9]，不在 0~9 之间的字符

例如：

表达式	返　回　值
LIKE 'LO%'	所有以"LO"开头的名字
LIKE 'Lo%'	所有以"Lo"开头的名字
LIKE '%ion'	所有以"ion"结尾的名字
LIKE '%rt%'	所有包含字母"rt"的名字
LIKE '_rt'	所有以"rt"结尾的三个字母的名字
LIKE '[DK]%'	所有以"D"或"K"开头的名字
LIKE '[A-D]ear'	所有以"A"到"D"中任意一个字母开头，以"ear"结尾的四个字母的名字
LIKE 'D[^c]%'	所有以"D"开头、第二个字母不为"c"的名字

【例 5-47】　显示所有姓"张"的购物者。

代码如下：

　　SELECT cShopperId, vUserName, vPassword, vShopperName　　FROM Shopper

　　WHERE vShopperName like '张%'

运行结果如图 5-16 所示。

图 5-16　运行结果

【例 5-48】 显示玩具名称中含有"机"的玩具。

代码如下:

SELECT * FROM toys WHERE vToyName LIKE '%机%'

运行结果如图 5-17 所示。

cToyId	vToyName
000003	移动起重机
000004	EV3机器人
000010	滚轮挖掘机

图 5-17　运行结果

> **注意**　若要搜索作为字符而不是通配符的百分号,则必须用 ESCAPE 关键字作为转义符来使用。例如,LIKE '%B%' ESCAPE 'B'就表示第二个百分号(%)是实际的字符值,而不是通配符。

5.4.3　按指定顺序显示数据(排序)

用 SELECT 子句按给定顺序检索并显示数据的语法如下:

SELECT 选择列表 FROM 表名

[ORDER BY 列名 ｜ 选择的列的序号 ｜ 表达式 [ASC|DESC]

　　[, 列名 ｜ 选择的列的序号 ｜ 表达式 [ASC|DESC]...]

> **注意**　在 ORDER BY 子句中,可以用相关列的序号来代替列名。ASC 是默认的排序方式。

【例 5-49】 显示所有玩具的名字和价格,确保价格最高的玩具显示在列表的顶部。

代码如下:

SELECT vToyName as 'Toy Name', mToyRate as 'Toy Rate' FROM Toys

ORDER BY mToyRate desc

或

SELECT vToyName as 'Toy Name', mToyRate as 'Toy Rate' FROM Toys

ORDER BY 2 desc –此处的 2 表示显示的第二列(mToyRate)

运行结果如图 5-18 所示。

图 5-18　运行结果

【例 5-50】 显示订单的订单号、订单时间、购物者编号，按订单时间降序、购物者编号升序排列。

代码如下：

```
SELECT cOrderNo, dOrderDate, cShopperId FROM Orders
ORDER BY dOrderDate DESC, cShopperId ASC
```

运行结果如图 5-19 所示。

cOrderNo	dOrderDate	cShopperId
202306210002	2023-06-21 09:40:34.000	000003
202305210001	2023-05-21 08:30:10.000	000002
202305200002	2023-05-20 18:30:45.000	000002
202305200001	2023-05-20 12:50:34.000	000001

图 5-19　运行结果

按多个列排序时，在前一个排序列的值相同时，按下一个列的排序规则排列。

 ● NTEXT、TEXT、二进制类型或 XML 列不能用于 ORDER BY 子句。

● 空值视为最小的值。

● 对 ORDER BY 子句中的项目数没有限制。但是，SQL Server 排序操作所需的中间工作表的行大小限制为 8060 个字节。这限制了在 ORDER BY 子句中指定的列的总大小。

5.4.4　使用函数查询

1. 聚合函数查询

聚合函数经常与 SELECT 语句的 GROUP BY 子句结合使用。所有聚合函数均为确定性函数，也就是说，只要使用一组特定输入值调用聚合函数，该函数总是返回相同的值。聚合函数可以对一组执行计算，并返回单个值。聚合函数主要用于计算总数。在执行时，对其所作用的表中的一列或一组列的值进行总结，并生成单个值。表 5-6 列出了常用的几个聚合函数。

表 5-6　聚 合 函 数

函数名	参　数	描　述
AVG	([ALL|DISTINCT] expression)	数学表达式中指定字段的均值，或者计算所有记录，或分别计算该字段上值不同的记录
COUNT	([ALL|DISTINCT] expression)	表达式中指定字段上记录的个数，或者是所有记录，或者是该字段上值不同的记录
COUNT	(*)	选中的行数
MAX	(expression)	表达式中的最大值
MIN	(expression)	表达式中的最小值
SUM	([ALL | DISTINCT] expression)	数学表达式中指定字段的总和，或者计算所有记录，或分别计算该字段上值不同的记录
STEDV	([ALL | DISTINCT] expression)	返回指定表达式中所有值的标准偏差

【例 5-51】　求订单数量、所有订单总金额、平均金额、最高金额、最低金额，订单表中的数据如图 5-20 所示。

corderno	dorderdate	cshopperid	mtotalcost
202305200001	2023-05-20 12:50:34.000	000001	703.60
202305200002	2023-05-20 18:30:45.000	000002	3845.20
202305210001	2023-05-21 08:30:10.000	000002	1566.24
202306210002	2023-06-21 09:40:34.000	000003	3853.40

图 5-20　订单表中的数据

代码如下：

SELECT COUNT(*), SUM(mTotalCost), AVG(mTotalCost), MAX(mTotalCost), MIN(mTotalCost)
FROM Orders

运行结果如图 5-21 所示。

	(无列名)	(无列名)	(无列名)	(无列名)	(无列名)
1	4	9968.44	2492.11	3853.40	703.60

图 5-21　运行结果

除 count(*)函数外，其余函数都将忽略 NULL 值。

【例 5-52】　查询学号为"2023019001"的学生的总分和平均分。

代码如下：

SELECT SUM(score), AVG(score)
FROM SC
WHERE sno = '2023019001';

2. 日期函数查询

日期函数用于操作日期时间数据类型的值、完成算术运算、并提取其中的组成部分，如日、月、年。日期函数可用于加、减两个日期，或将日期分成几个部分。尽管不同的数据库产品提供的日期函数可能存在差异，但其功能大同小异，表 5-7 是 SQL Server 数据库的常用日期函数。

表 5-7　SQL Server 的日期函数

函数名	语　法	说　　　明
DATEADD	(日期元素, 数字, 日期)	向指定日期添加"数字"个"日期元素"
DATEDIFF	(日期元素, 日期1, 日期2)	返回两个日期之间的"日期元素"的个数
DATENAME	(日期元素, 日期)	以 ASCII 码的形式返回指定日期的"日期元素"(如 October)
DATEPART	(日期元素, 日期)	以整数的形式返回指定日期的"日期元素"
DAY	(日期)	返回一个整数，表示指定日期的"天"部分
MONTH	(日期)	返回一个整数，表示指定日期的"月"部分
YEAR	(日期)	返回一个整数，表示指定日期的"年"部分
GETDATE	( )	返回当前的日期和时间
GETUTCDATE	( )	返回当前的 UTC(国际时也称格林尼治标准时间)日期和时间

在表 5-7 中，日期元素可以是表 5-8 中的值。

表 5-8　日　期　元　素

日期元素	缩　写	值
year	yy	1753～9999
quarter	qq	1～4
month	mm	1～12
day of year	dy	1～366
day	dd	1～31
week	wk	0～51
weekday	dw	1～7(1 is Sunday)
hour	hh	(0～23)
minute	mi	(0～59)
second	ss	0～59
millisecond	ms	0～999

表 5-9 是 MySQL 数据库的常用日期时间函数。

表 5-9　MySQL 日期时间函数

函数名称	语　法	说　明
NOW()	NOW()	返回系统当前的日期和时间
SYSDATE()	SYSDATE()	返回函数执行时的日期和时间
YEAR()	YEARWEEK(date), YEARWEEK(date,mode)	返回 date 的年份
MONTH()	MONTH(date)	返回 date 的月份(1-12)
DAY()	DAYOFMONTH(date)	返回 date 的日期(1-31)
ADDDATE()	ADDDATE(date,INTERVAL expr unit), ADDDATE(expr,days)	向 date 添加时间间隔值或添加天数
SUBDATE()	SUBDATE(date,INTERVAL expr unit), SUBDATE(expr,days)	从 date 减去时间间隔值或减去天数
DATEDIFF()	DATEDIFF(expr1,expr2)	返回两个日期的天数差
TIMEDIFF()	TIMEDIFF(expr1,expr2)	返回两个时间的时间差
TIMESTAMPDIFF()	TIMESTAMPDIFF(unit,datetime_expr1,datetime_expr2)	返回两个日期时间表达式之间的差值

【例 5-53】 已知学生表 student 的数据如图 5-22 所示，查询学生表的数据，并显示年龄。

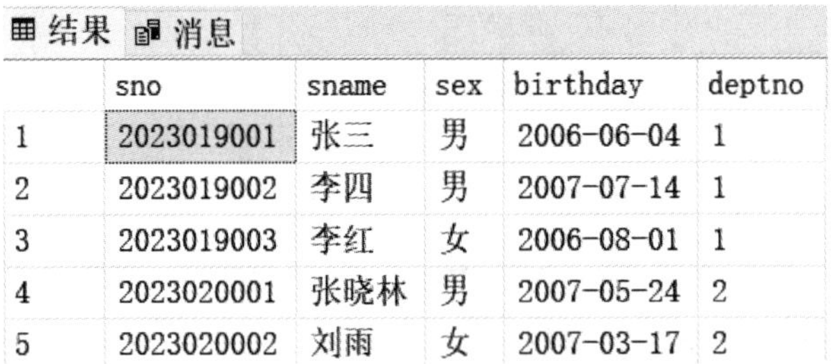

	sno	sname	sex	birthday	deptno
1	2023019001	张三	男	2006-06-04	1
2	2023019002	李四	男	2007-07-14	1
3	2023019003	李红	女	2006-08-01	1
4	2023020001	张晓林	男	2007-05-24	2
5	2023020002	刘雨	女	2007-03-17	2

图 5-22　student 表中的数据

年龄是当前年份减去出生年份，因此可使用日期函数，SQL Server 的代码如下：

```
SELECT sno, sname, sex, birthday, YEAR(GETDATE())-YEAR(birthday)  AS age FROM student
```

MySQL 的代码如下：

```
SELECT sno, sname, sex, birthday, YEAR(SYSDATE())-YEAR(birthday)  AS age FROM student
```

或者求出两个日期之间相差的年数，SQL Server 的代码如下：

```
SELECT sno, sname, sex, birthday, DATEDIFF(YEAR, birthday, GETDATE())  AS age FROM student
```

MySQL 的代码如下：

SELECT sno, sname, sex, birthday, TIMESTAMPDIFF(YEAR,birthday,SYSDATE()) AS age FROM student

运行结果如图 5-23 所示。

	sno	sname	sex	birthday	age
1	2023019001	张三	男	2006-06-04	18
2	2023019002	李四	男	2007-07-14	17
3	2023019003	李红	女	2006-08-01	18
4	2023020001	张晓林	男	2007-05-24	17
5	2023020002	刘雨	女	2007-03-17	17

图 5-23　运行结果

【例 5-54】 订单表的订单日期字段是 DATETIME 数据类型，查询 2023 年 5 月 20 日的订单。

可以使用 YEAR()、MONTH()、DAY()函数把订单日期的年月日取出来后再进行判别，代码如下：

SELECT * FROM orders WHERE YEAR(dOrderDate)=2023 and MONTH(dOrderDate)=5 and DAY(dOrderDate)=20

或者通过函数将条件日期加 1 天后作为判别条件，SQL Server 和 MySQL 完成这个功能的函数名称不一样，SQL Server 代码如下：

SELECT * FROM orders WHERE dOrderDate>='2023-5-20' AND dOrderDate < DATEADD(DAY,1,'2023-5-20')

MySQL 代码如下：

SELECT * FROM orders WHERE dOrderDate>='2023-5-20' AND dOrderDate < ADDDATE('2023-5-20',1)

查询结果如图 5-24 所示。

cOrderNo	dOrderDate	cShopperId	cModeId	mShippingCharges	mGiftWrapCharges
202305200001	2023-05-20 12:50:34.000	000001	01	15.60	20.00
202305200002	2023-05-20 18:30:45.000	000002	02	167.20	0.00

图 5-24　运行结果

 注意很容易犯错误的写法是：

SELECT * FROM orders WHERE dOrderDate='2023-5-20'

因为 dOrderDate 是 DATETIME 数据类型，含有时间值，例如"2023-5-20 12:48:56"，所以上面语句只能查询出"2023-5-20 00:00:00"的数据，而当天其他数据不能查出。

3. 字符串函数查询

字符串函数格式化数据以满足特定的需要。大多数字符串函数和 char、varchar 类型的数据连用，或者作用于可以自动转换成这些类型的数据。常用字符串函数如表 5-10 所示。

表 5-10　常用字符串函数

函数名称	语　　法	说　　明
CONCAT()	CONCAT(str1,str2,...)	合并字符串
LEFT()	LEFT(str,len)	返回左边的 len 个字符
LOWER()	LOWER(str)	转换成小写字母
LTRIM()	LTRIM(str)	去掉左边空格
RIGHT()	RIGHT(str,len)	返回最右边的 len 个字符
RTRIM()	RTRIM(str)	去掉右边空格
SUBSTRING()	SUBSTRING(str,pos,len)	从指定位置返回一个子字符串
TRIM()	TRIM([{BOTH | LEADING | TRAILING} [remstr] FROM] str), TRIM([remstr FROM] str)	去掉两边空格
UPPER()	UPPER(str)	转换成大写字母

【例 5-55】　显示所有玩具名、说明、玩具价格。但是，只显示说明的前 20 个字符。代码如下：

SELECT vToyName, Substring(vToyDescription, 1, 20)　AS Descript, mToyRate FROM toys

运行结果如图 5-25 所示。

vToyName	Descript	mToyRate
Creator 创意百变拼搭	独特的三合一百变创意拼搭系列，乐趣加倍！	334.00
犀牛发射器	子弹从枪口装入，拉下把手下枪栓，扣动扳机	699.00
移动起重机	仿真机械模型，炫酷拼砌挑战	1839.00

图 5-25　SUBSTRING 函数运行结果

4. 数学函数

数学函数用于对数字数据进行数学操作。常见的数学函数如表 5-11 所示。

表 5-11　常见的数学函数

函数名称	语　　法	说　　明
ABS()	ABS(X)	绝对值函数
SIN()	SIN(X)	正弦函数
ASIN()	ASIN()	反正弦函数
COS()	COS(X)	余弦函数
ACOS()	ACOS(X)	反余弦函数
TAN()	TAN(X)	正切函数
ATAN(),ATAN2()	ATAN(X),ATAN(Y,X),ATAN2(Y,X)	反正切函数
COT()	COT(X)	余切函数
CEILING()	CEILING(X)	返回不小于 X 的最小整数
FLOOR()	FLOOR(X)	返回不大于 X 的最大整数

续表

函数名称	语　法	说　　明
EXP()	EXP(X)	返回以 e 为底的 X 次方
PI()	PI()	返回圆周率
POWER()	POWER(X,Y)	返回 X 的 Y 次方
SQRT()	SQRT(X)	返回平方根
LOG()	LOG(X), LOG(B,X)	对数函数
LOG10()	LOG10(X)	返回以 10 为基数的对数
RAND()	RAND([N])	返回一个 0 到 1 的随机浮点数
ROUND()	ROUND(X), ROUND(X,D)	返回 X 的四舍五入值
SIGN()	SIGN(X)	返回参数的符号。负数：-1；零：0；正数：1

例如，可以通过 ROUND 函数实现四舍五入，语法如下：

　　ROUND (数值表达式, 长度)

这里，数值表达式是需要进行四舍五入的表达式。长度是表达式四舍五入的精度。

如果长度是正数，则表达式四舍五入到小数点的右边。如果长度是负数，则表达式四舍五入到小数点的左边。例如，

　　函数 ROUND(1234.567,2)输出的结果是：1234.57

　　函数 ROUND(1234.567,0)输出的结果是：1235

　　函数 ROUND(1234.567,-1)输出的结果是：1230

【例 5-56】　查询所有订单的总价之和，用四舍五入法舍去小数部分。

代码如下：

　　SELECT SUM(mtotalcost) AS 舍去前的, ROUND(SUM(mtotalcost),0) AS 舍去后的 FROM Orders

运行结果如图 5-26 所示。

舍去前的	舍去后的
9968.44	9968

图 5-26　运行结果

5. CASE 函数

CASE 函数有两种语句格式，如表 5-12 所示。

表 5-12　CASE 语句的两种格式

格　式 1	格　式 2
CASE <运算式>	CASE
WHEN <运算式 1>THEN<运算式>	WHEN <条件表达式 1> THEN <运算式 1>
WHEN<运算式 2>THEN<运算式>	WHEN <条件表达式 2> THEN <运算式 2>
…	…
[ELSE<运算式 n >]	[ELSE <运算式 n>]
END	END

【例 5-57】　在图 5-27 所示的订单数据中，cOrderProcessed 表示订单处理状态，其值为"Y"或"N"。

cOrderNo	dOrderDate	cShopperId	mTotalCost	cOrderProcessed
202305200001	2023-05-20 12:50:34.000	000001	703.60	Y
202305200002	2023-05-20 18:30:45.000	000002	3845.20	Y
202305210001	2023-05-21 08:30:10.000	000002	1566.24	Y
202306210002	2023-06-21 09:40:34.000	000003	3853.40	N

图 5-27　运行结果

用中文显示状态，"Y"显示为"已处理"，"N"显示为"未处理"，其余状态显示为"未知"。代码如下：

```
SELECT cOrderNo, dOrderDate, cShopperId, mTotalCost,
CASE WHEN cOrderProcessed = 'Y' THEN '已处理'
WHEN cOrderProcessed = 'N' THEN '未处理'
ELSE '未知' END AS cOrderProcessed
FROM Orders
```

运行结果如图 5-28 所示。

cOrderNo	dOrderDate	cShopperId	mTotalCost	cOrderProcessed
202305200001	2023-05-20 12:50:34.000	000001	703.60	已处理
202305200002	2023-05-20 18:30:45.000	000002	3845.20	已处理
202305210001	2023-05-21 08:30:10.000	000002	1566.24	已处理
202306210002	2023-06-21 09:40:34.000	000003	3853.40	未处理

图 5-28　运行结果

6. 数据类型转换函数

CAST(x AS type)和 CONVERT(x,type)这两个函数将参数 x 的数据类型转换为 type 类型。可转换的 type 类型有：BINARY、CHAR、DATE、DATETIME、DOUBLE、FLOAT、JSON、TIME、REAL、SIGNED INTEGER、UNSIGNED INTEGER、YEAR。两种方法只是改变了函数返回值的数据类型，并没有改变参数 x 的数据类型。

【例 5-58】　将整数 123 转换为字符串。

代码如下：

```
SELECT CAST(123 AS CHAR)
```

【例 5-59】　将字符串"2022-2-1 22:12:45"转换为 DATETIME 型。

代码如下：

```
SELECT CAST('2022-2-1 22:12:45' AS DATETIME)
```

5.4.5　对查询的结果进行分组计算

为了生成统计输出，可以在 SELECT 语句中使用聚合函数和 GROUP BY 子句。

用 SELECT 子句检索按特定属性分组的数据的语法是：

```
SELECT 列名[, 列名...] FROM 表名 WHERE 搜索条件
[GROUP BY [ALL] 不包含聚合函数的表达式 [, 不包含聚合函数的表达式……]]
```

[HAVING 搜索条件]

WHERE 子句把不满足搜索条件的行排除在外。

GROUP BY 子句用来描述分组依据，将根据分组依据进行分组(值相同的分在同一组)。该子句作用于 WHERE 子句返回的行，如果有返回行，则根据 GROUP BY 子句的分组依据将这些行进行分组。若没有 GROUP BY 子句，则整张表分在一组中。

【例 5-60】 购物者表 Shopper 中的数据如图 5-29 所示，查询每一个城市的购物者人数。

代码如下：

```
SELECT vcity, COUNT(*) AS 人数 FROM Shopper GROUP BY vCity
```

运行结果如图 5-30 所示。

cShopperId	vShopperName	vCity	vProvince
000001	张三	成都	四川
000002	李四	成都	四川
000003	王明	北京	北京
000004	赵小红	北京	北京
000005	李明明	西安	陕西
000006	张青友	重庆	重庆

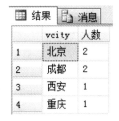

图 5-29　Shopper 表中的数据

结果　消息

	vcity	人数
1	北京	2
2	成都	2
3	西安	1
4	重庆	1

图 5-30　运行结果

GROUP BY 后面指出分组的列为“vCity”。对于每一组，将运用聚合函数 COUNT(*)计算每组的行数，SELECT 后面只能出现分组列的列名以及聚合函数。

分组依据可以是多个列，如下例所示。

【例 5-61】 查询每个城市的购物者人数，显示省份、城市、人数。

代码如下：

```
SELECT vProvince, vcity, count(*) AS 人数 FROM Shopper GROUP BY vProvince, vCity
```

分组依据为 vProvince 和 vCity 两个列，两个列数据值完全相同的记录将被分在同一组，其运行结果如图 5-31 所示。

结果　消息

	vProvince	vcity	人数
1	北京	北京	2
2	四川	成都	2
3	陕西	西安	1
4	重庆	重庆	1

图 5-31　运行结果

【例 5-62】 在如图 5-32 所示的订单细节表 OrderDetail 中，查询每个订单 vMessage 信息的数量。

cOrderNo	cToyId	mToyRate	siQty	cIsGiftWrap	cWrapperId	vMessage	mToyCost
202305200001	000001	334.00	2	Y	002	NULL	668.00
202305200002	000003	1839.00	2	N	NULL	NULL	3678.00
202305210001	000004	1556.24	1	N	NULL	NULL	1556.24
202306210002	000001	334.00	4	Y	001	生日快乐	1336.00
202306210002	000002	699.00	3	N	NULL	NULL	2097.00

图 5-32　OrderDetail 表中的数据

代码如下：

　　SELECT cOrderNo, COUNT(vMessage) AS 消息数量 FROM OrderDetail GROUP BY cOrderNo

运行结果如图 5-33 所示。

图 5-33　运行结果

COUNT(vMessage)计算"vMessage"这个列的非空值数量，空值(NULL)不进行计算。其余聚合函数如 SUM、AVG、MAX、MIN 等均不对 NULL 值进行计算。

对分组后的结果可以排序，如下例所示。

【例 5-63】　查询每个城市的购物者人数，按人数升序排列。

代码如下：

　　SELECT vcity, COUNT(*) AS 人数 FROM Shopper

　　GROUP BY vCity

　　ORDER BY COUNT(*) ASC

或

　　SELECT vcity, COUNT(*) AS 人数 FROM Shopper

　　GROUP BY vCity

　　ORDER BY 人数 ASC

运行结果如图 5-34 所示。

图 5-34　运行结果

对分组排序后的结果可以限定输出行数，如下例所示。

【例 5-64】　查询订单数量最多的玩具的玩具编号。

SQL Server 的代码如下：

　　SELECT TOP 1 cToyId FROM OrderDetail

　　GROUP BY cToyId

　　ORDER BY COUNT(cToyId) DESC

MySQL 的代码如下：

　　SELECT cToyId FROM OrderDetail

GROUP BY cToyId

ORDER BY COUNT(cToyId) DESC LIMIT 1

先按 cToyId 分组，再按每组的 COUNT(cToyId)降序排列，最后取第一行的数据得到结果。

可以用 HAVING 子句对分组后的结果再进行选择。

【例 5-65】 求每个城市的购物者人数，只显示人数大于等于 2 的城市。

代码如下：

SELECT vcity, COUNT(*) AS 人数 FROM Shopper

GROUP BY vCity

HAVING COUNT(*) >= 2

运行结果如图 5-35 所示。

图 5-35 运行结果

分组的条件中也可以使用非聚合函数。

【例 5-66】 查询购物者中每个姓氏的人数，并按人数降序排列。

代码如下：

SELECT SUBSTRING(vShopperName, 1, 1) AS 姓, COUNT(*) AS 人数

FROM Shopper GROUP BY SUBSTRING(vShopperName, 1, 1)

ORDER BY COUNT(*) DESC

运行结果如图 5-36 所示。

图 5-36 运行结果

5.4.6 连接查询

有时，需要使用 SELECT 语句查询多张表中的数据。为此，可以使用连接查询。连接查询分为内连接、外连接、交叉连接和自连接。其中，内连接和外连接是常用连接；交叉连接的结果是一个笛卡尔积，通常作为内连接和外连接运算的中间结果；自连接是指自己与自己连接，是内连接或外连接的一种特例。内连接只显示多张表中满足连接条件的数据，外连接除了显示满足连接条件的数据外，同时还显示某一张表中的所有数据。

1. 内连接

内连接的内部操作过程是先求出多张表的笛卡尔积，然后再输出满足连接条件的行。图 5-37 所示的是需要连接的两张表，一张是种类表，一张是玩具表，这两张表通过 cCategoryId 列产生联系。

cCategoryId	vCategory
001	积木拼插
002	模型玩具
003	戏水玩具

(a) Category

cToyId	vToyName	cCategoryId
000001	Creator 创意百变拼搭	001
000002	犀牛发射器	002
000003	移动起重机	001
000004	EV3机器人	001

(b) Toys

图 5-37　种类表和玩具表中的数据

可使用如下代码获得这两张表的笛卡尔积：

SELECT * FROM Toys, Category

结果如图 5-38 所示。

	cCategoryId	vCategory	cToyId	vToyName	cCategoryId
1	001	积木拼插	000001	Creator 创意百变拼搭	001
2	001	积木拼插	000002	犀牛发射器	002
3	001	积木拼插	000003	移动起重机	001
4	001	积木拼插	000004	EV3机器人	001
5	002	模型玩具	000001	Creator 创意百变拼搭	001
6	002	模型玩具	000002	犀牛发射器	002
7	002	模型玩具	000003	移动起重机	001
8	002	模型玩具	000004	EV3机器人	001
9	003	戏水玩具	000001	Creator 创意百变拼搭	001
10	003	戏水玩具	000002	犀牛发射器	002
11	003	戏水玩具	000003	移动起重机	001
12	003	戏水玩具	000004	EV3机器人	001

图 5-38　种类表和玩具表的笛卡尔积

从图中可以看出，笛卡尔积是第一张表的每一行与另一张表的每一行进行组合，因此共产生 12 行数据。结果集的列是由第一张表的列与另一张表的列合成，因此共 5 列。内连接将输出满足连接条件的行。如果将连接条件设置为："Category.cCategoryId = Toys.cCategoryId"，则输出的结果如图 5-39 所示。

cCategoryId	vCategory	cToyId	vToyName	cCategoryId
001	积木拼插	000001	Creator 创意百变拼搭	001
002	模型玩具	000002	犀牛发射器	002
001	积木拼插	000003	移动起重机	001
001	积木拼插	000004	EV3机器人	001

图 5-39　内连接的结果

图 5-39 相当于在图 5-37(b)所示的 Toys 表上增加了 vCategory 列，实现了 Category 表

与 Toys 表的内连接。其代码为：

SELECT * FROM Category, Toys WHERE Category.cCategoryId = Toys.cCategoryId

此语句符合 SQL-89 标准，目前推荐使用 SQL-92 以后的标准，其语法格式如下：

SELECT 列名, 列名 [, 列名]

FROM 表名 [INNER] JOIN 表名

ON 表名.引用列名 连接操作符 表名.引用列名

如果 SELECT 列表中的列名被 * 所取代，则所有表中的所有列都将在相关行中显示。
ON 后面的是连接条件，连接操作符可以是 =、>、<、<=、>=、<> 等。

Category 表与 Toys 表的内连接查询，常使用如下代码：

SELECT * FROM Category Inner Join Toys on Category.cCategoryId = Toys.cCategoryId

【例 5-67】 显示所有玩具的名称及其所属的类别名称。

代码如下：

SELECT vToyName, vCategory

FROM Toys JOIN Category

ON Toys.cCategoryId = Category.cCategoryId

等价于：

SELECT vToyName, vCategory

FROM Toys , Category

WHERE Toys.cCategoryId = Category.cCategoryId

运行结果如图 5-40 所示。

图 5-40　运行结果

可以连接两张以上的表，每一个表是一个结果集，两张表的连接结果是一个结果集。因此不管多少张表，均可以看成是两个结果集的笛卡尔积运算。

【例 5-68】 显示所有玩具的名称、商标名称和类别名称。

代码如下：

SELECT vToyName, vBrandName, vCategory

FROM Toys AS a INNER JOIN Category AS b

ON a.cCategoryId = b.cCategoryId

INNER JOIN ToyBrand AS c

ON a.cBrandId = c.cBrandId

等价于：

```
SELECT vToyName, vBrandName, vCategory
    FROM Toys AS a , Category AS b, ToyBrand AS c
    WHERE a.cCategoryId = b.cCategoryId
    AND a.cBrandId = c.cBrandId
```

运行结果如图 5-41 所示。

图 5-41　运行结果

多张表的连接结果是一个集合，因此可以对连接以后的结果进行分组、排序等操作，这与对单张表的操作是相同的。

【例 5-69】　查询每一个订单的不同的玩具数量，显示订单编号、订单日期、不同玩具的数量。

代码如下：

```
SELECT Orders.cOrderNo, dOrderDate, COUNT(cToyId) AS ToyCount
FROM Orders inner join OrderDetail
ON OrderDetail.cOrderNo = Orders.cOrderNo
GROUP BY Orders.cOrderNo, dOrderDate
```

运行结果如图 5-42 所示。

图 5-42　运行结果

由于 cOrderNo 列在 Orders 和 OrderDetail 表中均存在，因此在列名前加上表名以示区别。上述语句先将 Orders 和 OrderDetail 表进行连接，然后在连接后的结果集上根据订单编号和订单日期进行分组；数据值相同的行将分在同一组。接着，对每一组使用 COUNT 函数统计 cToyId 的数量，这个数量即这一组的不同玩具数量。之所以要把订单日期作为分组依据，是因为在显示的列中需要订单日期，且列中的列名必须在分组依据中。订单日期函数依赖于订单编号，因此无论是否包含订单日期，对分组结果没有影响。

【例 5-70】　查询订单处理状态为 "Y" 的订单，显示订单编号、订单日期、总价、购物者姓名、购物者电话、接收者姓名、接收者地址、接收者电话，并按订单日期降序排列。

订单编号、订单日期、总价在 Orders 表中，购物者姓名、购物者电话在 Shopper 表中，接收者姓名、接收者地址、接收者电话在 Recipient 表中，因此，需要将这三张表连接起来。

代码如下：

```
SELECT  Orders.cOrderNo,  dOrderDate,  mTotalCost,  vShopperName,  Shopper.cPhone  AS
shopperphone, vRecipientName, Recipient.vAddress, Recipient.cPhone AS Recipientphone
FROM orders INNER JOIN Shopper ON Shopper.cShopperId = Orders.cShopperId
INNER JOIN Recipient ON Recipient.cOrderNo = Orders.cOrderNo
WHERE cOrderProcessed = 'Y'
ORDER BY dOrderDate DESC
```

结果如图 5-43 所示。

cOrderNo	dOrderDate	mTotalCost	vShopperName	shopperphone	vRecipientName	vAddress	Recipientphone
202305210001	2023-05-21 08:30:10.000	1566.24	李四	028-84412255	李五	四川省绵阳市锦兴东路2号	0816-67891234
202305200002	2023-05-20 18:30:45.000	3845.20	李四	028-84412255	李四	四川省成都市人民南路35号	028-84412255
202305200001	2023-05-20 12:50:34.000	703.60	张三	028-84412233	张三	四川省成都市人民南路1号	028-84412233

图 5-43 运行结果

【例 5-71】 求每年每月玩具的销售总价。

代码如下：

```
SELECT YEAR(dOrderDate) iyear, MONTH(dOrderDate) imonth, SUM(mToyCost) AS ToyCost
FROM Orders INNER JOIN OrderDetail ON Orders.cOrderNo = OrderDetail.cOrderNo GROUP BY
YEAR(dOrderDate), MONTH(dOrderDate)
```

运行结果如图 5-44 所示。

	iyear	imonth	ToyTotalCost
1	2023	5	5902.24
2	2023	6	3433.00

图 5-44 运行结果

【例 5-72】 求每个玩具每年每月的销售收入。

代码如下：

```
SELECT orderdetail.cToyId, YEAR(dOrderDate) iyear, MONTH(dOrderDate) imonth, SUM(mToyCost)
AS ToyCost FROM Orders INNER JOIN OrderDetail ON Orders.cOrderNo = OrderDetail.cOrderNo
GROUP BY orderdetail.cToyId, YEAR(dOrderDate), MONTH(dOrderDate)
```

运行结果如图 5-45 所示。

	cToyId	iyear	imonth	ToyCost
1	000001	2023	5	668.00
2	000001	2023	6	1336.00
3	000002	2023	6	2097.00
4	000003	2023	5	3678.00
5	000004	2023	5	1556.24

图 5-45 运行结果

【例 5-73】　数据表的关系如图 5-46 所示，计算订单号为"202306210002"的订单的运货费用。

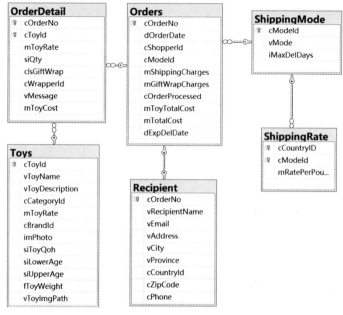

图 5-46　计算运货费用相关数据表

Orders 表为订单表，OrderDetail 表为订单细节表，Toys 表为玩具表，Recipient 表为接收者表，ShippingMode 表为投递模式表，ShippingRate 表为运输费用表。表中各字段的中文含义见 1.4.4 节。

某个订单的运货费用是玩具的总重量乘以每磅的费用。每磅的费用由运输费用表中的投递模式 ID 和国家 ID 确定，订单表中有投递模式 ID，接收者表中有国家 ID，因此可以在运输费用表中确定这个订单的每磅的费用；玩具的总重量由玩具表中的玩具重量和订单细节表中的数量确定。由于涉及的表比较多，因此应该分步求解。首先，将这些表连接起来，代码如下：

SELECT Orders.cOrderNo, mRatePerPound, vToyName, Toys.mToyRate, siQty, fToYweight FROM Orders INNER JOIN Recipient on Recipient.cOrderNo = Orders.cOrderNo INNER JOIN ShippingRate sh ON sh.cCountryID = Recipient.cCountryId AND sh.cModeId = Orders.cModeId INNER JOIN OrderDetail ON OrderDetail.cOrderNo = Orders.cOrderNo INNER JOIN Toys ON Toys.cToyId = OrderDetail.cToyId

运行结果如图 5-47 所示。

cOrderNo	mRatePerPound	vToyName	mToyRate	siQty	fToYweight
202305200001	10.00	Creator 创意百变拼搭	334.00	2	0.78
202305200002	20.00	移动起重机	1839.00	2	4.18
202305210001	10.00	EV3机器人	1556.24	1	1
202306210002	45.00	Creator 创意百变拼搭	334.00	4	0.78
202306210002	45.00	犀牛发射器	699.00	3	2

图 5-47　连接后的结果

从结果中可以看出，计算运货费用需要用到的 mRatePerPound(每磅费用)列、siQty(数量)列、fToYweight(玩具重量)列均已直观列出，每个订单每个玩具的运货费用是 mRatePerPound* siQty*fToYweight，对这个订单的多个玩具的运货费用求和即可，代码如下：

SELECT SUM(mRatePerPound*siQty*fToyWeight) FROM Orders INNER JOIN Recipient ON Recipient.cOrderNo = Orders.cOrderNo INNER JOIN ShippingRate sh ON sh.cCountryID = Recipient.cCountryId AND sh.cModeId = Orders.cModeId INNER JOIN OrderDetail ON OrderDetail.cOrderNo = Orders.cOrderNo INNER JOIN Toys ON Toys.cToyId = OrderDetail.cToyId WHERE Orders.cOrderNo = '202306210002'

运行结果如图 5-48 所示。

本例中将这些表连接起来，但由于需要连接的表比较多，所以执行时间比较长。可以使用执行时间相对较短的子查询来完成这个操作，这部分内容将在后面章节进行介绍。

图 5-48　计算运货费用运行结果

2. 外连接

有时，可能需要显示一张表的全部记录和另一张表的部分记录。这种类型的连接称为外连接。外连接可以是左向外连接、右向外连接或完全外连接。

语法如下：

SELECT 列名, 列名 [, 列名]

　　FROM 表名 LEFT[RIGHT|FULL] [OUTER] JOIN 表名

　　ON 表名.引用列名 连接操作符 表名.引用列名

这里，连接操作符可以是 =、>、<、<=、>=、<>。

注意　　外连接在 SQL 89 标准中只可能发生在两个表之间，在 SQL 92 以后的标准中可以连接多张表。

外连接有三种类型：

(1) 左向外连接。左向外连接(LEFT JOIN 或 LEFT OUTER JOIN)的结果集包括 LEFT OUTER 子句中指定的左表(第一个表)的所有行，以及右表中所有的匹配行，而不仅仅是连接列所匹配的行。如果左表中的某行在右表中没有匹配行，则在相关联的结果集行中，右表的所有选择列表列均为空值。

(2) 右向外连接。右向外连接(RIGHT JOIN 或 RIGHT OUTER JOIN)是左向外连接的反向连接，返回右表(第二个表)的所有行和左表中所有的匹配行。如果右表的某行在左表中没有匹配行，则将为左表返回空值。

(3) 完全外连接。完全外连接(FULL JOIN 或 FULL OUTER JOIN)返回左表和右表中的所有行。当某行在另一个表中没有匹配行时，则另一个表的选择列表列包含空值。如果表之间有匹配行，则结果集中包含基表匹配的数据值。MySQL 不支持这种外连接。

如图 5-37 所示的种类表和玩具表中，种类 ID 为"003"的种类没有任何玩具，如果通过内连接，将不会出现种类 ID 为"003"的数据。通过以下外连接语句，可以显示种类表中的所有数据。

SELECT Category.cCategoryId, vCategory, cToyId, vToyName, Toys.cCategoryId

FROM Category LEFT OUTER JOIN Toys

ON Category.cCategoryId = Toys.cCategoryId

运行结果如图 5-49 所示。

cCategoryId	vCategory	cToyId	vToyName	cCategoryId
001	积木拼插	000001	Creator 创意百变拼搭	001
001	积木拼插	000003	移动起重机	001
001	积木拼插	000004	EV3机器人	001
002	模型玩具	000002	犀牛发射器	002
003	戏水玩具	NULL	NULL	NULL

图 5-49　外连接的结果

该语句使用的是左向外连接，左表是 Category，因此在结果集中显示的数据包括 Category 表中的所有数据。从图 5-49 中可以看出，"003"号种类 ID 虽然在 Toys 表中不存在，但仍被显示，且连接结果中右边 Toys 表的列显示为 NULL。

如果使用右向外连接，并把表的位置交换，将得到相同的结果。以上代码与下面的右向外连接语句的运行结果是相同的：

SELECT Category.cCategoryId, vCategory, cToyId, vToyName, Toys.cCategoryId

FROM Toys RIGHT OUTER JOIN Category

ON Category.cCategoryId = Toys.cCategoryId

对于外连接的结果，可以进一步进行处理，如分组统计等。

【例 5-74】　查询每一个种类的不同玩具数量。

在玩具表 Toys 中，虽然可以通过种类 ID 列进行分组，并在每组中应用 COUNT 函数计算不同玩具的数量，但是这种方法只能显示此表中已存在的种类 ID。如果要显示所有玩具种类有多少个不同的玩具，则必须访问 Category 表。为此，可以使用外连接将两张表连接起来，然后分组统计，代码如下：

SELECT Category.cCategoryId, vCategory, COUNT(cToyId) AS ToyCount

FROM Category LEFT OUTER JOIN Toys

ON Category.cCategoryId = Toys.cCategoryId

GROUP BY Category.cCategoryId, vCategory

运行结果如图 5-50 所示。

这个语句先执行外连接，在外连接的结果上再执行分组计数。注意使用的聚合函数是 COUNT(cToyId)，而不是 COUNT(*)，因为 COUNT(cToyId)是统计 cToyId 列非空值的个数，COUNT(*)是统计行的个数。

	cCategoryId	vCategory	ToyCount
1	001	积木拼插	3
2	002	模型玩具	1
3	003	戏水玩具	0

图 5-50　运行结果

【例 5-75】　查询每种商标的玩具数量，显示商标编号、商标名称、玩具数量，并按玩具数量由大到小排序。

代码如下：

```
SELECT ToyBrand.cBrandId, vBrandName, COUNT(Toys.cBrandId) AS 玩具数量
FROM ToyBrand LEFT OUTER JOIN Toys ON Toys.cBrandId = ToyBrand.cBrandId
GROUP BY ToyBrand.cBrandId, vBrandName
ORDER BY COUNT(Toys.cBrandId) DESC
```

运行结果如图 5-51 所示。

因为无论是否拥有玩具，每个商标都要显示，所以使用左向外连接，把 ToyBrand 作为左表。COUNT(Toys.cBrandId)函数计算玩具数量，注意不能写成 COUNT(ToyBrand.cBrandId)或 COUNT(*)，因为在外连接中 Toys.cBrandId 和 ToyBrand.cBrandId 的值可能不同，Toys.cBrandId 可能包括 NULL 值，COUNT(Toys.cBrandId) 将不统计 NULL 值。

	cBrandId	vBrandName	玩具数量
1	001	乐高	4
2	004	孩之宝	2
3	006	贝恩施	2
4	005	双鹰	1
5	002	汇乐	1
6	003	费贝	1

图 5-51　运行结果

【例 5-76】数据表的关系如图 5-52 所示，计算每一个订单的礼品包装费用和玩具总价。

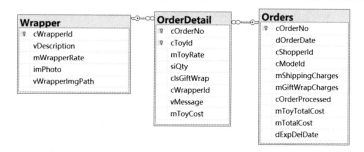

图 5-52　计算礼品包装费和玩具总价的相关数据表

Orders 表为订单表，OrderDetail 表为订单细节表，Wrapper 为包装表。表中各字段的中文含义在第 1 章中有详细描述。

礼品包装费用应根据订单细节表中的"包装 ID"(cWrapperid)确定。因此，可以将订单细节表(OrderDetail)和包装表(Wrapper)进行连接。一个订单包含多种玩具，且部分玩具需要包装，而部分玩具不需要包装，不需要包装的玩具在订单细节表中"包装 ID"为 NULL。因此，为了确保连接后的结果中包括所有的订单信息，需要使用外连接。订单表与订单细节表之间可以使用内连接，订单玩具总价是通过累加订单细节表中此订单所有玩具价格得到的。由于要计算每一个订单的礼品包装费用和玩具总价，因此需要根据订单表中的订单编号分组。代码如下：

```
SELECT Orders.cOrderNo, SUM(mToyCost) mcost, CASE WHEN SUM(mWrapperRate) IS NULL
THEN 0 ELSE sum(mWrapperRate) END mWrapper FROM
Orders INNER JOIN OrderDetail ON Orders.cOrderNo =
OrderDetail.cOrderNo LEFT OUTER JOIN Wrapper ON
Wrapper.cWrapperId = OrderDetail.cWrapperId GROUP BY
Orders.cOrderNo
```

	cOrderNo	mcost	mWrapper
1	202305200001	668.00	20.00
2	202305200002	3678.00	0.00
3	202305210001	1556.24	0.00
4	202306210002	3433.00	10.00

运行结果如图 5-53 所示。

图 5-53　运行结果

语句中嵌入了一个 CASE 语句，是因为对于没有礼品包装的订单使用 SUM 函数求礼品包装费用得出的结果将是 NULL，应将 NULL 值替换成 0。

3. 交叉连接

没有 WHERE 子句的交叉连接(CROSS JOIN)将产生连接所涉及表的笛卡尔积。几个表行数的乘积等于笛卡尔积得到的结果集。图 5-38 就是交叉连接的结果，其语句还可以写成如下形式：

```
SELECT * FROM Toys CROSS JOIN Category
```

实际上交叉连接没有实际意义，通常只是用于测试所有可能的情况的数据显示。

4. 自连接

自己连接自己称为自连接，一般在表的各行数据之间存在关系时才使用自连接，这需要对表给出一个别名。

【例 5-77】 某信息系统数据库在 region 表中存储了全国城市的信息，如图 5-54 所示。

regionID	parentID	regionCode	regionName	peopleNum	regionLevel
1221	3242	510000	四川省	100	2
1222	1221	510100	成都市	14047625	3
1242	1221	510300	自贡市	100	3
1249	1221	510400	攀枝花市	100	3
1834	3242	430000	湖南省	100	2
1835	1834	430100	长沙市	100	3
1845	1834	430200	株洲市	100	3
1855	1834	430300	湘潭市	100	3

图 5-54　region 表

图中 regionID 是区域编号，parentID 是父区域编号，regionCode 为行政编号，regionName 为区域名称。现在需要把城市和对应的省份列出来，显示中文列名：区域编号、行政编号、城市、省份。

可以通过别名将这张表看成两张内容完全相同的表，然后对这两张表进行连接，代码如下：

```
SELECT a.regionID AS 区域编号,a.regionCode AS 行政编号,a.regionName AS 城市,b.regionName AS 省份 FROM region a INNER JOIN region b ON a.parentID = b.regionID
```

代码中给 region 表取了两个别名 a 和 b，实现了将 a 表内连接到 b 表，连接条件是 a.parentID = b.regionID。运行结果如图 5-55 所示。

	区域编号	行政编号	城市	省份
1	1222	510100	成都市	四川省
2	1242	510300	自贡市	四川省
3	1249	510400	攀枝花市	四川省
4	1835	430100	长沙市	湖南省
5	1845	430200	株洲市	湖南省
6	1855	430300	湘潭市	湖南省

图 5-55　自连接的结果

5.4.7　子查询(嵌套查询)

在某些情况下可能需要一个复杂的查询,该查询可以分解成一系列的逻辑步骤来完成。当查询依赖于另一个查询的结果时,可以使用这一过程(步骤)。嵌套于其他查询之中的查询被称为子查询。

在一个 SELECT 语句中嵌套另一个 SELECT 语句的查询称为嵌套查询,又称子查询。子查询是 SQL 语句的扩展,其语法常用形式如下:

```
SELECT <目标表达式 1>[, ...]
    FROM <表或视图名 1>
    WHERE [表达式] (SELECT <目标表达式 2>[, ...]
                        FROM <表或视图名 2>)
```

子查询多种多样,最常见的有以下几种。

1. 使用比较运算符连接子查询

子查询可由一个比较运算符(如 =、< >、>、>=、<、<=)引入。由未修改的比较运算符(后面不跟 ANY、SOME、ALL 的比较运算符)引入的子查询必须返回单个值而不是值列表。如果此类子查询返回多个值,系统将显示错误信息。如果子查询返回多个值,则应对子查询的结果使用 ANY、SOME、ALL。

【例 5-78】　显示价钱最贵的玩具的名称。

代码如下:

```
SELECT vToyName
    FROM Toys
    WHERE mToyRate =
        (SELECT MAX(mToyRate) From Toys)
```

或

```
SELECT vToyName
    FROM Toys
    WHERE mToyRate >= ALL(SELECT mToyRate From Toys)
```

语句中 ALL 表示子查询的所有值,WHERE 条件是 mToyRate 大于等于子查询的所有值。

【例 5-79】　查询价格高于商标编号为“001”的任一个玩具的玩具信息。

代码如下:

```
SELECT cBrandId FROM Toys
WHERE mToyRate > (SELECT MIN(mToyRate) FROM Toys WHERE cBrandId = '001')
```

或

```
SELECT cBrandId FROM Toys
WHERE mToyRate > SOME(SELECT mToyRate FROM Toys WHERE cBrandId = '001')
```

语句中 SOME 表示子查询的任意一个值,WHERE 条件是 mToyRate 大于子查询的任意一个值。SOME 可以用 ANY 替代。

【例 5-80】 找出每个购物者超过他所有订单平均金额的订单，并显示购物者编号、订单编号、订单时间、订单金额。

代码如下：

```
SELECT * FROM Orders T WHERE mTotalCost > (SELECT AVG(mTotalCost) FROM Orders
WHERE cShopperId = T.cShopperId)
```

由于内层查询与外层查询使用了同一个表 Orders，因此外层查询的 Orders 表给了一个别名 T。这条 SQL 的执行过程是：从外层查询中取出 Orders 表的一个记录 x，将记录 x 的 cShopperId 列的值传给内层查询；内层查询计算这个购物者所有订单的平均金额 b，然后外层查询再判断"mTotalCost >= b"是否成立，如果成立，则输出此记录；随后外层查询继续取出下一个记录并执行上述处理。

【例 5-81】 学生表的结构见表 1-21，查询比学生"刘雨"年龄小的学生的学号、姓名和出生日期。

代码如下：

```
SELECT sno, sname, birthday
FROM student
WHERE birthday < (SELECT birthday
                  FROM student
                  WHERE sname='刘雨')
```

2. 使用谓词 IN 的子查询

通过 IN(或 NOT IN)引入的子查询结果是一列零值或更多值。子查询返回结果之后，外部查询将利用这些结果。

【例 5-82】 查询商标名称为"乐高"的玩具。

代码如下：

```
SELECT * FROM Toys
WHERE cBrandId in (SELECT cBrandId FROM ToyBrand WHERE vBrandName = '乐高')
```

【例 5-83】 查询没有任何订单的玩具。

代码如下：

```
SELECT * FROM Toys
WHERE cToyId NOT IN (SELECT cToyId FROM OrderDetail)
```

【例 5-84】 查找所有与"张三"住在同一城市的购物者。

代码如下：

```
SELECT vShopperName, vCity
FROM Shopper
WHERE vCity IN
    (SELECT vCity
     FROM Shopper
     WHERE vShopperName = '张三')
```

这个语句的内层查询与外层查询使用了同一张表。由于外层查询不需要传参数给内层查询，所以没有使用别名，否则就必须给表取一个别名。

【例 5-85】　查询购买了玩具编号为"000001"的购物者的信息。

代码如下：

```
SELECT * FROM Shopper
WHERE cShopperId IN (
    SELECT cShopperId FROM Orders WHERE cOrderNo IN (
        SELECT cOrderNo FROM OrderDetail WHERE cToyId = '000001')
    )
```

这是一个多层子查询(子查询中包含子查询)，最内层的子查询通过玩具编号查询订单编号，中间层子查询通过其子查询返回的订单编号集合查询购物者编号，外层子查询通过其子查询返回的购物者编号集合查询购物者的详细信息。

【例 5-86】　将订单表中的数据按下单日期降序排列后，查询第 21 行至第 30 行的记录。

第 21 行至第 30 行共 10 行，前面有 20 行记录不输出，输出紧接着的 10 行数据，因此，SQL Server 的代码如下：

```
SELECT TOP 10 * FROM Orders WHERE cOrderNo NOT IN (SELECT TOP 20 cOrderNo FROM Orders ORDER BY dOrderDate DESC) ORDER BY dOrderDate DESC
```

上述代码的执行过程是：先执行子查询"SELECT TOP 20 cOrderNo FROM Orders ORDER BY dOrderDate"，获得按下单日期排序后的前 20 行的订单编号，再执行外层查询；排除前 20 行的记录后排序，最后输出前 10 行数据。

在 MySQL 中可以直接通过 LIMIT 子句得到结果，代码如下：

```
SELECT  * FROM Orders ORDER BY dOrderDate DESC LIMIT 20,10
```

此语句可用于分页读取数据。

【例 5-87】　数据表同例 5-73，使用子查询计算订单号为"202306210002"的订单的运货费用。

例 5-73 使用连接查询完成了本例的查询要求，本例中使用子查询。运货费用的计算公式如下：

运货费用＝玩具总重量×每磅费用

因此，可以分别求出玩具总重量和每磅费用，然后相乘。

计算玩具总重量的代码如下：

```
SELECT SUM(siQty*Toys.fToyWeight) FROM Toys inner join OrderDetail ON OrderDetail.cToyId = Toys.cToyId WHERE cOrderNo = '202306210002'
```

查询每磅的费用代码如下：

```
SELECT mRatePerPound FROM ShippingRate WHERE cCountryID IN (SELECT cCountryID FROM Recipient WHERE cOrderNo = '202306210002')  AND cModeId IN (SELECT cModeId FROM Orders WHERE cOrderNo = '202306210002')
```

此订单的运货费用将以上两个语句相乘即可，代码如下：

```
SELECT
```

(SELECT SUM(siQty*Toys.fToyWeight) FROM Toys inner join OrderDetail ON OrderDetail.cToyId = Toys.cToyId WHERE cOrderNo = '202306210002')*

(SELECT mRatePerPound FROM ShippingRate WHERE cCountryID IN (SELECT cCountryID FROM Recipient WHERE cOrderNo = '202306210002') AND cModeId IN (SELECT cModeId FROM Orders WHERE cOrderNo = '202306210002'))

此语句的形式是"SELECT a*b",a、b 必须是单个值。此语句在 SQL Server 和 MySQL 等数据库中可以支持,在 ORACLE 数据库中需使用"SELECT a*b FROM DUAL"。

本例代码的执行速度要高于例 5-73 中使用的连接查询。

【例 5-88】 查询每个玩具在 2023 年每一个月份的销售金额,每一个月份显示一列。其相关表如图 5-56 所示。

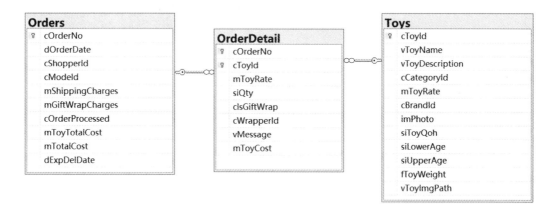

图 5-56 统计销售金额需要使用的表

每一个玩具的销售金额通过计算订单细节表中的玩具总价之和可得出,但是要按月统计,因此需要知道哪些玩具是哪个月份销售的,这可以根据订单表中的订单日期求出。代码如下:

SELECT cToyId, vToyName,

(SELECT sum(mToyCost) FROM OrderDetail WHERE cToyId = Toys.cToyId and cOrderNo in (SELECT cOrderNo FROM Orders WHERE YEAR(dOrderDate) = 2023 AND MONTH(dOrderDate) = 1)) AS '1 月',

(SELECT sum(mToyCost) FROM OrderDetail WHERE cToyId = Toys.cToyId and cOrderNo in (SELECT cOrderNo FROM Orders WHERE YEAR(dOrderDate) = 2023 AND MONTH(dOrderDate) = 2)) AS '2 月',

......./*此处省略其余月份

(SELECT sum(mToyCost) FROM OrderDetail WHERE cToyId = Toys.cToyId and cOrderNo in (SELECT cOrderNo FROM Orders WHERE YEAR(dOrderDate) = 2023 AND MONTH(dOrderDate) = 12)) AS '12 月'

FROM toys

运行结果如图 5-57 所示。

图 5-57　按月统计玩具销售量运行结果

此语句运行结果中的行数是玩具表中的行数，每一个玩具一条记录，每条记录中包含了 12 个月份的销售金额，这些销售金额均通过子查询得出。此代码的处理过程是在一行一行的处理外层查询的记录时，将外层查询中的玩具表(Toys)的玩具 ID(cToyID)值传入内层查询，求出这个玩具某年某月的销售记录。由于订单细节表中没有日期信息，所以在内层查询中又使用了一个子查询。最内层的子查询返回的是某年某月的订单编号集合，其上一层查询返回的是某玩具某年某月的销售金额。

3. 使用谓词 EXISTS 的子查询

用 EXISTS 关键字引入一个子查询时，就相当于进行一次存在测试。外部查询的 WHERE 子句测试子查询返回的行是否存在。子查询实际上不产生任何数据，只返回 TRUE 或 FALSE 值。

使用 EXISTS 引入的子查询代码如下：

```
WHERE [NOT] EXISTS(subquery)
```

【例 5-89】 查询选修了"CS0001"课程的学生学号、姓名。

代码如下：

```
SELECT sno,sname
FROM student
WHERE EXISTS    --测试该值是否存在？
    (SELECT *
    FROM sc
    WHERE sno = student.sno and cno='CS0001')
```

 使用 EXISTS 引入的子查询在以下几方面与其他子查询略有不同：

(1) EXISTS 关键字前面没有列名、常量或其他表达式。

(2) 由 EXISTS 引入的子查询的选择列表通常几乎都是由星号(*)组成。由于只是测试是否存在符合子查询中指定条件的行，所以不必列出列名。

4. 其他子查询

子查询不仅可以写在 Where 条件中，还可以写在列或表的位置。

【例 5-90】 查询每个玩具的订单数量。

代码如下：

```
SELECT cToyId, vToyName, (SELECT count(*) FROM OrderDetail
WHERE cToyId = Toys.cToyId) AS number    FROM Toys
```

运行结果如图 5-58 所示。

图 5-58 运行结果

以上结果也可以用外连接分组查询得出。由于外连接操作需要更长的时间，因此使用子查询效率更高。

【例 5-91】 查询订单数量大于等于 1 的玩具。

代码如下：

    SELECT * FROM (SELECT cToyId, vToyName, (SELECT COUNT(*) FROM OrderDetail WHERE
    cToyId = Toys.cToyId) as number FROM Toys) T WHERE number >= 1

子查询的结果作为外层查询的数据来源，并取了一个名字"T"，语句简化为从 T 表中查询数据。运行结果如图 5-59 所示。

	cToyId	vToyName	number
1	000001	Creator 创意百变拼搭	2
2	000002	犀牛发射器	1
3	000003	移动起重机	1
4	000004	EV3机器人	1

图 5-59 运行结果

【例 5-92】 查询每种玩具的销售金额及占总销售额的百分比，显示玩具编号、玩具名称，销售金额，百分比。

代码如下：

    SELECT Toys.cToyId AS 玩具编号, vToyName AS 玩具名称, SUM(mToyCost) AS 销售金额,
    SUM(mToyCost)/(SELECT SUM(mToyCost) FROM OrderDetail)*100 AS 百分比 FROM Toys LEFT
    OUTER JOIN OrderDetail ON OrderDetail.cToyId = Toys.cToyId GROUP BY Toys.cToyId, vToyName

运行结果如图 5-60 所示。

	玩具编号	玩具名称	销售金额	百分比
1	000001	Creator 创意百变拼搭	2004.00	21.46
2	000002	犀牛发射器	2097.00	22.46
3	000003	移动起重机	3678.00	39.39
4	000004	EV3机器人	1556.24	16.67
5	000005	创意颗粒	NULL	NULL
6	000006	真龙水枪	NULL	NULL

图 5-60 运行结果

此语句中"SELECT SUM(mToyCost) FROM OrderDetail"获得的是所有玩具的总销售额，因此，"SUM(mToyCost)/(SELECT SUM(mToyCost) FROM OrderDetail)*100"求出的是

玩具销售额占总销售额的百分比。

【例 5-93】　数据表如图 5-61 所示，查询每一个学生的所得学分，显示学号、姓名、学分。(注：成绩大于等于 60 才能拿到学分)。

cno	sno	score
CS0001	2023019001	80
CS0001	2023020002	65
CS0002	2023019001	90
CS0002	2023019003	90
CS0002	2023020002	70
CS0003	2023019002	86
CS0003	2023020002	45
CS0004	2023019001	43
CS0004	2023019003	56

sno	sname	sex	birthday	deptno
2023019001	张三	男	2006-06-04	1
2023019002	李四	男	2007-07-14	1
2023019003	李红	女	2006-08-01	1
2023020001	张晓林	男	2007-05-24	2
2023020002	刘雨	女	2007-03-17	2

cno	cname	credit
CS0001	C语言	4
CS0002	数据结构	3
CS0003	操作系统	3
CS0004	数据库原理及应用	3
CS0005	工程导论	2

(a) student 表　　　　　　(b) course 表　　　　　　(c) sc 表

图 5-61　学生、课程、选课表数据

代码如下：

```
SELECT sno AS 学号,sname AS 姓名,(SELECT sum(credit) FROM course WHERE cno IN
(SELECT cno FROM sc WHERE sno=student.sno AND score>=60)) AS 学分 FROM student
```

此句外层查询表 student 的 sno 值传入内层子查询，获得这个学生的学分，运行结果如图 5-62 所示。

学号	姓名	学分
2023019001	张三	7
2023019002	李四	3
2023019003	李红	3
2023020001	张晓林	NULL
2023020002	刘雨	7

图 5-62　运行结果

5. 使用子查询修改和删除数据

可以在 UPDATE 语句中使用子查询。

【例 5-94】　使玩具商标为"乐高"的玩具价格增加 10%。

代码如下：

```
UPDATE Toys SET mToyRate = mToyRate*1.1
WHERE cBrandId IN (SELECT cBrandId FROM ToyBrand WHERE vBrandName = '乐高')
```

还可以使用带子查询的删除语句。子查询同样可以嵌套在 DELETE 语句中，用以构造执行删除操作的条件。

【例 5-95】　删除商标为"乐高"的所有玩具。

代码如下：

```
DELETE FROM Toys
WHERE cBrandId in (select cBrandId from ToyBrand where vBrandName = '乐高')
```

本 章 小 结

　　本章介绍了 SQL 语言的发展；数据表的创建，包括完整性的实现；数据操纵语言 (INSERT、UPDATE、DELETE)的使用方法；SELECT 语句的相关知识，主要包括 SELECT 语句的组成和各种查询方法。SELECT 语句是 SQL 语言中功能最为强大、应用最广泛的语句之一，主要用于检索符合条件的数据。

　　通过本章的学习，读者应掌握 CREATE TABLE、INSERT、UPDATE、DELETE、SELECT 语句的基本语法结构及其各种灵活的使用方法，并深入了解 SELECT 语句中各个子句的执行过程，以及多表的连接查询和嵌套查询。

习 题 5

一、选择题

1. 下列 SQL 语句中，用于修改表结构的是(　　)。

A. ALTER　　　　　　　B. CREATE　　　　C. UPDATE　　　　　　D. DROP

2. 删除表的 SQL 语句是(　　)。

A. DELETE TABLE　　　　　　　　　B. DROP TABLE

C. ALTER TABLE　　　　　　　　　　D. UPDATE TABLE

3. 假设考试成绩的取值范围为 0～150 的整数，则最合适的数据类型是(　　)。

A. tinyint　　　　　　　B. int　　　　　　C. float　　　　　　　D. double

4. 若用如下 SQL 语句创建表 stu，则哪条语句可将数据插入到表中 (　　)。

CREATE TABLE stu(

stuid char(10) not null,

stuname varchar(20) not null,

sex char(2),

age int)

A. INSERT INTO stu VALUES('2023001001','张三',null,null)

B. INSERT INTO stu VALUES('2023001002','李四',男,'20')

C. INSERT INTO stu VALUES(NULL,'王明','男','18')

D. INSERT INTO stu VALUES('2023001004',NULL,'女','19')

5. 设要限制"所在系"的取值只能为"计算机系""信息系""通信系"，正确的约束表达式是(　　)。

A. CHECK('所在系' IN ('计算机系', '信息系', '通信系'))

B. CHECK('所在系' = ('计算机系', '信息系', '通信系'))

C. CHECK(所在系 IN ('计算机系', '信息系', '通信系'))

D. CHECK(所在系 = ('计算机系', '信息系', '通信系'))

6. UNIQUE 约束的作用是(　　)。

A. 限制列的取值范围　　　　　　　B. 限制列的取值不重复

C. 提供列的默认值　　　　　　　　D. 实现参照完整性

7. 若用如下的 SQL 语句创建了一个表 SC：CREATE TABLE SC (S# CHAR(6) NOT NULL，C# CHAR(3) NOT NULL，SCORE INTEGER，NOTE CHAR(20))；向 SC 表插入如下行时，(　　)行可以被插入。

A. ('201009', '111', 60, 必修)　　　　B. ('200823', '101', NULL, NULL)

C. (NULL, '103', 80, '选修')　　　　D. ('201132, NULL, 86, ')

8. 有关系 S(S#，SNAME，SEX)，C(C#，CNAME)，SC(S#，C#，GRADE)。其中 S# 是学生号，SNAME 是学生姓名，SEX 是性别，C#是课程号，CNAME 是课程名称。要查询选修"数据库"课的全体男生姓名的 SQL 语句是 SELECT SNAME FROM S，C，SC WHERE 子句的内容是(　　)。

A. S.S# = SC.S# and C.C# = SC.C# and SEX = '男' and CNAME = '数据库'

B. S.S# = SC.S# and C.C# = SC.C# and SEX in '男' and CNAME in '数据库'

C. SEX '男' and CNAME '数据库'

D. S.SEX = '男' and CNAME = '数据库'

9. SQL 语言允许使用通配符进行字符串匹配的操作，其中"%"可以表示(　　)。

A. 零个字符　　　　　　　　　　　B. 1 个字符

C. 多个字符　　　　　　　　　　　D. 以上都可以

10. AGE 是表中的一个属性，则在 SQL 中涉及空值的操作，不正确的是(　　)。

A. AGE IS NULL　　　　　　　　　B. AGE IS NOT NULL

C. AGE = NULL　　　　　　　　　D. NOT(AGE IS NULL)

11. 下述对出生日期进行比较的表达式中，正确的是(　　)。

A. 出生日期 > '1980/1/1'　　　　　B. 出生日期 > 1980/1/1

C. 出生日期 > 1980:1:1　　　　　　D. 出生日期 > '1980:1:1'

12. SQL 语句中，HAVING 子句的位置是(　　)。

A. WHERE 子句之前　　　　　　　B. WHERE 子句之后

C. 最后一行　　　　　　　　　　　D. 任意一行。

13. 要从 student 表中查出不姓"张"和"李"的学生信息(学生的姓名对应的字段为 sname)，正确的查询语句为：select * from student where (　　)。

A. sname not like '[张李]%'　　　　B. sname like '[张李]%'

C. sname not like '张李%'　　　　　D. sname not like '[张李]'

14. 在 MySQL 中，要求从查询结果的第 3 行开始，显示 3 行。以下 LIMIT 子句，正确的是(　　)。

A. LIMIT 0,3　　　　　　　　　　B. LIMIT 1,3

C. LIMIT 2,3　　　　　　　　　　D. LIMIT 3,3

15. DISTINCT 子句的作用是(　　)。

A. 去掉 DISTINCT 词后边列的重复值　　B. 去掉某表中的重复行数据

C. 去掉查询结果中的重复行数据   D. 去掉一个列的数据

16. 下列查询年龄最大的学生姓名的 SQL 语句，正确的是(   )。

A. SELECT SNAME FROM STUDENT WHERE SAGE = MAX(SAGE)

B. SELECT SNAME FROM STUDENT WHERE MAX(SAGE) = SAGE

C. SELECT TOP 1 SAGE FROM STUDENT

D. SELECT SNAME FROM STUDENT WHERE SAGE =(SELECT MAX(SAGE) FROM STUDENT)

17. 现需查询名为 Agnes Haynes 的员工，并用大写字母显示其名字，小写字母显示其地址。下述哪个语句可以满足该需求？(   )

A. SELECT upper(cEmployeeName) , lower(cAddress) FROM EmployeeDetails WHERE upper(cEmployeeName)= 'AGNES HAYNES'

B. SELECT lower(cEmployeeName), upper(cAddress) FROM EmployeeDetails WHERE cEmployeeName='Agnes Haynes'

C. SELECT cEmployeeName, lower(cAddress) FROM EmployeeDetails WHERE upper(cEmployeeName) = 'AGNES HAYNES'

D. SELECT cEmployeeName, cAddress FROM EmployeeDetails WHERE cEmployeeName = 'agnes haynes'

二、问答题

1. 创建一个数据库，数据库名字取名为"studb"，在数据库中创建如表 5-13 所示的表，实施完整性约束，并在表中插入数据、修改数据、删除数据。写出 SQL 语句。

表 5-13 数据库信息表

表名	列 名	中文含义	数据类型	长度	说 明
college	collegeid	学院编号	char	2	主键
	collegename	学院名称	varchar	50	Not null
major	majorid	专业编号	char	4	主键
	majorname	专业名称	varchar	50	Not null
	collegeid	学院编号	char	2	Not null 外键
stuclass	classid	班号	char	6	
	classname	班名	varchar	50	
	grade	年级	char	4	Not null
	majorid	专业编号	char	4	Not null 外键
student	stuid	学号	char	10	10 位数字型字符
	stuname	姓名	varchar	50	Not null
	sex	性别	char	2	
	birthday	出生日期	date		
	idnumber	身份证号	char	18	唯一
	classid	班级编号	char	6	外键

2. 根据网上玩具商店 ToyUniverse 数据库，完成下列题。

(1) 显示所有接收者的完整信息，显示所有购物者的完整信息。

(2) 显示所有订货的订货号、运货方式、礼品包装费和总的费用，用中文作为列标题。

(3) 显示所有总价超过 $75 的订货的信息。

(4) 显示价格小于 $20 的玩具的名称。

(5) 显示购物者编号(shopper id)为 '000035' 的购物者的名字和 e-mail 地址。

(6) 显示价格范围在 $10 到 $20 之间的所有玩具的列表。

(7) 显示发生在 2024 年 5 月 20 日的、总值超过 $75 的订货，格式如下：

Order Number	Order Date	Shopper Id	Total Cost

(8) 按以下格式显示所有玩具的名字和价格，确保价格最高的玩具显示在列表的顶部。

Toy Name	Toy Rate

(9) 将所有价格高于 $20 的玩具的所有信息复制到一个叫 PremiumToys 的新表中。

(10) 显示价钱最便宜的玩具的名称。

(11) 显示购物者和接收者的名字。格式如下：

Shopper Name	Shopper Address	Recipient Name	Recipient Address

(12) 显示在玩具名称中包含枪的所有玩具的所有信息。

(13) 显示所有玩具的名称及其所属的类别。

(14) 显示所有玩具的订货代码、玩具代码、包装说明。格式如下：

Order Number	Toy Id	Wrapper Description

(15) 显示一张包含所有订货的订货代码、不同玩具数量和玩具总价的报表。

(16) 查询所有玩具信息，并将单价(mtoyrate)小于等于 100 元的显示等级为"很便宜"，单价超过 100 元但小于等于 1000 元的显示等级为"不便宜"，单价超过 1 000 元的显示等级为"很贵"，显示玩具编号、玩具名称、单价、等级。

(17) 将种类'积木拼插'的玩具信息复制到一张新表中，该表叫 PreferredCategory。

(18) 将种类'模型玩具'的信息从表 Category 复制到表 PreferredCategory 中。

第 6 章 数据库设计和建模工具

本章要点 ✍

◆ 掌握数据库应用系统的设计过程。
◆ 掌握 E-R 图向关系模式的转换方法。
◆ 掌握数据库建模工具的使用。

6.1 数据库设计概述

随着数据库应用领域的不断扩展，以数据库为基础的各种应用也在持续发展和完善。从处理业务为基础的小型事务系统到处理各种复杂信息的管理信息系统，都是在数据库的基础上构建的。数据库技术以其优异的性能、简便的访问方式和标准化的访问接口，逐渐发展成为现代各类计算机信息系统的核心技术。

数据库设计是数据库应用系统设计与开发的关键。在前面几个节中，我们介绍了关系数据库的规范化理论基础，根据数据依赖和规范化要求来设计关系模式只是数据库逻辑设计的一个方面。本章将系统地讨论数据库的设计问题。学习本章后，读者应了解数据库设计的阶段划分及各个阶段的主要工作；掌握概念设计的意义、原则和方法；熟练掌握 E-R 模型设计的方法和原则，以及从 E-R 模型转换为关系模型的方法。

6.1.1 数据库设计的任务和内容

数据库设计是建立数据库应用系统的核心和基础。数据库设计要求对指定的应用环境构造出较优的数据库模式，并建立数据库及其应用系统，使系统能有效地存储数据，以满足用户的各种应用需求。

从应用角度来看，数据库系统主要由数据库、数据库管理系统和数据库应用系统三个部分组成。数据库设计是指根据用户需求研制数据库结构的过程，也就是把现实世界中的数据，结合各种应用处理的要求，加以合理组织，使其满足硬件和操作系统的特性，并利用已有的 DBMS 来建立能够实现系统目标的数据库。

6.1.2　数据库设计的基本步骤

在 20 世纪 70 年代末 80 年代初，为了研究数据库设计方法学的便利，人们曾提倡将结构设计和行为设计两者分离。但随着数据库设计方法学的成熟以及结构化分析、设计方法的广泛使用，人们逐渐倾向于将两者作为一个整体进行考虑。这样可以缩短数据库的设计周期，提高数据库的设计效率。

现代数据库设计的特点是强调结构设计与行为设计相结合，是一种"反复探寻，逐步求精"的过程。首先从数据需求分析开始，以数据模型为核心进行展开，将数据库设计和应用系统设计相结合，建立一个完整、独立、共享、冗余小和安全有效的数据库系统。图6-1 是数据库设计的全过程。

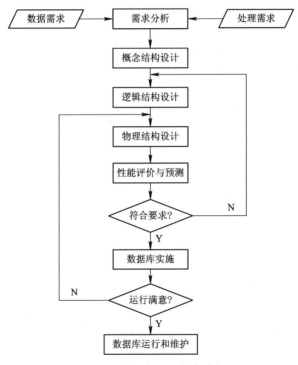

图 6-1　数据库设计的全过程

整个数据库系统的建设过程可划分为系统分析和设计、系统实现和运行两大阶段。按照规范化设计方法，结合数据库系统开发及应用的全过程，可将数据库设计分为 6 个阶段：需求分析阶段，概念结构设计阶段，逻辑结构设计阶段，物理结构设计阶段，数据库实施阶段，数据库运行和维护阶段。前两个阶段侧重于面向用户的应用要求和具体问题；中间两个阶段侧重于面向数据库管理系统；最后两个阶段侧重于面向具体的实现方法。前四个阶段可统称为"分析和设计阶段"，后两个阶段统称为"实现和运行阶段"。

应用该方法，每一阶段完成后，都要进行设计分析，评价关键的设计指标，并对设计阶段所产生的文档进行评审，同时与系统用户进行交流。如果设计的数据库不符合要求则进行相应修改。这种分析和修改可能要重复若干次，以确保最终实现的数据库系统能够较为准确地反映用户的需求。设计一个完善的数据库应用系统通常是这六个阶段不断反复的过程。

在进行数据库设计之前，首先应对参与数据库设计的人员进行明确的分工，这些人员包括系统分析员、数据库设计员、数据库管理员、程序设计人员及用户。其中，系统分析员和数据库设计员参与整个数据库设计，是整个数据库设计的关键人物；用户和数据库管理员主要参与需求分析和数据库的运行维护，是整个数据库设计的基础；程序设计人员主要参与数据库实施、程序设计及软硬件环境的管理。

1. 需求分析阶段

需求分析阶段的核心任务在于准确把握用户的需求，并对用户的需求进行分析和处理。需求分析作为整个数据库设计过程的基础，需收集数据库所有用户的数据需求和处理需求，并加以分析处理。此阶段是最费时、最复杂的一步，也是最重要的一步，决定了后续各个设计步骤的速度与质量。若需求分析不到位，可能会导致整个数据库设计返工重做。在分析用户需求时，要确保用户目标的一致性。

2. 概念结构设计阶段

概念结构设计阶段就是将用户需求抽象为概念模型的过程。该设计阶段是对用户的需求进行分析、归纳、综合及抽象，最终构建出一个独立于具体数据库管理系统的模型，通过此模型可以直观地描述用户需求，独立于任何 DBMS 软件和硬件。

3. 逻辑结构设计阶段

逻辑结构设计阶段的主要任务是将概念模型转换为某个 DBMS 所支持的数据模型，并对其进行优化。

4. 物理结构设计阶段

物理结构设计阶段是为数据库逻辑模型选取一个最合适的物理结构，包括数据的存储结构和存取方法等。

5. 数据库实施阶段

数据库实施阶段是根据逻辑结构设计和物理结构设计的结果，把原始数据装入数据库，建立一个具体的数据库并编写、调试相应的应用程序。该阶段应用程序的开发目标是开发一个可靠且有效的数据库应用程序，以满足用户的处理要求。

6. 数据库运行和维护阶段

数据库运行和维护阶段主要是收集和记录实际系统的运行数据，数据库运行期间的记录提供了用户要求的有效信息，有助于评价数据库系统的性能，进一步调整和修改数据库。在运行中，必须保持数据库的完整性，同时需具备高效处理数据库故障和实现数据库恢复的能力。在运行和维护阶段，可能要对数据库结构进行修改或扩充。

可以看出，以上 6 个阶段是从数据库应用系统设计和开发的全过程来考察数据库设计的问题。因此，它既是数据库，也是应用系统的设计过程。在设计过程中，强调数据库设计和系统其他部分设计的紧密结合，把数据和处理的需求收集、分析、抽象、设计和实现，并在各个阶段同时进行、相互参照、相互补充，以完善两方面的设计。按照这个原则，数据库设计各阶段的具体描述如表 6-1 所示。

表 6-1 中有关处理特性的描述中，采用的设计方法和工具属于软件工程和管理信息系

统等课程中的内容，这里不再深入讨论。本文接下来重点介绍数据特性的设计描述以及在结构特性设计中参照处理特性设计，以进一步完善数据模型设计的问题。

表 6-1　数据库设计各个阶段的描述

设计阶段	设 计 描 述	
	数　据	处　理
需求分析	数据字典、全系统中数据项、数据流、数据存储描述	数据流图和定表(判定树) 数据字典中处理过程的描述
概念结构设计	概念模型(E-R 图) 数据字典	系统说明书。包括： (1) 新系统要求、方案和概图 (2) 反映新系统信息的数据流图
逻辑结构设计	某种数据模型 关系模型	系统结构图 非关系模型(模块结构图)
物理结构设计	存储安排 存取方法选择 存取路径选择	模块设计 IPO 表
数据库实施	编写模式 装入数据 数据库试运行	程序编写 编译连接 测试
数据库运行和维护	性能测试，转储/恢复数据库 重组和重构	新旧系统转换、运行、维护(修正性、适应性、改善性维护)

6.2　需 求 分 析

需求分析是整个数据库设计全过程中的第一步，也是最重要的一步，是其他后续步骤的基础，为以后的具体设计提供了先决条件。此阶段的结果反映了用户的实际要求，将直接影响到后续各个阶段的设计，进而影响到设计结果的合理性和实用性。如果由于设计要求的不正确或误解，直到系统测试阶段才发现许多错误，则纠正这些错误将付出很大的代价。因此，必须高度重视系统的需求分析。

6.2.1　需求分析的任务

需求分析的主要任务是通过详细调查客观世界要处理的对象(包括组织、部门、企业等)，全面了解该对象所处系统的概况及各组成部分的工作流程，明确用户提出的各种需求，然后在此基础上确定新系统的框架和功能。同时在设计新系统时，设计者必须充分考虑到系统可能发生的扩充和改变，不能仅局限于当前的用户需求。需求分析阶段包括以下任务。

1. 调查分析用户活动

通过对新系统运行目标的研究，以及对现行系统所存在的主要问题和制约因素的分析，明确用户的总体需求目标，进而确定这个目标的功能域和数据域。

具体做法是：首先，调查组织的机构构成情况，包括该组织的部门组成及其职责和任务等；其次，调查各部门的业务活动情况，包括各部门输入和输出的数据与格式，所需的表格，以及对这些数据进行处理的步骤等。

2. 收集和分析需求数据并确定系统边界

在熟悉业务活动的基础上，协助用户明确对新系统的各种需求，包括用户的信息需求、处理需求、安全性和完整性的需求等。

(1) 信息需求指目标范围内涉及的所有实体、实体的属性以及实体间的联系等数据对象，也就是用户需要从数据库中获得信息的内容与性质。根据这些信息需求，可以导出数据要求，即在数据库中需要存储哪些数据。

(2) 处理需求指用户为获取需求信息而对数据进行加工处理的要求，包括对某种处理功能所需的响应时间，处理的方式(批处理或联机处理)等。

(3) 安全性和完整性的需求。在定义信息需求和处理需求的同时必须确定相应的安全性和完整性约束。

在收集各种需求数据后，对前面调查的结果进行初步分析，确定新系统的边界，明确哪些功能应由计算机完成，以及将来准备让计算机完成，同时确定哪些活动由人工完成。由计算机完成的功能就是系统应该实现的功能。

例如，某高校的成绩登记管理流程如下：

第 1 步：教务处管理人员录入课程信息。

第 2 步：教师录入成绩。

第 3 步：教师打印纸质成绩单给学院。

第 4 步：学院教务管理人员将纸质成绩单送交教务处。

第 5 步：教务处管理人员审核成绩单，发布成绩。

第 6 步：学生查看成绩。

从上面的流程中可以看出，第 4 步需要将成绩单打印出来，然后由人工将成绩单送交教务处，这里就是系统的一个边界，系统需要具有成绩单打印功能和审核功能。

3. 编写需求分析说明书

系统分析阶段的最后是编写系统分析报告，通常称为需求分析说明书。需求分析说明书是对需求分析阶段的一个总结。需求分析说明书应包括如下内容：

- 系统概况，如系统的目标、范围、背景、历史和现状；
- 系统功能需求；
- 用户界面需求；
- 业务处理需求；
- 系统性能需求。

6.2.2　需求分析的方法

需求分析的主要目的是弄清用户的实际需求，在理解用户需求的基础上，再以一种合理的方式和方法把这种需求表示出来，最终将分析的结果提交给用户。经用户确认之后，作为下一步设计的依据。

需求分析的方法主要有结构化分析方法(Structured Analysis，SA 方法)和面向对象分析方法(Object-Oriented Analysis，OOA 方法)。其中，SA 方法较为简单实用，它从系统组织结构的最上层入手，采用自顶向下、逐层分解的方式来分析系统。通过使用数据流图(Data Flow Diagram，DFD)、数据字典(Data Dictionary，DD)、系统功能模块图、用例图和业务流程图(Transaction Flow Diagram，TFD)来描述需求分析的结果，最终形成系统需求说明书。

1. 数据流图

数据流图如图 6-2 所示。

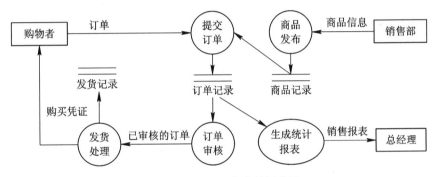

图 6-2　网上玩具商店数据流图

在数据流图中，命名的箭头表示数据流，圆圈表示处理，双杠表示存储。图 6-2 展示的功能是：购物者提交的订单需经审核，然后再发货，发货需有记录，并生成一个购买凭证提供给购物者，系统根据订单记录生成统计报表提供给总经理。

关于数据流图更加详细的内容请参看《软件工程》教材。

2. 数据字典

数据字典是对系统中数据的详细描述，是各类数据结构和属性的清单，与数据流图互为注释。在需求分析阶段，数据字典主要包含数据项名、含义、别名、类型、长度、取值范围，以及与其他数据项的逻辑联系等。通常，在 ER 建模时，通过数据库建模工具把数据项录入到 ER 模型中，从而无需单独编写数据字典文件。

3. 系统功能模块图

系统功能模块图用于描述软件应具备哪些功能模块，并说明每个功能模块的具体功能。对于一个复杂的系统，系统功能模块众多，在一张图里难以完整描述出来，这时可以用多个系统模块图进行描述。其中，一个图为总体功能模块图，其他图则为子功能模块图。图6-3 展示了一个网上玩具商城的功能模块图，该图分为用户管理、玩具大厅、个人中心和后台管理 4 个功能模块，每个功能模块又包含子模块。

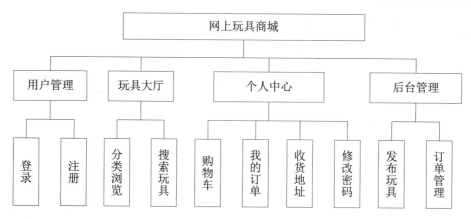

图6-3　系统功能模块图

4. 用例图

用例图是用户与开发人员之间进行交流的一种重要的方式，是对用户需求的一种描述。开发人员从用户的角度整体上理解系统的功能。用例图的结构主要分为三个部分：参与者、用例以及用例之间的关系，其中用例之间的关系包括"包含""扩展""泛化"。图6-4是一个用例图示例。

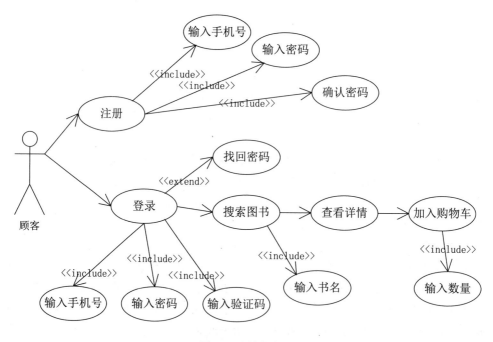

图6-4　用例图示例

图中<<include>>是包含关系，<<extend>>是扩展关系。顾客进行注册时，需要输入手机号、密码、确认密码，因此是一种包含关系；顾客进行登录时，若忘记密码，这时则需执行"找回密码"操作，因"找回密码"仅在特定的情况下才执行，故"登录"用例和"找回密码"用例是扩展关系。顾客登录后，依次执行搜索图书，查看图书详情，将图书加入购物车等操作，加入购物车时需要输入数量，因此这几个用例存在先后依赖关系。

5. 业务流程图

业务流程图是描述管理系统内各单位、人员之间的业务关系、作业顺序和管理信息流向的图表，图 6-5 展示了一个网上商店的业务流程图。

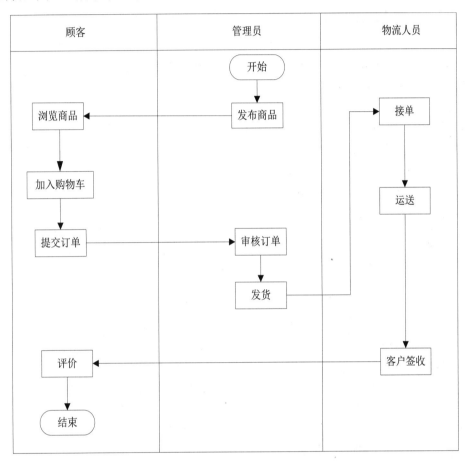

图 6-5 网上商店业务流程图

业务流程图用于描述业务处理流程，其图形符号借鉴了程序流程图的一些符号体系，因此与程序流程图有些相似，但程序流程图是描述程序的控制逻辑，而业务流程图是描述业务逻辑。

需求分析的阶段性成果表现为系统需求分析说明书，此说明书主要包括各项业务的数据流图、相关说明和数据字典的雏形表格、系统功能结构图以及其他必要的说明等。这些内容为下一步进行概念设计奠定了基础。

6.3 概念结构设计

在需求分析阶段，设计人员充分调查并描述了用户的需求，但是这些需求只是现实世界的具体要求,应把这些需求抽象为信息系统的结构,才能更好地实现用户的需求。

概念结构设计就是将需求分析获取的用户需求抽象为信息结构,即概念模型。

6.3.1   概念结构设计的方法

实体联系方法(Entity- relationship approach,E-R 方法)是美籍华裔计算机科学家陈品山于 1976 年提出的,是描述现实世界概念结构模型的有效方法。用 E-R 方法建立的概念结构模型称为 E-R 模型,或称为 E-R 图。

E-R 图由实体、属性和联系构成。实体与属性都是客观存在且可互相区分的事物。属性用于描述实体的某一特征,且其本身具有一定意义,无须进一步描述。实体必须用一组表示其特征的属性来描述。联系是指实体之间存在的对应关系,一般可分为三种类型:一对一的联系(1∶1)、一对多的联系(1∶n)以及多对多的联系(m∶n)。具体内容已在第一章详细介绍。

6.3.2   概念结构设计的步骤

E-R 图设计最重要的任务是找出系统中的实体和实体之间的关系,并最终确定实体的属性。对于一个复杂的系统而言,由于实体可能比较多,实体的属性也比较多,因此 E-R 图的首要任务是找出哪些是实体,哪些是属性。值得注意的是,实体和属性是相对而言的,往往需要根据实际情况进行必要的调整。在调整中要遵循两条原则。

原则 1:实体具有描述信息,而属性没有。即属性必须是不可分的数据项,不能再由另一些属性组成。

原则 2:属性不能与其他实体具有关系,关系只能发生在实体与实体之间。

例如,系统需要查询学生的信息有:学号、姓名、性别、出生日期、班级、学院。在这些信息中,哪些是实体,哪些是属性?显然,学生是一个实体,学生的属性有学号、姓名、性别、出生日期,但是班级和学院是不是学生的属性呢?这需要根据系统的业务需求来决定,如果系统中不需要维护班级和学院的具体信息,只需要用班级和学院的名称来标识学生所属的班级和学院,不涉及班级和学院的具体情况,也就是说,没有需要进一步描述的特性,那么根据原则 1,可以把班级和学院作为学生实体的属性,E-R 图如图 6-6 所示。

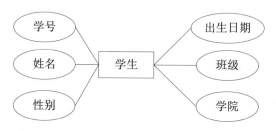

图 6-6   将班级和学院作为属性的 E-R 图

如果系统中需要维护学院信息，例如，需要考虑一个学院的院长、学生人数、教师人数、办公地点等，则学院应看作一个实体。将学院设计为一个实体的 E-R 图如图 6-7 所示。

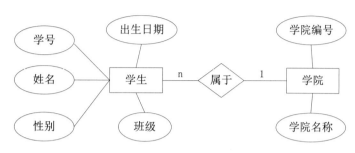

图 6-7　将学院作为实体的 E-R 图

在识别出实体后，就要确定实体之间的关系，哪些实体之间存在关系，以及这种关系的类型是一对多还是多对多？在一对多关系中，哪一方是多端？在图 6-7 所示的 E-R 图中，一个学院对应多个学生，一个学生仅属于一个学院，这体现了学院与学生是一对多关系。

如果系统中也需要维护班级信息，例如，需要考虑这个班的辅导员、专业等，则班级应作为一个实体。将班级设计为一个实体的 E-R 图如图 6-8 所示。

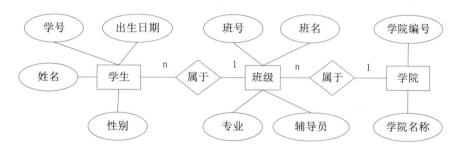

图 6-8　将班级和学院作为实体的 E-R 图

将班级作为一个实体后，原先的学院与学生之间的关系就不再需要了，因为学院实体与班级实体存在关系，而班级实体又与学生实体存在关系。具体而言，给定一个学生，可以知道这个学生的班级，给定一个班级，可以知道这个学生的学院。因此，学生所在的学院在 E-R 图中已经反映出来，不需要再在学生和学院实体之间建立关系，否则会因为关系冗余而造成数据不一致的问题。

【例 6-1】　根据以下需求设计一个教务管理系统的数据库 E-R 图。

业务描述：系统需要登记班级、学生、课程、教师信息。班级的信息包括班号、班名、年级；学生的信息包括学号、姓名、性别；课程的信息包括课号、课程名、学期；教师的信息包括教师编号、教师姓名。一名教师可以教授多门课程，而一门课只能由一名教师教授。学生需要在网上选课，但可选课程也是有一定范围的，不能在全校的所有课程中选，而是由教务管理人员指定哪些课程可以由哪些班级的学生选课程。一个学生可以选多门课，一门课可以被多个学生选修。

根据以上业务描述，此系统的 E-R 图如图 6-9 所示。

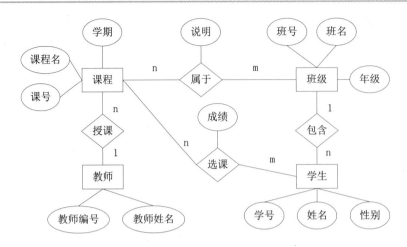

图 6-9   学生选课系统 E-R 图

在图中，教师与课程的关系是一对多，表示一个教师可教多门课程，但一门课程仅由一名教师教授，如果同一门课程有多名教师教授，则需要在课程实体中添加多个实体实例，每个实例代表某位教师教授的某门课程。如果教师与课程的关系设计为多对多，则不能明确学生选修的课程的授课教师。学生与教师没有直接关系，因为两者均与课程相关，学生与教师是通过课程产生了关系，是一种间接关系。

【例 6-2】 根据以下一个车辆管理系统的业务描述，设计一个 E-R 图。

业务描述：一个车辆管理系统中需要维护车队、司机和车辆信息，其中，车队的信息包括车队编号、车队名称、电话；车辆的信息包括车牌号、生产商、出厂日期；司机的信息包括有司机编号、姓名、电话。每个车队可聘用若干司机，但每位司机只能应聘于一个车队，车队与司机之间存在聘期关系。每个车队可拥有若干车辆，但每辆车只能属于一个车队。此外，司机使用车辆需要填报使用日期和行驶公里数，每位司机可使用多辆汽车，每辆汽车可被多个司机使用。

根据以上业务描述，设计的 E-R 图如图 6-10 所示。

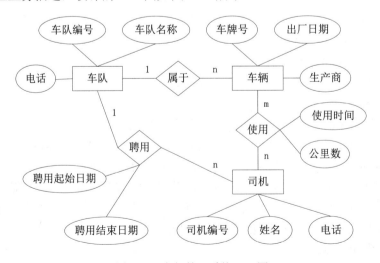

图 6-10   车辆管理系统 E-R 图

从图中可以看出，车辆与司机的关系是多对多的关系，而车队与车辆、车队与司机之间是一对多的关系。注意，图中聘用关系不能省略，虽然车队与车辆、车辆与司机都建立了关系，但车辆与司机的关系是使用关系。如果司机没有使用车辆，就不知道这位司机属于哪个车队，因此，需要建立司机与车队之间的聘用关系，以确定司机属于哪个车队。

【例 6-3】　根据以下一个消防报警系统的业务描述，设计一个 E-R 图。

业务描述：一个单位有若干建筑物，每个建筑物有若干楼层，每个楼层使用一个平面图，每个楼层安装了多个消防报警器，要求记录报警器的安装位置(如 102 房间、过道东侧等)并记录其在平面图中的 X、Y 坐标。建筑物的信息包括建筑物编号、建筑物名称、用途；消防报警器的信息包括报警器编号、设备码、类型。当某个消防报警器报警时，系统应记录报警信息，指出具体的消防报警器和报警时间，并能明确报警发生的建筑物、楼层、安装位置和平面图中的具体坐标位置。

分析：首先要找出系统中实体。建筑物、报警器各自拥有独立的属性，因此应该作为实体。楼层和平面图均属于建筑物，且一个建筑物内包含多个楼层和平面图，如果将楼层和平面图作为建筑物的属性，则一个建筑物仅能对应一个楼层和一个平面图，这显然不符合业务需求。因此，楼层和平面图不能作为建筑物的属性。楼层和平面图均可作为实体，楼层与平面图是一对一的关系，为了简化结构，可以考虑选择其中一个作为实体，另一个作为它的属性。这里将楼层作为实体，平面图作为楼层的属性，得到的 E-R 图如图 6-11 所示。

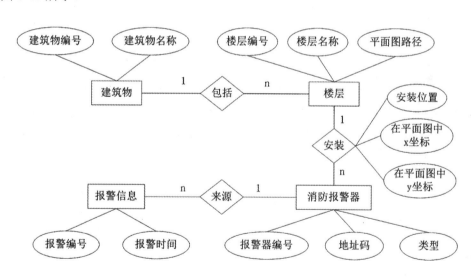

图 6-11　消防报警系统 E-R 图

将楼层作为实体，平面图作为楼层的属性。在数据库中，平面图只记录其存放路径，而不记录图片本身，图片本身可存放在本地目录或远程服务器中。报警信息与消防报警器进行关联，当发生报警时，可以获知报警的消防报警器，并找到安装位置及坐标。通过消防报警器与楼层之间的关系，可进一步获知报警发生的楼层，并找到平面图。最后，通过建筑物与楼层之间的关系，可以进一步确定发生报警的具体建筑物。

6.4　逻辑结构设计

6.4.1　逻辑结构设计的任务和步骤

概念结构设计阶段得到的 E-R 模型是用户视角的模型，其独立于任何一种数据模型和任何一个具体的 DBMS。为了建立用户所要求的数据库，需要把上述概念模型转换为某个具体的 DBMS 所支持的数据模型。数据库逻辑设计的任务就是将概念结构转换为符合特定 DBMS 所支持的数据模型，通常将模型转换为关系模型。

6.4.2　E-R 图转化为关系模型

下面将探讨现实世界、信息世界和计算机世界三个世界术语的对比，如表 6-2 所示。

表 6-2　三个世界术语对比

现实世界	信息世界	计算机世界
事物总体	实体	表
事务个体	实体实例	记录
特征	属性	字段
事物之间的联系	实体模型	数据模型

在厘清概念层数据模型和计算机世界数据模型后，接下来要做的就是将 E-R 模型转换为关系模型。E-R 模型向关系模型的转换要解决的问题是如何将实体以及实体间的关系转换为关系模式(表)，并确定这些关系模式(表)的属性和关键字。转换后的关系模式一般满足第三范式。

关系模型的逻辑结构是一组关系模式的集合。E-R 图由实体、实体的属性以及实体之间的关系三部分组成。因此，将 E-R 图转换为关系模型实际上就是将实体、实体的属性和实体间的关系转换为表，转换的一般规则如下所述：

(1) 一个实体转换为一个表。实体的属性就是表的属性，实体的标识符就是表的关键字。对于实体间的关系有以下几种不同的情况：

① 一个 1∶1 关系可以转换为一个独立的关系表，也可以与任意一端所对应的关系表合并。

如果选择转换为一个独立的表，则与该关系相连的各实体的关键字以及关系本身的属性均转换为该表的属性。每个实体的关键字均是该表的候选关键字，同时也是引用各自实体的外关键字。

如果选择与关系的任意一端实体所对应的表合并，则需要在该表的属性中加入另一个实体的关键字和关系本身的属性，同时新加入的实体的关键字会成为该表中引用另一个实体的外关键字。

② 一个 1∶n 关系可以转换为一个独立的表，也可以选择与 n 端所对应的表合并。

如果选择转换为一个独立的表，则与该关系相连的各实体的关键字以及关系本身的属性均转换为表的属性。而该表的关键字为 n 端实体的关键字，同时 n 端实体的关键字为该表中引用 n 端实体的外关键字，1 端实体的关键字作为引用 1 端实体的外关键字。

如果选择是与 n 端所对应的表合并，则需要在 n 端所对应的表的属性中加入 1 端实体的关键字以及关系本身的属性。同时，1 端实体的关键字为 n 端实体所对应的表中引用 1 端实体的外关键字。

③ 一个 m∶n 关系转换为一个表。与该关系相连的各实体的关键字以及关系本身的属性均转换为该表的属性，新表的关键字至少包含各实体的关键字，同时新表中各实体的关键字为引用各自实体的外关键字。

(2) 3 个或 3 个以上实体间的一个多元关系可以转换为一个表。与该多元关系相连的各实体的关键字以及关系本身的属性均转换为此表的属性，而此表的关键字包含各实体的关键字，同时新表中的各实体的关键字为引用各自实体的外关键字。

(3) 具有相同码的表可以合并。

【例 6-4】 有 1∶1 关系的 E-R 模型如图 6-12(a)所示。

如果将关系与某一端实体的表合并，则转换后的结果为两张表：

    部门表(部门号，部门名，经理号)

其中，"部门号"为主键，"经理号"为引用经理表的外键。

    经理表(经理号，经理名，电话)

其中，"经理号"为主键。

或

    部门表(部门号，部门名)

其中，"部门号"为主键。

    经理表(经理号，部门号，经理名，电话)

其中，"经理号"为主键，"部门号"为引用部门表的外键。

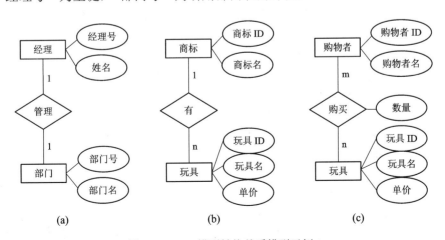

(a)   (b)   (c)

图 6-12 E-R 模型转换关系模型示例 1

如果将关系转换为一个独立的关系表，则转换为三张表：

　　　部门表(部门号，部门名)

其中，"部门号"为主键。

　　　经理表(经理号，经理名，电话)

其中，"经理号"为主键。

　　　部门——经理表(经理号，部门号)

其中，"经理号"和"部门号"为主键，同时也为引用部门表和经理表的外关键字。

 提示　　在 1∶1 关系中一般不将关系单独作为一张表，因为这样转换出来的表张数太多。查询时涉及的表个数越多，查询效率就越低。

【例 6-5】 有 1∶n 关系的 E-R 模型如图 6-12(b)所示。

如果将关系与 n 端实体的表合并，则转换成两个表，如表 6-3 所示。

　　　商标表(商标 ID，商标名)

其中，"商标 ID"为主键。

　　　玩具表(玩具 ID，玩具名，商标 ID，单价)

其中，"玩具 ID"为主键，"商标 ID"为引用玩具表的外键。

之所以要这样转换的原因是因为玩具和商标表是多对一的关系，如表 6-3(b)所示。

表 6-3(a)　商标表

商标 ID	商标名
1	乐高
2	汇乐
3	贝恩施

表 6-3(b)　玩具表

玩具 ID	玩具名	商标 ID	单价
000001	创意颗粒	1	10
000002	移动起重机	1	12
000003	滚轮挖掘机	2	8
000004	犀牛发射器	2	23
000005	真龙水枪	2	15
000006	遥控赛车	3	50

在表 6-3(b)所示的玩具表中，玩具 ID 是主键，它里面的数据是不能重复的。因此，对于任意玩具 ID 只有一个商标 ID。例如，玩具 ID "000001" 对应的商标 ID 只能是 "1"，玩具 ID "000005" 对应的商标 ID 只能是 "2"。而一个商标 ID 对应着多个玩具 ID，例如，商标 ID "1" 对应的玩具 ID 有 "000001" 和 "000002"。所以，表 6-3(b)反映出来的关系是：一个商标对应多种玩具，一种玩具对应一个商标，商标与玩具的关系是一对多关系，这与 E-R 图中的关系是一致的。

或者，如果将关系作为一个独立的关系表，则转换为三张表：

　　　商标表(商标 ID，商标名)

其中，"商标 ID"为主键。

　　　玩具表(玩具 ID，玩具名，单价)

其中，"玩具 ID"为主键。

　　　商标——玩具表(商标 ID，玩具 ID)

其中，"玩具 ID"为主键，同时也为引用玩具表的外键，"商标 ID"为引用商标表的外键。

同 1∶1 原因一样，关系通常也不将 1∶n 关系转换为一张独立的表。

【例 6-6】　有 m∶n 关系的 E-R 模型如图 6-12(c)所示，对 m∶n 关系，必须将关系转换为一张独立的关系表。

转换后的结果为：

购物者表(购物者 ID，购物者名)

其中，"购物者 ID"为主键。

玩具表(玩具 ID，玩具名，单价)

其中，"玩具 ID"为主键。

购物者-玩具表(购物者 ID，玩具 ID，数量)

其中，(购物者 ID，玩具 ID)为组合主键，同时，购物者 ID 和玩具 ID 分别为引用购物者表和玩具表的外键。

为什么要将 m∶n 的关系转换为一张独立的表？请看表 6-4。

表 6-4　购物者—玩具表

购物者 ID	玩具 ID	数量
1	000001	10
1	000002	20
2	000001	30
2	000003	20
2	000004	50
3	000004	40

由于"购物者 ID"和"玩具 ID"是复合主键，因此表中不可能出现两条在这两个列上完全相同的记录。但是购物者 ID 和玩具 ID 均可以有重复数据，这就使得一个购物者 ID 对应多个玩具 ID，一个玩具 ID 对应多个购物者 ID，如表 6-4 所示，这正体现了购物者和玩具是多对多的关系。

【例 6-7】　将图 6-13 所示的 E-R 图转换为关系模型，关系的主键用下划线标出，外键虚线标出。

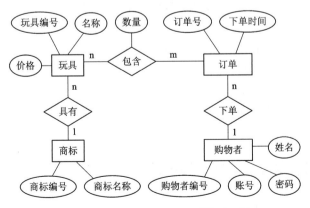

图 6-13　E-R 模型转换为关系模型示例 2

转换后的关系模型如下：

　　　　玩具(<u>玩具编号</u>，名称，价格，<u>商标编号</u>)

　　此表为玩具实体对应的关系模式，该关系模式包含了"具有"关系，因为玩具表中有商标编号，而商标编号是"具有"关系另一端实体的关键字。这里是将关系合并到 n 端表中的情况。

　　　　订单(<u>订单号</u>，下单时间，<u>购物者编号</u>)

　　此表为订单实体对应的关系模式。

　　　　商标(<u>商标编号</u>，商标名称)

　　此表为商标实体对应的关系模式。

　　　　购物者(<u>购物者编号</u>，账号，密码，姓名)

　　此表为购物者实体对应的关系模式。

　　　　订单细节(<u>订单号</u>，<u>玩具编号</u>，数量)

　　此表为"包含"关系所对应的关系模式，由于"包含"关系是一个多对多的关系，所以要单独转换为关系表，表中含了此关系联系的两个实体的关键字：订单号、玩具编号，数量是关系自身的属性。

6.5　物理结构设计

　　数据库最终需存储在物理设备上。物理结构设计是对给定的逻辑数据模型，选取一个最适合应用环境的物理结构的过程。物理结构设计的任务是为了有效地实现逻辑模式，确定所采取的存储策略。此阶段以逻辑设计的结果作为输入，结合具体 DBMS 与存储设备的特性进行设计，选定数据库在物理设备上的存储结构和存取方法。

　　确定物理结构时，设计人员必须深入了解给定的 DBMS 的功能、提供的环境和工具、硬件环境(尤其是存储设备的特征)，同时也要了解应用环境的具体要求，如各种应用的数据量、处理频率和响应时间等。主要内容包括以下几个方面：

　　(1) 选择数据库产品，如 SQL Server、Oracle、MySQL 或其他。

　　(2) 确定字段的数据类型与长度。

　　(3) 确定存储引擎，如 InnoDB 或 MyISAM。

　　(4) 确定存储文件存放位置，如数据文件和日志文件存放的具体路径。

　　(5) 确定主键、外键和索引。

　　(6) 根据选择的 DBMS 的特性，设计相关参数，如缓冲池大小等。

6.6　数据库的实施与维护

　　数据库实施是指逻辑设计完成后，根据逻辑设计和物理设计的结果，在计算机上建立实际数据库结构、装入数据、进行系统测试和试运行的过程。若试运行结果符合设计目标，则数据库将投入正式运行，进入运行和维护阶段。

6.6.1　数据库实施

数据库实施主要包括建立实际数据库结构、装入数据、应用程序编码与调试、数据库试运行和整理文档。

1. 建立实际数据库结构

可使用 DBMS 提供的数据定义语言(DDL)来定义数据库结构，使用 SQL 语句中的 CREATE TABLE 语句定义所需的基本表，使用 CREATE VIEW 语句定义视图。

2. 装入数据

装入数据又称为数据库加载，是数据库实施阶段的主要工作。在数据库结构构建完成后，即可向数据库中加载数据。

由于数据库的数据量一般较为庞大，且分散于多个数据文件、报表或多种形式的单据中，存在着大量的重复，并且其格式和结构往往不符合数据库的要求。因此需将这些数据收集并加以整理、筛选，转换成数据库所规定的格式，再输入计算机，并对数据进行校验。

一般的小型系统，可以采用人工方法来完成此过程。而对于数据量较大的系统，建议采用计算机来完成这一工作。通常是设计一个数据输入子系统，由计算机辅助数据的入库工作。

3. 编制与调试应用程序

数据库应用程序的设计应与装入数据同步进行。在数据库实施阶段，当数据库结构建立完成后，即可开始编制与调试数据库的应用程序。关于应用程序的编制，一般在程序设计语言中都有相应的介绍，在此不再过多叙述。一般来说，编制与调试应用程序与组织数据入库往往是同步进行，但由于调试应用程序时，数据入库尚未完成，所以可先使用模拟数据来代替原始数据进行系统的调试。模拟数据的选择应尽量和原始数据类似或吻合。

4. 数据库试运行

应用程序调试完成，且已有部分数据装入后，应按照系统支持的各种应用分别试验应用程序在数据库上的操作情况，这就是数据库的试运行阶段，或者称为联合调试阶段。在这一阶段，需实际运行数据库系统，按照功能对数据库执行各种操作，来测试应用程序的功能是否达到设计要求。如不满足设计要求，则应对程序作相应的修改，直到达到系统的设计要求。同时还要测试系统的性能指标，分析其是否达到设计目标，包括系统的响应速度、操作的便捷程度及用户的满意度等。

5. 整理文档

在程序编码的调试和试运行过程中，应详细记录发现的问题及相应的解决方法，并将它们整理存档，作为日后正式运行和改进时的参考资料。全部的调试工作完成后，需编写应用系统的技术说明书和使用说明书，在正式运行时随系统一并交给用户。完整的文件资料是应用系统的重要组成部分，但这一点常常被忽视。因此，必须强调这一工作的重要性，以引起用户与设计人员的充分重视。

6.6.2　数据库运行与维护

数据库试运行结果符合设计目标后，数据库将正式投入运行，进入运行和维护阶段。数据库系统投入正式运行，标志着数据库应用开发工作的基本结束，但这并不意味着设计过程的终止。由于应用环境不断发生变化，用户的需求和处理方法不断发展，数据库在运行过程中的存储结构也会随之变化，从而需要修改和扩充相应的应用程序。数据库运行和维护阶段的主要任务包括以下两项内容。

1. 维护数据库的安全性与完整性

按照设计阶段提供的安全规范和故障恢复规范，数据库管理员(DataBase Administrator，DBA)要定期检查系统的安全是否受到威胁，并根据用户的实际需要，授予用户不同的操作权限。数据库在运行过程中，由于应用环境发生变化，对安全性的需求可能随之变化，DBA 应根据实际情况及时调整相应的授权和密码，以保证数据库的安全性。同样，数据库的完整性约束条件也可能会随应用环境的变化而改变，这时 DBA 也要对其进行调整，以满足用户的需求。

另外，为确保系统在发生故障时能够及时进行恢复，DBA 要针对不同的应用要求定制不同的转储计划，定期对数据库和日志文件进行备份，以便数据库在发生故障后恢复到某种一致的状态，从而保证数据库的完整性。

2. 监测并改善数据库性能

目前许多 DBMS 产品都提供了监测系统性能参数的工具，DBA 可以利用系统提供的这些工具，定期对数据库的存储空间状况及响应时间进行分析评价，并结合用户的反馈情况确定改进措施。DBA 应及时改正运行中发现的错误，根据用户的需求对数据库的现有功能进行适当的扩充。但要注意在增加新功能时，应保证原有功能和性能不受影响。

6.7　数据库建模工具 ER-Studio

ER-Studio 最早由美国 Embarcadero Technologies 公司开发，是一款有助于设计数据库中各种数据结构和逻辑关系的可视化工具。后来，Embarcadero Technologies 公司被 IDERA 公司收购，因此，用户需从 IDERA 公司网站下载 ER-Studio 软件。ER-Studio 可用于特定平台的物理数据库的设计和构造，其强大和多层次的数据库设计功能不仅在一定程度上简化了数据库设计的烦琐工作，提高了工作效率，缩短了项目开发时间，还能让初学者能够更好地了解数据库理论知识和数据库的设计。通过 ER-Studio，用户不仅可以设计数据库 E-R 图，还可以将 E-R 图转换为关系模型，并可以自动生成创建数据表的 SQL 命令。通过执行自动生成的 SQL 命令，可以创建设计的数据表，从而大幅减少了工作量。

ER-Studio 的旧版本为 ER-Studio 8.0，最新版本为 ER-Studio Data Architect 19.1，用户可以从网站 http://www.idera.com/下载最新版本。此软件为付费软件，有 14 天的免费试用期，下载时需要进行注册，官方会向注册邮箱发送一个序列号。安装完成后，运行软件输入序列号即可正常使用。

6.7.1　使用 ER-Studio 建立数据库逻辑模型

在 ER-Studio 中建立数据库逻辑模型的过程其实就是设计 E-R 图的过程。具体步骤如下：

第一步：打开 ER-Studio 程序，单击"File"菜单的"New…"子菜单，弹出如图 6-14 所示的对话框，默认选择第一项创建一个数据库模型。数据库模型分为 Relational(关系)和 Dimensional(多维)两种，在这里主要以关系型数据库为主来介绍模型的创建过程。第二项是从一个已存在的数据库反转设计数据库模型；第三项是导入其他建模工具创建的数据库模型。

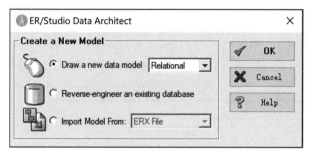

图 6-14　创建数据库模型界面

第二步：单击"OK"按钮，出现如图 6-15 所示的 ER-Studio 主界面，主界面由上到下分别由菜单栏、工具栏、工作视图区和状态栏组成，工作视图区左边为模型视图区，右边为模型设计工作区，Overview 能够纵览整个模型设计工作区的情况和快速定位到所需要到的区位。

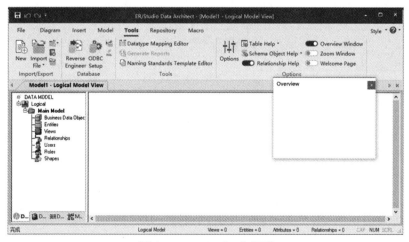

图 6-15　ER-Studio 主界面

在 ER-Studio 中建立 E-R 模型，首先创建实体(Entity)，方法是在模型工作区点击右键菜单选择"Insert Entity"子菜单，也可以通过菜单"insert"->"entity"创建实体。图 6-16 所示创建了一个实体。

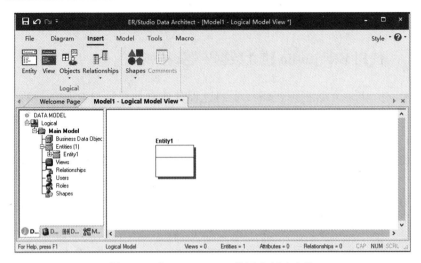

图 6-16　在 ER-Studio 工作区中创建实体

第三步：创建相应的实体后，就会在模型工作区显示实体，双击实体进入图 6-17 所示的实体编辑对话框。

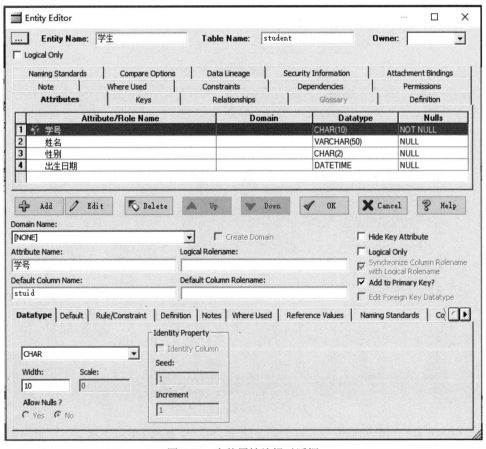

图 6-17　实体属性编辑对话框

在此对话框中输入实体的实体名和属性名等相关信息。在"Entity Name"里输入实体名，在"Table Name"里输入表名，在下方的"Attribute Name"里输入属性字段名，在"Default Column Name"里输入列名，在"Datatype"中选取属性字段的数据类型；单击"Add"，然后依次添加其他实体属性，选择要成为主键的属性字段，勾选"Add to Primary Key？"来将该属性字段设置为主键，最后点击"OK"完成实体创建，如图 6-18 所示。

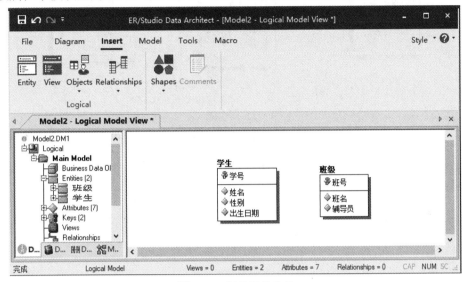

图 6-18　创建好的实体

图中实体中横线分隔的上半部分是主键。

第四步：在实体创建完成后，接下来要创建各个实体之间的逻辑关系，在 ER-Studio 中，可以在工具栏中选择关系，如图 6-19 所示。

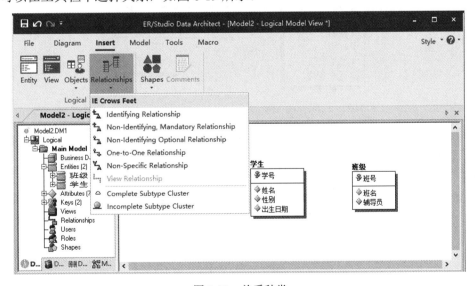

图 6-19　关系种类

可选择的关系有"Identifying Relationship""Non-Identifying Relationship, Mandatory Relationship""Non-Identifying Optional Relationship""One-to-One Relationship""Non-Specific Relationship"五种。它们对应意思如下：

(1) "Identifying Relationship"表示一对多标识关系,父实体中的主键在子实体中作外键,并且在子实体作为主键中的一个属性,如图 6-20 所示。

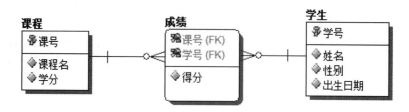

图 6-20　一对多标识关系

添加此关系线条的方法是:在菜单中选择"Identifying Relationship",然后点击"父实体",再点击"子实体",将建立两个实体的一对多标识关系,右键点击空白区域完成添加关系操作。

 成绩实体中的"课号"和"学号"是通过关系线条自动产生的,不需要在学生实体中手动进行添加,否则会出现冲突。

(2) "Non-Identifying Relationship, Mandatory Relationship"表示一对多非标识强制关系,父实体中的主键在子实体中作外键,不作为子实体的主键的属性,但要求外键值不能取空值,如图 6-21 所示。

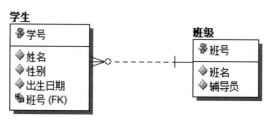

图 6-21　一对多非标识强制关系

图中班级实体中的"班号"属性被放入学生实体,但没有作为学生实体的主键的一部分。在转换为关系模型后,学生表的"班号"字段不能取空值。

(3) "Non-Identifying Optional Relationship"表示一对多非标识可选关系,父实体中的主键在子实体中作外键,不作为子实体的主键的属性,外键值可以取空值。如图 6-22 所示。

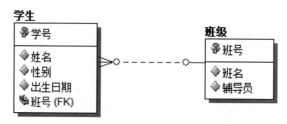

图 6-22　一对多非标识可选关系

图中班级实体中的"班号"属性被放入学生实体，没有作为学生实体的主键的一部分。在转换为关系模型后，学生表的"班号"字段可以取空值，没有班级数据时，仍然可以建立学生数据，只是未确定班级。

(4)" One-to-One Relationship"表示一对一关系，如图 6-23 所示。

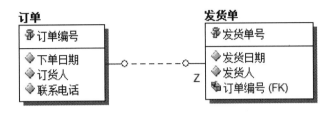

图 6-23　一对一关系

一对一关系可以看成是一个一对多关系的特例，图中订单实体的"订单编号"放入到发货单实体中，没有作为发货单的主键，它的值不能重复。订单编号与发货单号是一对一的关系，即订单与发货单是一对一的关系。转换为关系表后，需要在发货单的"订单编号"字段上建立一个唯一约束或唯一索引，以实现一对一的关系。

(5)" Non-Specific Relationship"表示多对多关系，如图 6-24 所示。

图 6-24　多对多关系

根据 E-R 图向关系模型的转换规则，一个多对多的关系将单独转换为一个表，因此，在图 6-24 中看不到两个实体的属性有任何变化。当将其转换为关系模型后，将自动产生一个新表。

由于在 ER-Studio 中无法编辑多对多关系的属性，所以通常不使用这个关系，可以额外添加一个实体，通过两个一对多标识关系来实现多对多的关系，如图 6-25 所示。

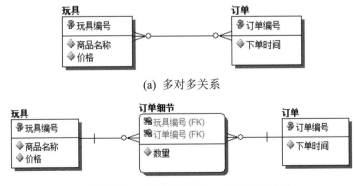

(a)　多对多关系

(b)　用两个一对多关系取代一个多对多关系

图 6-25　多对多关系的创建

至此，通过 ER-Studio 建立了数据库的逻辑模型。

【例 6-8】　根据图 6-26 所示的学生选课 E-R 图，在 ER-Studio 中创建数据库逻辑模型。

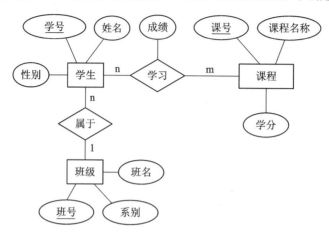

图 6-26　学生选课 E-R 图

在 ER-Studio 中创建的数据库逻辑模型如图 6-27 所示。

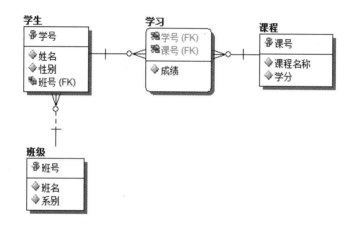

图 6-27　使用 ER-Studio 创建的学生选课数据库逻辑模型

图中学生与课程的多对多的关系使用一个中间实体来表示，这符合 E-R 模型向关系模型转换的规则，即一个多对多的关系单独转换为一个表。在图 6-27 中学生实体中有班号属性，这是对学生和班级之间关系的转换，因此，ER-Studio 创建的数据库逻辑模型更加接近关系模型。

【例 6-9】　有一个网上玩具销售系统，设计并规范一些表，来记录和完成以下功能：

(1) 现在有一家网上玩具商店，通过网络销售玩具，购物者通过注册个人信息后成为合法用户，才能购买玩具。用户注册时需提供国家、省份、城市等信息。

(2) 商店有来自不同厂商的各种类型的玩具。

(3) 购物者先将要购买的玩具加入自己的购物车中，再提交订单。

(4) 订单需填写接收者，系统支持从购物者的常用接收者列表中选取，也可以新增接收者，新增的接收者将自动保存至常用接收者列表中。添加接收者时，需明确指定接收者所在的国家、省份、城市等地址信息。

(5) 订单有多种投递方式，每种投递方式对于不同的国家都有不同的费用。

(6) 购买完成后，玩具经过包装后，通过各种不同的投递方式出货。

根据以上的功能说明要求，设计如图 6-28 所示的 E-R 图。

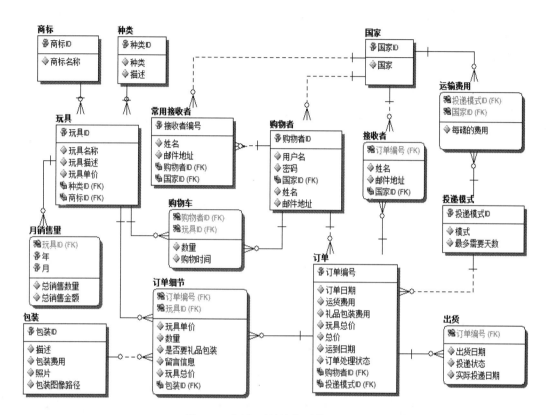

图 6-28　网上玩具销售系统 E-R 图

图中，商标与玩具相联系，是一对多的关系，可以知道某个玩具的商标。

购物者与常用接收者相联系。这样可以清楚某个购物者有哪些常用接收者，在提交订单时，可以让用户在常用接收者中选择一个作为订单的接收者。

购物者与国家相联系，这样可以知道购物者在哪个国家。

购物者与订单相联系，这样可以知道订单是哪一个购物者提交的。

购物者与玩具相联系，表示购物者将要购买哪些玩具，但这种购买关系没有正式生效，只有提交了订单才能正式生效，因此，这种关系表示的是购物车。

订单与接收者的关系是一对一的关系，意味着生成一个订单后就应该生成一个接收者，这是符合业务逻辑的。接收者的信息可以从常用接收者中提取，信息是复制过来的，如果常用接收者中的信息被修改，已经提交的订单的接收者信息不会被修改，这是符合要求的。

国家与接收者相联系，表示某个接收者是某个国家的，知道了接收者的国家，就可以计算运输费用。

国家与运输模式相联系，表示到某个国家用某种运输模式的运输费用。

6.7.2　使用 ER-Studio 生成数据库物理模型

通过上一节操作，玩具商店数据库逻辑模型设计完成后，在无误的情况下来生成物理模型。ER-Studio 中的物理模型指的是关系模型，即将逻辑模型转换为物理模型的过程，其实就是将 E-R 图转换为关系模型。在物理模型中，实体上显示的不是实体名称，而是表名；实体中显示的不是属性名，而是列名。

用 ER-Studio 生成数据库物理模型的步骤如下：

(1) 选择要建立物理模型的逻辑模型，单击鼠标右键，从弹出的快捷菜单中选择"Generate Physical Model"，如图 6-29 所示。

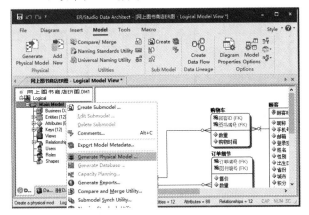

图 6-29　创建物理模型

(2) 在弹出的如图 6-30 所示的对话框中填写物理模型名，选择相应的数据库管理系统平台，然后单击"Next"按钮，按照向导建立物理模型。

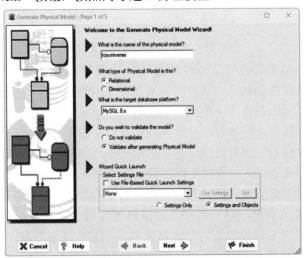

图 6-30　目标数据库管理系统平台选择对话框

(3) 物理模型生成后，将在模型视图区出现"Physical"树形区域。与逻辑模型大体较为相同，只是有些较为细微的变化，如在逻辑的"Entities"变为了"Tables"，"Attributes"变为"Columns"，"Keys"变为"Indexes"等。物理模型与逻辑模型的结构基本是相同的，逻辑模型中显示的是实体名和属性名，物理模型中显示的是表名和列名。

　　数据库物理模型是与数据库类型密切相关的，不同的数据库其 SQL 命令不完全相同，如 MySQL 和 SQL Server 创建存储过程的语法就不相同。因此，使用 ER-Studio 主要设计 E-R 图，而存储过程、视图等对象的建立一般通过 DBMS 提供的相关工具完成。

6.7.3　使用 ER-Studio 生成数据库

数据物理模型生成后，可通过 ER-Studio 在数据库中创建物理模型中的所有数据表。这是 ER-Studio 的一个非常重要的功能，极大地减少了用户创建表的工作量。

下面针对例 6-9 所述的网上玩具商店的物理模型生成数据库，具体步骤如下：

(1) 在 ER-Studio 中，右击物理模型"Main Model"，选择"Generate DataBase"，如图 6-31 所示。

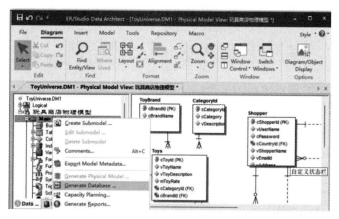

图 6-31　生成数据库菜单

(2) 在弹出的如图 6-32 所示的对话框中选择"Generate a Single,Ordered Script File"选项，将会生成一个 SQL 脚本文件，选择 SQL 脚本文件的存放路径，单击"Next"按钮，按向导完成 SQL 脚本文件生成。

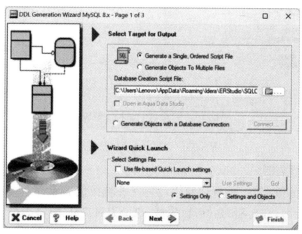

图 6-32　生成数据库对话框

SQL 脚本文件生成后，把文件里的代码复制到数据库中执行即可完成数据表的创建。

6.7.4 ER-Stuido 其他功能

1. 由数据库生成物理模型

这个功能是 ER-Stuido 的一个辅助功能，它可以通过导入数据库或使用数据库的脚本文件(如 ToyUniverse.sql)来生成数据库物理模型，从而便于数据库设计者进行查看和修改，提高其工作效率。总的来说，这和数据库生成的过程正好相反。具体步骤是：点击菜单栏"File"→选择"New"，从弹出的对话框中选择"Reverse-engineer an existing database"单选按钮，点击"Login"，按向导生成物理模型。

2. 子模型(Submodel)的创建

子模型是整体数据模型的一部分。对于大型数据业务模型而言，数据库的整体设计较为复杂，此时利用子模型来对整体数据模型进行分解，将复杂的数据模型转化为若干简单的小模型来设计，从而更好地解决大型数据库设计的难题，也使数据库设计者能够厘清模型设计思路，专注某一具体领域的设计等。因此，子模型创建是 ER-Studio 的一个重要功能。

要创建子模型，右键点击视图区"Main model"选项，选择"Create Submodel"，弹出如图 6-33 所示的对话框。在"Name"中输入子模型的名称，并在该模型中只添加与订单相关的实体。这些实体可以从已经存在的实体中添加，也可以新添加实体，添加完成后，点击"OK"即可成功创建子模型。

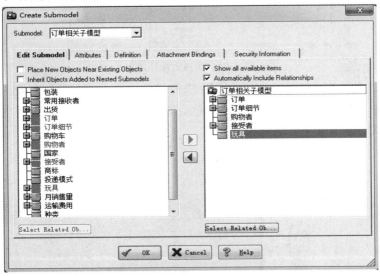

图 6-33 创建子模型对话框

3. 生成数据模型文档

此功能是 ER-Studio 的一项重要应用，它能够生成数据库模型报告，便于数据库设计者和企业其他人员查询。ER-Studio 可以生成 RTF 和 HTML 两种类型的报告文档。RTF 格式是一种在 Microsoft Word 环境下生成的文档类型。

要生成数据模型文档，可在"Main Model"上右键菜单中选择"Generate Report"(也可通过菜单"Tool"→"Generate Report"来生成),从弹出的对话框中选择报告文档类型、报告所存储的文件路径等重要信息,点击"Next"按钮,按向导完成文档生成。

ER-Studio 是数据库设计者强有力的助手,它强大的功能能够帮助设计者解决数据库设计过程中的很多难题,提高了工作效率,保证了数据库的质量。

本 章 小 结

本章重点介绍了数据应用系统的设计过程,以及如何使用数据库建模工具 ER-Studio 来构建逻辑模型。读者在学习本章内容时,应结合实例,自己动手设计数据库。

习 题 6

一、选择题

1. 从 E-R 模型关系向关系模型转换时,一个 M∶N 联系转换为关系模式时,该关系模式的关键字是(　　)。

　A. M 端实体的关键字　　　　　　　　B. N 端实体的关键字
　C. M 端实体关键字与 N 端实体关键字组合　　D. 重新选取其他属性

2. 将 E-R 模型转换为关系模型,属于数据库的(　　)。

　A. 需求分析　　　B. 概念设计　　　C. 逻辑设计　　　D. 物理设计

3. E-R 图是数据库设计的工具之一,它适用于建立数据库的(　　)。

　A. 概念模型　　　B. 逻辑模型　　　C. 结构模型　　　D. 物理模型

4. 已知实体 A 与实体 B 之间是多对多联系,为描述两个实体之间的关联关系,添加了联系 C 来关联实体 A 和 B,则 C 和 B 之间的联系是(　　)。

　A. 一对一　　　B. 一对多　　　　C. 多对多　　　　D. 多对一

5. 宾馆有多间客房,一个顾客可以预订多间客房,一间客房只能给一个顾客,则客房与顾客的关系是(　　)。

　A. 多对一　　　B. 一对一　　　　C. 多对多　　　　D. 一对多

6. 已知关系模式:学生考试(学号,课程号,考试时间,成绩)。若同一时间允许有多名学生参加同一门课程的考试,并且可以有多门课程同时考试,允许一个学生有多门课程的考试,并且允许在不同时间对同一门课程有多次考试,但不允许一个学生在同一时间有多门课程的考试,则此关系模式的主键是(　　)。

　A. (考试时间)　　　　　　　　　B. (学号,考试时间)
　C. (学号,课程号,考试时间)　　　D. (学号,课程号,考试时间,成绩)

7. 从 E-R 模型向关系模型转换时,一个 M:N 联系转换为关系模式,下列关于该关系模式主键的说法,最合适的是(　　)。

A. 是 M 端实体关键字

B. 是 N 端实体关键字

C. 是 M 端实体关键字与 N 实体关键字的组合

D. 至少包含 M 端实体关键字和 N 端实体关键字

8. 在 ER 模型中，如果有 3 个不同的实体型，3 个 M：N 联系，根据 ER 模型转换为关系模型的规则，转换为关系的数目是(　　)。

    A. 至少 4 个　　　　　　B. 至少 5 个　　　　　　C. 至少 6 个　　　　　　D. 至少 7 个

9. 一个仓库可以存放多种零件，每一种零件可以存放在不同的仓库中，仓库和零件之间为(　　)的联系。

    A. 一对一　　　　　　B. 一对多　　　　　　C. 多对多　　　　　　D. 多对一

10. 设有关系模式：图书借阅(读者号，书号，借书日期，还书日期)，其中书号代表唯一的一本书，若允许读者在不同时间借阅同一本书，则此关系模式的主键是(　　)。

    A. (读者号)　　　　　　　　　　　　B. (读者号，图书号)

    C. (读者号，图书号，借书日期)　　　　D. (读者号，图书号，借书日期，还书日期)

11. 在 E-R 图中，用长方形和椭圆分别表示(　　)。

    A. 联系、属性　　　　B. 属性、实体　　　　C. 实体、属性　　　　D. 属性、联系

12. 用于表示数据库实体之间关系的图是(　　)。

    A. 实体关系　　　　B. 数据模型图　　　　C. 实体分类图　　　　D. 以上都不是

13. 在 E-R 模型中，联系所关联的实体(　　)。

    A. 只能是两个　　　　　　　　　　B. 必须至少是两个

    C. 可以是一个　　　　　　　　　　D. 必须至少有三个

14. 设实体 A 与实体 B 是多对一联系，则一般应设计(　　)。

    A. 两张表，且外键在实体 B 中　　　　B. 两张表，且外键在实体 A 中

    C. 一张表，不需要外键　　　　　　　D. 三张表，外键在新的表中

二、问答题

1. 数据库应用系统设计的步骤有哪些？数据库设计可分为哪几个设计阶段？每一个阶段的主要任务是什么？

2. 将图 6-9 转换为关系模型。

3. 将图 6-10 转换为关系模型。

4. 将图 6-11 转换为关系模型。

三、设计题

已知一个酒店预订系统的需求如下：

(1) 酒店有若干间客房，每间客房有房号、楼层、位置说明、房内设施、客房类型等信息；不同的客房类型对应不同的价格，相同的客房类型价格相同。

(2) 酒店可以指定某些客房接受网上预订，并可设置一个预订期限；所有客房的预订期限保持一致。

(3) 网上预订客房的顾客分为两类，一类是会员用户，另一类是非会员用户。无论是哪类用户，均需通过手机号注册一个账号。注册流程是：用户填写手机号→系统给用户手

机发送验证码→用户填写收到的验证码→系统检验验证码是否正确→系统创建用户账号(手机号)→系统给用户发送注册成功的信息(含账号密码)。酒店管理人员可依据会员标准将符合会员条件的用户升级为会员。

(4) 会员分为若干个等级，各等级可享受不同的折扣；酒店管理人员可以调整每个会员的会员等级。

(5) 当顾客用户在网上预订客房时，每预订一次生成一个订单，一个订单中可以包含多个客房，且订单中每个客房的使用时间相同。如果顾客用户是会员，则享受其对应的会员等级的折扣价，否则为原价。

(6) 顾客可以在入住前 24 小时内取消订单或订单中的某个客房。同一个客房，在不同的时间段可以被多次预订，但一个房间在任意时间只能存在一个有效订单。

(7) 系统需记录未通过网上预订而直接入住的顾客，这些顾客占用的客房在其使用时间段内不能预订。

(8) 已下订单的顾客在入住时，应完成入住登记并修改订单的相关状态。

请完成以下设计：

(1) 根据以上的大致需求，对需求进行详细的分析，形成需求分析说明书；

(2) 确定客房预订系统中的实体及其属性；

(3) 用 ER-Studio 等工具绘制客房预订系统的 E-R 图；

(4) 将 E-R 图转换成关系表，并生成数据库。

07

第 7 章　数据库高级对象的使用

本章要点 ✐

- ◆ 了解视图的概念、创建及应用。
- ◆ 熟悉索引的概念、创建及应用。
- ◆ 熟悉事务和锁的概念。
- ◆ 掌握数据库编程基础知识。
- ◆ 掌握存储过程的概念、创建及应用。
- ◆ 了解函数的概念、创建及应用。
- ◆ 掌握触发器的概念、创建及应用。
- ◆ 熟悉游标的概念及应用。

7.1　视　图

在数据库设计的过程中，为了降低数据冗余，保持数据的一致性，通常采用规范化的设计方法，把实体的信息存储在不同表中。然而，在执行数据查询时，就会出现访问的这个表无法获得所需完整信息的情况。要实现此类查询，可以利用连接查询或者嵌套查询。但是如果经常要查询相同的内容，每次都要重复写相同的查询语句，这将会造成大量的浪费。为了解决这一问题，数据库提供了视图对象。

视图(View)是数据库的一种对象，是数据库系统为用户提供的多种角度观察数据的一种重要机制。本节将重点讨论视图的作用及其优点。

7.1.1　视图的概念

视图是一个虚拟的表，该表提供了对一个或多个表中一系列列的访问，并作为对象存储在数据库中。因此，视图是从一个或多个表中派生出数据的对象，这些表称为基表或基本表。

　　视图可用作安全机制，这确保了用户只能查询和修改其可见的数据。基本表中的其他数据既不可见，也不能修改。此外，也可以通过视图来简化复杂查询。

　　一旦定义了视图，它就可以像数据库中的其他表一样被引用。虽然视图类似于表，但其中的数据并未实际存储在数据库中，而是从基表中获取的值。

　　视图一经定义便存储在数据库中，但其相对应的数据并不会像基表一样在数据库中再存储一份。通过视图看到的数据实际是存放在基本表中的数据。对视图的操作与对表的操作类似，可以对其进行查询、修改(有一定的限制)、删除。视图也和数据表一样能成为另一个视图所引用的表。

　　当对视图看到的数据进行修改时，对应基本表中的数据也会相应发生变化；反之，若基本表中的数据发生变化，这种变化同样会自动地反映到视图中。

　　视图具有诸多优点，主要表现在以下几个方面。

1. 视点集中

　　视点集中即使用户只关注其感兴趣的某些特定数据或负责的特定任务。通过限制用户只能看到视图中定义的数据，而不是视图所引用基表中的全部数据，从而增强了数据的安全性。

2. 简化操作

　　视图极大简化了用户对数据的操作。因为在定义视图时，若视图本身就是一个复杂查询的结果集，那么在每次执行相同的查询时，用户无须重新编写这些复杂的查询语句，只需一条简单的查询视图语句即可。可见，视图向用户隐藏了表与表之间复杂的连接操作。

3. 定制数据

　　视图能够根据用户的需求，使用户以不同的方式看到不同或相同的数据集。因此，当多个不同水平的用户共用同一数据库时，这一点显得极为重要。

4. 合并分割数据

　　在有些情况下，由于表中数据量过大，故在设计表时常将表进行水平分割或垂直分割，但表的结构的变化会对应用程序产生不良的影响。如果使用视图，可以重新保持原有的结构关系，使外模式保持不变，从而使原有的应用程序仍可以通过视图来重载数据。

5. 提高了数据的安全性

　　视图可以作为一种安全机制。通过视图，用户只能查看和修改他们所能看到的数据，而其他数据库或表既不可见也无法访问，不必要的数据或敏感数据可以不出现在视图中。如果某用户想要访问视图的结果集，必须授予其相应的访问权限。视图所引用表的访问权限与视图权限的设置互不影响。

7.1.2　创建视图

　　可以通过 CREATE VIEW 语句来创建视图，其基本语法如下：

　　　　CREATE VIEW 视图名[(视图字段列表)]

　　　　AS　查询语句

　　　　[WITH CHECK OPTION];

　　其中，"WITH CHECK OPTION" 强制所有针对视图执行的数据修改语句必须符合在

"查询语句"中设置的条件。通过视图修改数据时，"WITH CHECK OPTION"可确保提交修改后，仍可通过视图查看数据。若视图字段列表被省略，将使用查询语句返回的字段名。查询语句返回的字段必须有字段名且唯一。

【例 7-1】 已知学生表的数据如图 7-1 所示。

sno	sname	sex	birthday	deptno
2023019001	张三	男	2006-06-04	1
2023019002	李四	男	2007-07-14	1
2023019003	李红	女	2006-08-01	1
2023020001	张晓林	男	2007-05-24	2
2023020002	刘雨	女	2007-03-17	2

图 7-1　学生表的数据

创建一个视图，视图中只包含 deptno 为 "1" 的数据，SQL 语句如下：

```
CREATE VIEW vw_dept1
AS
SELECT * FROM student WHERE deptno = '1'
```

通过 SELECT 语句查询视图中的数据，代码如下：

```
SELECT * FROM vw_dept1
```

查询结果如图 7-2 所示。

	sno	sname	sex	birthday	deptno
1	2023019001	张三	男	2006-06-04	1
2	2023019002	李四	男	2007-07-14	1
3	2023019003	李红	女	2006-08-01	1

图 7-2　视图中的数据

可以通过视图修改数据，代码如下：

```
UPDATE vw_dept1 SET birthday = '2007-8-12' WHERE sno = '2023019001'
```

由于视图并不保存数据，所以对视图数据的修改其实是对视图定义时 SELECT 语句涉及的表(称为基表)的数据的修改，可以用 "SELECT * FROM student" 语句查询基表数据，以确认数据是否已被修改。

由于可以通过视图修改数据，如果修改了 deptno 信息，通过此视图将无法看到被修改的这条数据，这条数据会出现在其他 deptno 的视图中。从数据访问安全性角度考虑，这是不允许的。因此，在创建视图时可以添加一个 "WITH CHECK OPTION" 选项，这样对视图修改时，必须满足视图创建时 SELECT 语句中的 WHERE 条件。例 7-1 中的代码可以修改如下：

```
CREATE VIEW vw_dept1
AS
SELECT * FROM student WHERE deptno = '1'   WITH CHECK OPTION
```

这样，当在 "vw_dept1" 视图中修改或插入数据时，deptno 必须等于 "1" 才能允许修改或插入。

【例 7-2】　显示购物者的名字、所订购的玩具的名字和订购数量。

代码如下：

```
CREATE VIEW vwOrders
AS
SELECT Shopper.vShopperName, vToyName, siQty FROM Shopper
        JOIN Orders ON Shopper.cShopperId = Orders.cShopperId
        JOIN OrderDetail ON Orders.cOrderNo = OrderDetail.cOrderNo
        JOIN Toys ON OrderDetail.cToyId = Toys.cToyId
```

【例 7-3】　显示购物者的名字、所订购的玩具的名字和订购数量，以中文显示字段名。

代码如下：

```
CREATE VIEW v_wOrders(购物者名字, 玩具名字, 订购数量)
WITH ENCRYPTION
AS
SELECT Shopper.vShopperName, vToyName, siQty FROM Shopper
        JOIN Orders ON Shopper.cShopperId = Orders.cShopperId
        JOIN OrderDetail ON Orders.cOrderNo = OrderDetail.cOrderNo
        JOIN Toys ON OrderDetail.cToyId = Toys.cToyId
```

7.1.3　管理视图

1. 查看和修改视图

在 SQL Server 中，可以通过 SQL Server Management Studio 查看和修改视图，主要步骤如下：

(1) 启动可视化管理工具，并连接到数据库服务器。

(2) 打开要修改视图的数据库，在"视图"节点(views)下选中要修改的视图。

(3) 右击该视图图标，在弹出菜单中选择"设计"（"design view"）选项，此时弹出的窗口中将显示创建视图的代码，即可进行修改。

在 MySQL 中，可以使用 MySQL Workbench 或 Navicat Premium 等工具查看和修改视图，也可以通过"SHOW CREATE VIEW 视图名"命令查看视图的定义，然后使用"ALTER VIEW"指令进行修改，其格式与创建视图的格式相同。

2. 删除视图

删除视图可以通过可视化管理工具实现，也可以通过 DROP 命令实现，其语法如下：

```
DROP VIEW 视图名称
```

7.1.4　通过视图管理数据

视图不维护单独的数据拷贝，数据仍存在于基表中。因此，可以通过修改视图中的数据来间接修改基表中的数据。视图与表具有相似的结构，当向视图中插入或更新数据时，实际上是对视图所引用的基表执行数据的插入和更新。但是与直接操作表相比，通过视图插入或更新数据存在一些限制。下面将通过具体的例子来讲述通过视图进行数据插入、更新以及其使用的限制。

【例 7-4】 创建一个视图，然后通过视图把玩具价格大于 30 美元的玩具的价格打 9 折。

SQL 语句代码如下：

```
CREATE VIEW vwToys
AS
SELECT cToyId, vToyName, cCategoryId, mToyRate, cBrandId, siToyQoh, siLowerAge
FROM dbo.Toys;

SELECT * FROM vwToys;            /*查询 1*/
SELECT * FROM Toys;             /*查询 2*/
UPDATE vwToys SET mToyRate = mToyRate*0.9;
SELECT * FROM vwToys;            /*查询 3*/
SELECT * FROM Toys ;            /*查询 4*/
```

比较这几次查询的结果，查询 1 和查询 2 的结果是相同的，查询 3 和查询 4 的结果也相同，因为对视图数据的修改，实际上是对基本表数据的修改。

- 如果修改操作将影响多个基本表，则不能在视图中一次性修改数据，反之可以。
- 不能修改那些内容为计算结果的列，如一个经过计算的列或一个集合函数。
- 当视图引用多个表时，无法使用 DELETE 命令删除数据。
- 需要确认那些不包括在视图列中但属于其表的列，是否允许 NULL 值或有默认值的情况。

【例 7-5】 进行 vwOrderWrapper 视图定义。

代码如下：

```
CREATE VIEW vwOrderWrapper
AS
SELECT cOrderNo, cToyId, siQty, vDescription, mWrapperRate
    FROM OrderDetail JOIN Wrapper
    ON OrderDetail.cWrapperId = Wrapper.cWrapperId
```

要通过视图更新"siQty"和"mWrapperRate"时，若使用如下代码：

```
UPDATE vwOrderWrapper    SET siQty = 2, mWrapperRate = mWrapperRate + 1
WHERE cOrderNo = '000001'
```

则命令系统会出错，因为"siQty"和"mWrapperRate"分别属于"OrderDetail"和"Wrapper"表，不能同时修改多个基本表。必须修改为：

```
Update vwOrderWrapper SET siQty = 2    WHERE cOrderNo = '000001'

Update vwOrderWrapper SET mWrapperRate = mWrapperRate+1 WHERE cOrderNo = '000001'
```

7.2　索　引

用户对数据库最频繁的操作是进行数据查询。一般情况下，数据库在进行查询操作时需要对整个表进行数据搜索。当表中的数据量很大时，搜索数据就需要很长的时间，这就造成了服务器的资源浪费。为了提高检索数据的能力，数据库引入了索引机制。本节将介绍索引的概念及其创建与管理。

7.2.1　表索引的相关概念

1. 定义

索引是一个单独的、物理的数据库结构，是数据库的一个对象，它是某个表中一列或若干列的集合，以及相应的指向表中物理标识这些值的数据页的逻辑指针清单。索引是依赖于表建立的，它提供了数据库内部编排表中数据的方法。一个表的存储由两部分组成，一部分用来存放表的数据页面，另一部分用于存放索引页面。索引就存放在索引页面上，通常索引页面相对于数据页面而言小得多。当进行数据检索时，系统首先搜索索引页面，从中找到所需数据的指针，然后直接通过指针从数据页面中读取数据。从某种程度上，可以把数据库看作一本书，把索引看作书的目录。通过目录查找书中的信息，显然比没有目录的书方便、快捷。所以，为了提高数据检索的速度，可以使用索引。此外，索引还可以用于实现行的唯一性。

索引与关键字及约束有密切的联系。关键字可以分为逻辑关键字和物理关键字两类，用来定义索引的列，即索引。

2. 索引的结构

SQL Server 中的索引是以"B+ 树"结构来维护的，而 MySQL 中的索引则分为"B+ 树"和 HASH 两种，具体取决于表的存储引擎。例如，MyISAM 和 InnoDB 存储引擎仅支持"B+ 树"，MEMORY 存储引擎同时支持"B+ 树"和 HASH 索引。B+树结构如图 7-3 所示，"B+ 树"是一个多层次、自维护的结构。一个"B+ 树"包括一个顶层，称为根节点(Root Node)，0 到多个中间层(Intermediate)，以及一个底层(Lcvcl 0)，底层中包括若干叶子节点(Leaf Node)。

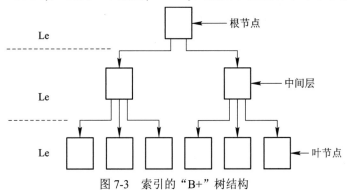

图 7-3　索引的"B+"树结构

在图 7-3 中，每个方框代表一个索引页，索引列的宽度越大，"B+ 树"的深度越深，即层次越多，读取记录所要访问的索引页也就越多。也就是说，数据查询的性能将随索引列层次数目的增加而降低。按照"B+ 树"结构在数据库中存储结构的不同，将索引分为聚集索引(Clustered Index)和非聚集索引(Nonclustered Index)两类。

1) 聚集索引

聚集索引对表的物理数据页中的数据按列进行排序，然后再重新存储到磁盘上，即聚集索引与数据是混为一体的，它的叶节点中存储的是实际的数据。由于聚集索引对表中的数据一一进行了排序，因此使用聚集索引查找数据非常迅速。但由于聚集索引对表的所有数据进行了重新排列，它所需要的空间也就特别大，通常约为表中数据所占空间的 120%。由于表中的数据行只能以一种排序方式存储在磁盘上，所以一个表只能有一个聚集索引。

2) 非聚集索引

非聚集索引具有与表中的数据完全分离的结构，使用非聚集索引无须将物理数据页中的数据按列进行排序。非聚集索引的叶节点中存储了组成非聚集索引的关键字的值和行定位器。行定位器的结构和存储内容取决于数据的存储方式。如果数据是以聚集索引方式存储的，则行定位器中存储的是聚集索引的索引键；如果数据不是以聚集索引方式存储的，这种方式又称为堆存储方式(Heap Structure)，则行定位器存储的是指向数据行的指针。非聚集索引将行定位器按关键字的值用一定的方式进行排序，这个顺序与表的行在数据页中的排序是不匹配的。由于非聚集索引使用索引页进行存储，因此它比聚集索引需要更多的存储空间，且检索效率较低。但一个表只能建立一个聚集索引，当用户需要建立多个索引时，就需要使用非聚集索引。从理论上讲，一个表最多可以创建 249 个非聚集索引。

3. 索引的工作原理

1) 聚集索引的工作过程

聚集索引把数据在物理上进行排序。每张表中只能创建一个聚集索引，所以应将其创建在唯一值百分比最高、且不常被修改的属性上。

在聚集索引中，数据存储在"B+ 树"的叶节点层。当数据库使用聚集索引搜索某个值时，应遵循以下步骤：

(1) 读取根页的地址。

(2) 将搜索值和根页中的关键字值进行比较。

(3) 找到包含小于或等于搜索值的最大关键字值的那一页。

(4) 页指针指向索引的下一层。

(5) 重复步骤(3)、(4)，直到到达数据页。

(6) 在数据页上搜索数据行，直到找到搜索值为止。如果没有在数据页上找到搜索值，则查询不返回任何行。

例如，图 7-4 是 Toys 表的行按属性 cToyID 排序并存放在表中的示意图。现在，在图中搜索 cToyID 为"E006"的行，具体步骤如下：

(1) 从根页——603 页开始搜索。

(2) 在该页中搜索小于或等于搜索值的最大关键字，找到 E005，E005 的页指针是页 602。

(3) 搜索从页 602 开始继续。

(4) 找到了 cToyID E005，搜索继续至页 203。

(5) 搜索页 203，找到所需行。

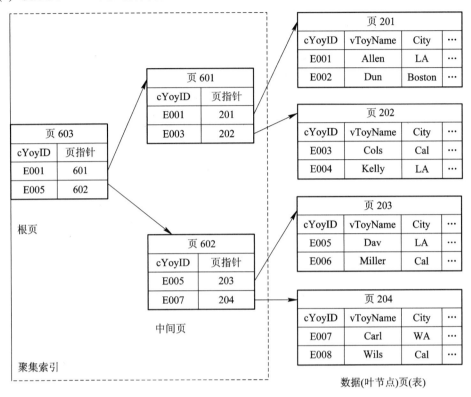

图 7-4　聚集索引的工作原理

2) 非聚集索引的工作过程

非聚集索引行的物理顺序和聚集索引顺序不同，它通常创建在用于连接、WHERE 子句和其值不频繁修改的列上。数据按随机顺序存放，但其逻辑顺序在索引中指定。数据行可能随机分布在整个表中。非聚集索引树包含经过排序的索引关键字，索引的叶节点层包含指向数据页和数据页中行号的指针。

当使用非聚集索引搜索值时，应遵循以下步骤：

(1) 获取根页的地址。

(2) 将搜索值和根页中的关键字值进行比较。

(3) 找到小于或等于搜索值的最大关键字值所在的页。

(4) 页指针指向索引的下一层。

(5) 重复步骤(3)、(4)，直到到达数据页。

(6) 搜索叶节点页上的行以寻找指定值。若未找到匹配的值，则说明表中不包含搜索的值；若找到了匹配的值，则根据数据页指针及行号(Eid)读取数据块并定位到行，从而检索到所需的行。

例如，图 7-5 中，表 Toy 的行按属性 cToyID 排序并存放在索引文件中，表中的数据并没有排序。

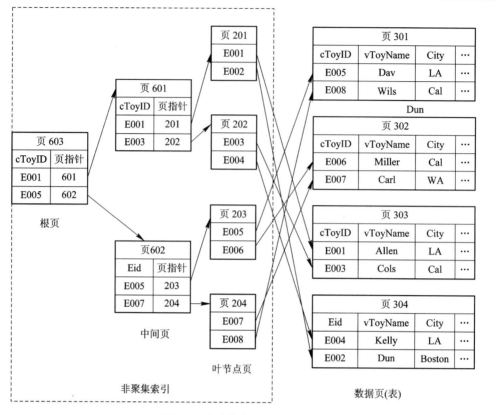

图 7-5 非聚集索引的工作原理

在图中搜索 cToyID 为"E006"的行，具体步骤如下：

(1) 从根页——页 603 开始搜索。

(2) 在该页中搜索小于等于搜索值的最大关键字，找到 E005，E005 的页指针是页 602。

(3) 搜索从页 602 开始继续。

(4) 找到了小于等于 E006 的最大值 E005，E005 的页指针是页 203，搜索继续至页 203。

(5) 搜索页 203 以寻找指向特定行的指针。页 203 也是索引的最后一页，或者说叶节点页。找到 E006，E006 的页指针是页 302(图中未标出)。

(6) 然后，搜索转到表的页 302 以寻找特定行。

4．索引与系统的性能

索引可以加快数据检索的速度，但它会使数据的插入、删除和更新变慢。尤其是聚集索引，由于数据按照逻辑顺序存放在特定的物理位置，当数据发生变更时，根据新的数据顺序，需要将许多数据进行物理位置的移动，这将增加系统的负担。对非聚集索引而言，数据更新时也需要更新索引页，这也需要占用系统时间。因此，在一个表中使用太多的索引时，会影响数据库的性能。对于一个经常变动的表，应该尽量只使用一个聚集索引和不超过 3～4 个非聚集索引。对事务处理特别繁重的表，其索引应尽量不超过 3 个。

综上所述，使用索引的优点如下：

(1) 提高查询执行的速度。

(2) 强制实施数据的唯一性。

(3) 提高表之间连接的速度。

使用索引的缺点如下：

(1) 存储索引要占用磁盘空间。

(2) 数据修改需要更长的时间，因为索引也要更新。

(3) 创建索引需要时间。

索引的特性如下：

(1) 索引加快了表连接查询的速度以及完成排序、分组的速度。

(2) 索引可以用于实施行的唯一性。

(3) 索引适用于大部分数据都是唯一的列。在包含大量重复值的列上建立索引是无用的。

(4) 当修改一个索引列的数据时，相关索引将自动更新。

(5) 维护索引需要时间和资源，不应该创建一个利用率低的索引。

(6) 聚集索引应当创建于非聚集索引创建之前。因为聚集索引改变行的次序，如果非聚集索引创建于聚集索引之前，则它将被重新构建。

(7) 通常，非聚集索引创建在外关键字之上。

7.2.2　索引分类

可以从多种角度对索引进行分类。

1. 根据索引特征进行分类

根据索引特征，索引可分为普通索引、唯一索引、主键索引、全文索引和空间索引。

(1) 普通索引：最基本的索引，允许在定义索引的列中插入重复值和空值。

(2) 唯一索引：要求索引列的值必须唯一，允许有空值。

(3) 主键索引：要求索引列的值必须唯一，不能有空值。在建立主键时会自动建立此索引。

(4) 全文索引：在较长字符串类型字段中查找数据时，使用此索引可提高查找效率。

(5) 空间索引：对空间类型的字段建立的索引。

2. 根据索引涉及的列数进行分类

根据索引涉及的列数，索引可分为单列索引和复合索引。

(1) 单列索引：索引字段只有一个列的索引。

(2) 复合索引：索引字段包括多个列的索引，只有在查询条件中使用了这些字段的左边字段时，索引才会被使用。

3. 根据索引存储方式进行分类

根据索引存储方式，索引可分为 BTree 索引和 HASH 索引。

(1) BTree 索引：使用了 B+树结构的索引。

(2) HASH 索引：使用了 HASH 结构的索引。

4. 根据索引与数据物理存储关系进行分类

根据索引与数据物理存储关系，索引可分为聚集索引和非聚集索引。

(1) 聚集索引：数据行的存储顺序按索引字段数据项排序。通常定义主键会自动建立一个聚集索引。一个表只能建立一个聚集索引。

(2) 非聚集索引：不会影响数据行的存储顺序的索引。

7.2.3 管理索引

1. 使用 SQL 语句创建索引

CREATE INDEX 可以创建唯一索引和普通索引，基本语法如下：

    CREATE [UNIQUE] INDEX 索引名称
    ON 表名称(字段名称[ASC | DESC][,...]);

其中，

- UNIQUE：为可选参数，创建一个唯一索引，未指明则创建普通索引。
- ON 关键字指明索引针对的表。
- ASC 和 DESC 表明索引的排序方式。

当字段名称只有一项时，将建立单列索引。当字段名称有多项时，将建立复合索引。

【例 7-6】 在学生表 student 的 sname 字段上创建一个普通索引。

代码如下：

    CREATE INDEX idx_student
    ON student (sname)

【例 7-7】 在购物者表 shopper 的 cPhone 字段上创建一个唯一索引。

代码如下：

    CREATE UNIQUE INDEX idx_shopper_phone
    ON shopper (cPhone)

【例 7-8】 在订单细节表 OrderDetail 的 cOrderNo 和 cToyID 字段上创建一个复合索引。

代码如下：

    CREATE INDEX idx_OrderDetail
    ON OrderDetail (cOrderNo, cToyID)

2. 删除索引

DROP INDEX 命令可以删除当前数据库中的索引。其语法如下：

    DROP INDEX indexname ON tablename.

【例 7-9】 删除表 OrderDetail 中的索引 idx_OrderDetail。

代码如下：

    DROP INDEX idx_OrderDetail ON OrderDetail

7.3 事 务

事务(Transaction)是完成一个应用处理的最小单元，它由一个或多个对数据库操作的语句组成。事务是一个完整的执行单元，如果成功执行，则事务中的数据更新会全部提交；如果事务中有一个语句执行失败，则取消全部操作，并将数据库恢复到事务执行前的状态。

7.3.1　事务的概念

使用 INSERT、DELETE 或 UPDATE 命令对数据库进行操作时一次只能操作一个表，这会带来数据库中数据不一致的问题。例如，从 A 账号中向 B 账号转账 100 元，这种修改只能通过两条 UPDATE 语句。

第一条 UPDATE 语句将 A 账号的余额减少 100 元：

UPDATE 账户 set 余额 = 余额 − 100 where 账号 = 'A'

第二条 UPDATE 语句将 B 账号的余额增加 100 元：

UPDATE 账户 set 余额 = 余额 + 100 where 账号 = 'B'

在执行第一条 UPDATE 语句后，如果计算机突然出现故障，无法再继续执行第二条 UPDATE 语句，则会出现严重问题。因此，必须保证这两条 UPDATE 语句同时执行。为解决类似的数据一致性的问题，数据库系统通常会引入事务的概念。

事务是一种机制，是一个操作序列，它包含了一组数据库操作命令，所有的命令作为一个整体一起向系统提交或撤销操作请求，即要么都执行，要么都不执行。因此，事务是一个不可分割的工作逻辑单元，类似于操作系统中的原语。在数据库系统上执行并发操作时，事务是作为最小的控制单元来使用的。

事务具有四个属性，叫 ACID(原子性、一致性、独立性和持久性)。

(1) 原子性(Atomicity)：事务必须是原子工作单元，要么完成所有数据的修改，要么对这些数据不做任何修改。

(2) 一致性(Consistency)：在成功完成一个事务后，所有的数据都处于一致状态。必须将关系数据库的所有规则应用于事务中的修改，以维护完全的数据完整性。

(3) 独立性(Isolation)：事务中所进行的任何数据修改都必须独立于同时发生的其他事务对数据的修改。换句话说，该事务访问的数据所处的状态要么是在同时发生的事务修改之前的，要么是在第二个事务完成之后的，没有间隙让该过程看到一个中间状态。

(4) 持久性(Durability)：完整的事务对数据的任何修改都能够在系统中永久保持其效果。因此，完整的事务对数据的任何修改即便是遇到系统失败也能保留下来，这一属性通过事务日志的备份和恢复来确保。

数据库系统的事务一般包括显式事务和隐式事物两种。

1. 显式事务

显式事务是指事务的开始和结束都明确定义的事务。

在 SQL Server 中，显式事务用 BEGIN TRANSACTION 和 COMMIT TRANSACTION 语句来指定。这两个命令之间的所有语句被视为一体，只有执行到 COMMIT TRANSACTION 命令时，事务中对数据库的更新操作才算确认。其语法如下：

BEGIN TRAN[SACTION] [transaction_name | @tran_name_variable]

COMMIT [TRAN[SACTION] [transaction_name | @tran_name_variable]]

其中，BEGIN TRANSACTION 可以缩写为 BEGIN TRAN，COMMIT TRANSACTION 可以缩写为 COMMIT TRAN 或 COMMIT。

各参数定义如下：

- transaction_name：指定事务的名称，只有前 32 个字符会被系统识别。在一些列嵌套的事务中，系统仅记录最外层事务名。
- @tran_name_variable：用户定义的、含有有效事务名称的变量的名称，变量只能声明为 CHAR、VARCHAR、NCHAR 或 NVARCHAR 类型。

在 MySQL 中，显式事务用 START TRANSACTION 和 COMMIT 语句来指定。其语法如下：

```
START TRANSACTION

COMMIT
```

【例 7-10】 使用事务从 A 账号中转 100 元到 B 账号中。

SQL Server 中使用代码如下：

```
BEGIN TRAN
UPDATE 账户 SET 余额 = 余额 – 100 WHERE 账号 = 'A'
UPDATE 账户 SET 余额 = 余额 + 100 WHERE 账号 = 'B'
COMMIT
```

MySQL 中使用代码如下：

```
START TRANSACTION;
UPDATE 账户 SET 余额 = 余额 - 100 WHERE 账号 = 'A';
UPDATE 账户 SET 余额 = 余额 + 100 WHERE 账号 = 'B';
COMMIT;
```

2. 隐式事务

当以隐式事务模式进行操作时，数据库将在提交或回滚当前事务后自动启动新事务。因此，在隐式事务模式下，不需要标示事务的开始，只需要用户使用 COMMIT 或 ROLLBACK 语句提交或回滚事务。

在 SQL Server 中，可使用 SET IMPLICIT_TRANSACTIONS 语句把隐式事务模式打开。在 MySQL 中，可以使用 SET 语句将 AUTOCOMMIT 设置为 1，把隐式事务模式打开。例如：

```
SET IMPLICIT_TRANSACTIONS ON --SQL Server 中开启隐式事务
SET AUTOCOMMIT=1 --MySQL 中开启隐式事务
```

7.3.2 事务的回滚

事务回滚(Transaction Rollback)是指当显式或隐式事务中的某一语句执行失败时，将对数据库的操作恢复到事务执行前或某个指定位置。

事务回滚使用 ROLLBACK 命令。

【例 7-11】 在提交订单时需要同时提交订单细节，不允许出现有订单而没有订单细节的情况。因此，使用事务在订单表和订单细节表中插入数据。

SQL Server 代码如下：

```
BEGIN TRAN
BEGIN TRY
```

```
        INSERT INTO Orders(cOrderno, dOrderDate, cShopperId)
        VALUES('300002', GETDATE(), '000001')
        INSERT INTO OrderDetail(cOrderNo, cToyId, siQty)
        VALUES('300002', '000001', 6)
        COMMIT
    END TRY
    BEGIN CATCH
        ROLLBACK
    END CATCH
```

在本例中，由于订单表 Orders 和订单细节表 OrderDetail 之间存在外键约束关系，因此需要先在 Orders 表中插入数据，然后才能在 OrderDetail 表中插入数据。当两条 INSERT 命令执行完成后，通过 COMMIT 命令提交事务，出现异常时可通过 ROLLBACK 命令回滚事务，取消本事务中对数据库的所有操作。所以，存在外键约束关系的数据表如果要同时插入数据，应该使用事务。

7.4　锁

7.4.1　锁的概念

锁(Lock)是一种在多用户环境下对资源访问进行限制的机制。数据库管理系统利用锁来确保事务的完整性和数据库的一致性。锁的功能是防止用户访问正在被其他用户修改的信息。在多用户环境下，锁能够防止多个用户在同一时刻修改相同的数据。离开了锁，数据库中的信息或数据将发生逻辑错误，导致无法预知的查询结果。锁是自动实现的，通过理解和掌握锁的使用，开发者可在应用程序中定制锁，从而设计出更高效的应用程序。

对于一个真正的事务处理数据库而言，DBMS 解决了两项不同处理之间的潜在冲突，这两项处理试图在同一时刻修改同一条信息。锁的作用在于确保一个资源的当前用户在执行操作期间所看到的资源保持一致。换句话说，在工作过程中处理的内容必须是开始工作时处理的内容；当工作处于中间状态时，没有人可以修改工作内容，导致事务的中断。如果没有锁，在处理过程中就可能查看到不一致的内容。因此，事务和锁确保了数据修改的完整性。

离开了锁，当同一时刻在数据库中使用同样的数据时，可能发生以下几类问题。

1. 丢失更新

当两个或多个事务试图根据原先选定的值修改同一行时，将会发生丢失更新问题。在这种情况下，每个事务都没有意识到其他事务的存在。事务队列中的最后一个更新将覆盖之前事务所作的更新。因此，先前的更改数据就丢失了。

例如，有两个转账事务，事务 T1 将账户 A 中的余额减少 100 元，将账户 B 中的余额增加 100 元；事务 T2 将账户 B 中的余额减少 50 元，将账户 A 中的余额增加 50 元。

图 7-6 给出了事务 T1 和事务 T2 的执行过程，这两个事务轮流使用 CPU。A 账户的初始余额为 260 元，B 账户的初始余额为 1000 元。R(A = 260)表示读取 A 账户的余额为 260，W(A = 160)表示将 A 账户的余额写为 160。若单独看每个事务的处理流程，T1 执行的顺序为读 A、写 A、读 B、写 B；T2 执行的顺序为读 B、写 B、读 A、写 A，每个事务的处理流程看似没有任何问题，但是，正确的结果应该是 A 账户的余额为 210 元，B 账户的余额为 1050 元。而这里最终的结果是 B 账户的余额为 1100，这是因为事务 T1 在执行 R(B = 1000)后，事务 T2 执行了 W(B = 950)操作，但事务 T1 并不知道 B 账户的余额已经被修改，仍然执行 W(B = 1100)，这使得 T2 的 W(B = 950)操作无效，这种情况称为丢失更新。

A = 260　　B = 1000	
事务 T1	事务 T2
R(A = 260)	
W(A = 160)	
	R(B = 1000)
R(B = 1000)	
	W(B = 950)
	R(A = 160)
	W(A = 210)
W(B = 1100)	
A = 210　　B = 1100	

图 7-6　丢失更新

2. 读脏数据

读脏数据也称为脏读，是指一个事务读取了另一个事务未提交的数据。图 7-7 展现了事务 T2 读脏数据过程。事务 T2 先将 B 账户的余额写为 950，事务 T1 读 B 账户的余额为 950，接着，事务 T2 执行 ROLLBACK 命令取消了 W(B = 950)操作，但事务 T1 仍然执行 W(B = 1050)，在无效数据(B = 950)上进行了操作，因此，B = 950 是一个脏数据。

A = 260　　B = 1000	
事务 T1	事务 T2
	R(B = 1000)
	W(B = 950)
R(A = 260)	
W(A = 160)	
R(B = 950)	
	ROLLBACK
W(B = 1050)	
A = 160　　B = 1050	

图 7-7　读脏数据

3. 不可重复读

不可重复读是指一个事务对同一数据的读取结果前后不一致，这是由于在两次查询期间该数据被另一个事务修改并提交所致。图 7-8 展现了不可重复读过程，事务 T1 连续两次执行读 B 账户操作，第一次的读取结果是 1000，第二次的读取结果是 950。这是因为两次读的中间，事务 T2 修改了 B 账户的余额。由于对同一个事务每次读的数据可能不同，这可能会引起混乱。

A = 260　　B = 1000	
事务 T1	事务 T2
R(A = 260)	
W(A = 160)	
	R(B = 1000)
R(B = 1000)	
	W(B = 950)
R(B = 950)	
ROLLBACK	
	R(A = 260)
	W(A = 310)
A = 310　　B = 950	
A = 160　　B = 1050	

图 7-8　不可重复读

4. 幻象读

幻象读指读到的数据是不真实的，有一种"幻象"的感觉。出现这种现象的原因在于在两次查询间隔中，有其他事务对相同的表作了插入或删除操作。图 7-9 展现了幻象读的过程，事务 T1 在 t0 时刻执行了查询语句，事务 T2 在 t1 时刻插入并提交了一条数据，事务 T1 在 t3 时刻也插入了一条相同的数据，但插入失败，t4 时刻再次执行查询操作，结果显示多了一行数据。这种数据忽多忽少的现象，称为幻象读。

时间	事务 T1	事务 T2
t0	SELECT	
t1		INSERT
t2		COMMIT
t3	INSERT(失败)	
t4	SELECT	

图 7-9　幻象读

7.4.2　锁的粒度

数据库管理系统通过使用锁的方式来解决并行事务之间的冲突。封锁的数据库对象的大小称为封锁粒度。锁定的数据量越少，发生锁争用的可能就越小，系统的并发程度就越高。

SQL Server、MySQL 等数据库一般都提供了表级锁和行级锁。

(1) 表级锁：锁住整张表，其他事务不能操作这张表中的数据。这种方式加锁快，但是并发程度低。

(2) 行级锁：锁住正在使用的行(记录)，其他事务不能对这一行数据进行操作。这种方式加锁慢，但是并发程度高。

在实际应用时，需要综合考虑锁开销和并发程度，对系统的开销与并发度进行权衡，选择合适的封锁粒度。

7.4.3　锁的类型

封锁一般分为排它锁和共享锁两种。

(1) 共享锁。共享锁简称 S 锁，又称为读锁。共享锁允许并行事务读取同一项资源。如果对某对象加了共享锁，则其他事务可以读取该对象，但不能对该对象进行修改。

(2) 排它锁。排它锁简称 X 锁，又称为写锁，专门用于限制并行事务对资源的访问，其他事务不能读或修改带有排它锁的数据。如果一个事务对某对象加了排它锁，则其他事务在该对象上不能加任何锁，直到锁释放。

共享锁和排它锁的相容矩阵如表 7-1 所示。

表 7-1　共享锁与排它锁相容矩阵列

事务 B	事务 A		
	共享锁 S	排它锁 X	未知锁
共享锁 S	√	×	√
排它锁 X	×	×	√
未知锁	√	√	√

在 MySQL 中，封锁和解锁数据表的语法格式如下：

```
LOCK TABLES tbl_name {READ | WRITE}, [tbl_name {READ | WRITE}, …]
UNLOCK TABLES
```

【例 7-12】　事务 T1 获得对数据表 Orders 的排它锁权限，事务 T2 尝试读取数据表中的数据。

代码如下：

```
T1:
SELECT * FROM Orders;
-- 为数据表 Orders 加上排它锁，转向事务 T2
```

```
LOCK TABLES Orders WRITE;
```

T2:

```
--事务 T2 读取数据受阻
SELECT * FROM Orders;
```

在 SQL Server 中，可以在 SQL 命令后加封锁选项，代码如下：

```
SELECT * FROM Orders WITH(TABLOCKX )
```

数据库管理系统可以自动根据 SQL 指令加上行级锁，表 7-2 是 MySQL 的行级锁加锁类型。

表 7-2　MySQL 的行级锁加锁类型

SQL 语句	行级锁类型
INSERT	排它锁 X
UPDATE	排它锁 X
DELETE	排它锁 X
SELECT	不加锁
SELECT ... LOCK IN SHARE MODE	共享 S
SELECT ... FOR UPDATE	排它锁 X

在 MySQL 中，普通 SELECT 语句不加任何锁，SELECT 语句后用 LOCK IN SHARE MODE 才可加共享锁。而在 SQL Server 中，普通 SELECT 就可加上共享锁。

【例 7-13】 事务 T1 获得对订单编号为"202305200001"的订单加排它锁权限，事务 T2 尝试对同样的数据加共享锁。

代码如下：

T1:

```
START TRANSACTION;
SELECT * FROM Orders    WHERE cOrderNo='202305200001' FOR UPDATE;
```

T2:

```
START TRANSACTION;
SELECT * FROM Orders    WHERE cOrderNo='202305200001' LOCK IN SHARE MODE ;
```

事务 T2 读取数据会受阻。

在 SQL Server 中，如果不希望 SELECT 加锁，可在语句后面加 WITH NOLOCK，如：SELECT * FROM Orders WITH(NOLOCK)。

7.4.4　隔离级别

隔离级别(Isolation Level)是指一个事务和其他事务的隔离程度，即指定了数据库如何保护(锁定)那些当前正在被其他用户或服务器请求使用的数据。指定事务的隔离级别与在 SELECT 语句中使用锁定选项来控制锁定方式具有相同的效果。

SQL 标准定义了以下四种隔离级别：

(1) READ COMMITTED：在此隔离级别下，SELECT 命令不会返回尚未提交

(Committed) 的数据，也不能返回脏数据，它是数据库默认的隔离级别。

(2) READ UNCOMMITTED：与 READ COMMITTED 隔离级别相反，它允许读取已经被其他用户修改但尚未提交的数据。

(3) REPEATABLE READ：在此隔离级别下，用 SELECT 命令读取的数据在整个命令执行过程中不会被更改。此选项会影响系统的效能，非必要情况最好不用此隔离级别。

(4) SERIALIZABLE：与 DELETE 语句中 SERIALIZABLE 选项含义相同。

隔离级别需要使用 SET 命令来设定，其语法如下：

SET TRANSACTION ISOLATION LEVEL{READ COMMITTED | READ UNCOMMITTED | REPEATABLE READ | SERIALIZABLE }

【例 7-14】 设置事务 T1 的隔离级别为读取未提交的数据(READ UNCOMMITTED)。事务 T2 将 A 账号的余额减少 100 元，不提交事务；事务 T1 读取 A 账号的余额。

代码如下：

T1:

SET SESSION TRANSACTION ISOLATION LEVEL READ UNCOMMITTED; -- 设置隔离级别

START TRANSACTION; -- 开启事务,SQL Server 中用 BEGIN TRANSACTION

T2:

START TRANSACTION; -- 开启事务,SQL Server 中用 BEGIN TRANSACTION

UPDATE 账户 SET 余额 = 余额-100 WHERE 账号 = 'A';

T1:

SELECT * FROM 账户 WHERE 账号 = 'A'; --读取了 T2 未提交的数据

T2:

ROLLBACK; --回滚数据，使 T1 读的数据成为了脏数据。

T1:

SELECT * FROM 账户 WHERE 账号 = 'A';

上述两个事务的执行需要打开两个不同的窗口，一个窗口启动一个事务。如图 7-10 所示。

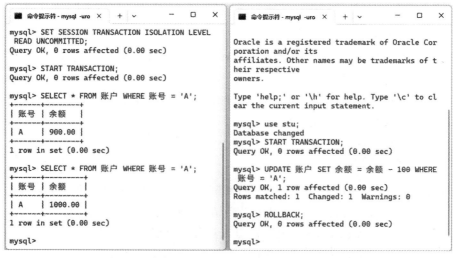

图 7-10　隔离级别为 "READ UNCOMMITTED"

图中左边窗口为事务 T1，右边窗口为事务 T2，从图中可以看出，事务 T1 查询到账号 A 的余额为 900，是事务 T2 未提交的数据，当事务 T2 回滚后，事务 T1 再次读取账号 A 的余额为 1000，因此之前读的 900 是一个脏数据。

【例 7-15】 设置事务 T1 的隔离级别为读取提交的数据(READ COMMITTED)。事务 T2 将 A 账号的余额增加 100 元，不提交事务；事务 T1 读取 A 账号的余额。

代码如下：

  T1：
  SET SESSION TRANSACTION ISOLATION LEVEL READ COMMITTED; -- 设置隔离级别
  START TRANSACTION;　-- 开启事务,SQL Server 中用 BEGIN TRANSACTION
  T2：
  START TRANSACTION;　-- 开启事务,SQL Server 中用 BEGIN TRANSACTION
  SELECT * FROM 账户 WHERE 账号 = 'A';
  UPDATE 账户 SET 余额 = 余额 - 100 WHERE 账号 = 'A'
  SELECT * FROM 账户 WHERE 账号 = 'A';
  T1：
  SELECT * FROM 账户 WHERE 账号 = 'A'; --未读取未提交的数据，MySQL 返回已经提交了的数据，SQL Server 将等待其他事务提交数据

运行结果如图 7-11 所示。

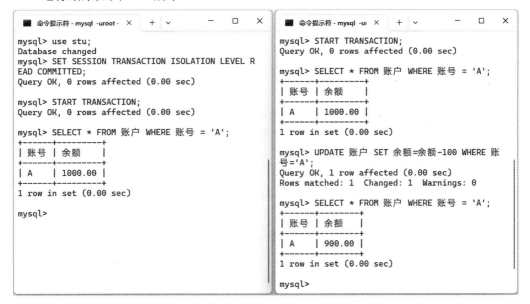

图 7-11　隔离级别为"READ COMMITTED"

图中左边窗口为事务 T1，右边窗口为事务 T2，从图中可以看出，虽然事务 T2 将账户 A 的余额修改为 900，但事务 T1 读到的余额仍然是 1000，没有读到未提交的数据。

7.4.5　死锁及其防止

当同时执行两个事务时，可能会引发错误。先看下面一个例子，如表 7-3 所示。

表 7-3 死锁的例子

步 骤	事务 T1	事务 T2
1	BEGIN TRANSACTION	BEGIN TRANSACTION
2	UPDATE Toys SET cCategoryId = '001' WHERE cToyID = '000002'	UPDATE Category SET vDescription = '布衣类' WHERE cCategoryId = '001'
3	SELECT * FROM Category	SELECT * FROM Toys

当两个事务同时执行时，事务 T1 使用 UPDATE 语句，对 Toys 表中的一行数据加了排它锁，事务 T2 对 Category 表中的一行数据加了排它锁，事务 T1 对 Category 表的查询会等待事务 T2 释放锁，事务 T2 查询 Toys 表会等待事务 T1 释放锁，这种彼此等待对方释放锁的现象称为死锁。因此，死锁是这样一种状态，即两个用户(或事务)各自的对象上有锁，同时每个对象又在等待另一个对象上的锁释放。这经常发生在多用户环境下，如图 7-12 所示。

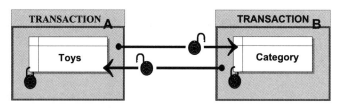

图 7-12 "死锁"示意图

在图 7-12 中，事务 A 锁住了表 Toys 并试图锁住表 Category，而事务 B 锁住了表 Category 并试图锁住表 Toys。这就导致了一个死锁，因为两个事务都在等待另一个事务释放各自的表。由于两个事务都无法释放各自已锁住的表，因此陷入相互等待的状态。

在 SQL Server 中，死锁检测是由锁监视器线程执行的，该线程定期搜索数据库引擎实例中的所有任务。搜索进程如下所示：

(1) 默认时间间隔为 5 s。

(2) 如果锁监视器线程查找死锁，根据死锁的频率，死锁检测时间间隔将从 5 s 开始减小，最小为 100 ms。

(3) 如果锁监视器线程停止查找死锁，数据库引擎将两个搜索之间的时间间隔增加到 5 s。如果在刚刚检测到死锁后，则假定必须等待锁的下一个线程正在进入死锁循环。一旦检测到死锁，第一对锁等待将立即触发死锁搜索，而不必等待下一个死锁检测时间间隔。例如，如果当前时间间隔为 5 s 且刚刚检测到死锁，则下一个锁等待将立即触发死锁检测器。如果锁等待是死锁的一部分，则将会立即检测它，而不是等待下一个搜索期间才检测。

通常，数据库引擎仅定期执行死锁检测。这是因为系统中遇到的死锁数量通常较少，定期进行死锁检测有助于减少系统中死锁检测的开销。锁监视器对特定线程启动死锁搜索时，会标识线程正在等待的资源；然后，锁监视器查找特定资源的所有者，并递归地继续执行对那些线程的死锁搜索，直至发现一个循环。用这种方式标识的循环形成一个死锁。一旦检测到死锁，数据库引擎会通过选择其中一个线程作为死锁牺牲品来结束死锁。

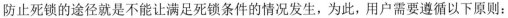

防止死锁的途径就是不能让满足死锁条件的情况发生，为此，用户需要遵循以下原则：

(1) 尽量避免并发执行涉及修改数据的语句。

(2) 要求每个事务在执行前，一次性地将所有要使用的数据全部加锁，否则事务将不予执行。

(3) 预先规定一个封锁顺序，并确保所有的事务都必须按照该顺序对数据执行封锁。例如，不同的过程在事务内部对对象的更新执行顺序应尽量保持一致。

(4) 确保每个事务的执行时间不可太长，对于程序段长的事务可考虑将其分割为几个事务。

7.5　数据库编程

大多数据库系统提供了编程语言，如 SQL Server 的 Transact-SQL、Oracle 的 PL/SQL 等，这些编程语言对标准 SQL 语句进行了扩展，在普通 SQL 语句的基础上增加了编程语言的特点，通过逻辑判断、循环等操作实现复杂的功能或者计算。MySQL 也同样提供了编程功能。

7.5.1　SQL Server 数据库编程基础

1. 变量的定义

在 SQL Server 的 Transact-SQL 语言中，可以使用两种变量：局部变量(Local Variable)和全局变量(Global Variable)。这些变量一般在存储过程或触发器中使用，适用于在数据库端编写业务逻辑代码。

1) 局部变量

局部变量是用户可自定义的变量，它的作用范围仅限于程序内部。在程序中通常用来储存从表中查询到的数据，或当作程序执行过程中的暂存变量使用。局部变量必须以"@"符号开头，并且在使用前必须先用 DECLARE 命令说明后才可使用。其说明形式如下：

```
DECLARE @变量名 变量类型 [@变量名 变量类型…]
```

其中，变量类型可以是 SQL Server 支持的所有数据类型，也可以是用户自定义的数据类型。

在 Transact-SQL 中不能像在一般的程序语言中那样使用"变量 = 变量值"来给变量赋值，必须使用 SELECT 或 SET 命令来设定变量的值，其语法如下：

```
SELECT @局部变量 = 变量值
SET @局部变量 = 变量值
```

【例 7-16】　声明一个长度为 10 个字符的变量"id"并赋值。

代码如下：

```
DECLARE @id char(10)
SELECT @id = '10010001'
```

可以在 Select 命令查询数据时，在 Select 命令中直接将列值赋给变量。

【例 7-17】 查询编号为"000001"的玩具名和价格，将其分别赋予变量 ToyName 和 Price。

代码如下：

```
USE ToyUniverse
DECLARE @ToyName VARCHAR(30)
DECLARE @Price DECIMAL(12,2)
SELECT @ToyName = vToyName, @Price = mToyRate FROM Toys
        WHERE cToyId = '000001'
SELECT @ToyName AS ToyName, @Price AS ToyRate
```

运行结果如图 7-13 所示。

图 7-13　运行结果

 数据库语言和编程语言有一些关键字，为避免冲突和产生错误，在为表、列、变量以及其他对象命名时应避免使用关键字。

2) 全局变量

全局变量是 SQL Server 系统内部使用的变量，其作用范围并不局限某一程序，而是可以在任何程序中随时使用。全局变量通常存储一些 SQL Server 的配置设定值和状态值。用户可在程序中用全局变量来测试系统的设定值或 Transact-SQL 命令执行后的状态值。

注意　全局变量并非由用户的程序定义，而是在服务器级定义的，用户只能使用全局变量。在引用全局变量时，必须以"@@"符号开头。局部变量的名称不能与全局变量的名称相同，否则在应用中会出错，例如，使用 SELECT @@ServerName 来显示服务器名。

2. 流程控制语句

Transact-SQL 语言使用的流程控制命令与常见的程序设计语言类似，主要有以下几种控制命令。

1) IF…ELSE 命令

其语法如下：

```
IF <条件表达式>
    <命令行或程序块>
    [ELSE <条件表达式>]
    <命令行或程序块>]
```

其中，<条件表达式> 可以是各种表达式的组合，但表达式的值必须是逻辑值"真"或"假"。ELSE 子句是可选的，最简单的 IF 语句没有 ELSE 子句部分。IF…ELSE 用来判断当某一条件成立时执行某段程序，条件不成立时执行另一段程序。如果不使用程序块，IF 或 ELSE 只能执行一条命令。IF…ELSE 可以进行嵌套。

【例 7-18】　IF…ELSE 语句用法示例。

代码如下：

```
DECLARE @x INT, @y INT, @z INT
SELECT @x = 1, @y = 2, @z = 3
IF @x > @y
    PRINT 'x > y'    --打印字符串 'x > y'
ELSE IF @y > @z
PRINT 'y > z'
ELSE PRINT 'z > y'
```

运行结果如下：

```
z > y
```

2) BEGIN…END 命令

其语法如下：

```
BEGIN
    <命令行或程序块>
END
```

● BEGIN…END 用来设定一个程序块，在 BEGIN…END 内的所有程序将视为一个单元执行。

● BEGIN…END 经常在条件语句中使用如 IF…ELSE 中。

● 在 BEGIN…END 中可嵌套另外的 BEGIN…END 来定义另一程序块。

3) WHILE…CONTINUE…BREAK 命令

其语法如下：

```
WHILE <条件表达式>
BEGIN
    <命令行或程序块>
[BREAK]
[CONTINUE]
    [命令行或程序块]
END
```

其中，WHILE 命令用于在设定的条件成立时会重复执行命令行或程序块；CONTINUE 命令可使程序跳过 CONTINUE 命令之后的语句，并返回到 WHILE 循环的第一行命令；BREAK 命令则让程序完全跳出循环，结束 WHILE 命令的执行。此外，WHILE 语句也可以嵌套。

【例 7-19】　WHILE 语句用法示例。

代码如下：

```
DECLARE @x INT, @y INT, @c INT
SELECT @x = 1, @y = 1
```

```
WHILE @x < 3
BEGIN
        PRINT @x        --打印变量 x 的值
        WHILE @y < 3
        BEGIN
        SELECT @c = 100*@x + @y
        PRINT @c   --打印变量 c 的值
        SELECT @y = @y + 1
    END
    SELECT @x = @x + 1
    SELECT @y = 1
END
```

运行结果如下:

```
1    101    102
2    201    202
```

4) TRY…CATCH 命令

Transact-SQL 代码中的错误可使用 TRY…CATCH 构造进行处理，此功能类似于 Microsoft Visual C++ 和 Microsoft Visual C# 语言中的异常处理功能。TRY…CATCH 构造包括一个 TRY 块和一个 CATCH 块两部分。如果在 TRY 块内的 Transact-SQL 语句中检测到错误条件，则控制权将被传递到 CATCH 块(可在此块中处理此错误)。

CATCH 块处理该异常错误后，控制权将被传递到 END CATCH 语句后面的第一个 Transact-SQL 语句。如果 END CATCH 语句是存储过程或触发器中的最后一条语句，则控制权将返回到调用该存储过程或触发器的代码，且不再执行 TRY 块中生成错误的语句后面的 Transact-SQL 语句。

如果在 TRY 块中没有检测到错误，控制权将传递到与 END CATCH 语句直接关联的后续语句。如果 END CATCH 语句是存储过程或触发器中的最后一条语句，控制权将传递到调用该存储过程或触发器的语句。

TRY 块以 BEGIN TRY 语句开头，以 END TRY 语句结尾。在 BEGIN TRY 和 END TRY 语句之间可以指定一个或多个 Transact-SQL 语句。

CATCH 块必须紧跟 TRY 块。CATCH 块以 BEGIN CATCH 语句开头，以 END CATCH 语句结尾。在 Transact-SQL 中，每个 TRY 块仅与一个 CATCH 块相关联。

TRY…CATCH 的使用的语法如下:

```
BEGIN TRY
    { sql_statement | statement_block }
END TRY
BEGIN CATCH
    [ { sql_statement | statement_block } ]
END CATCH
[ ; ]
```

各参数说明如下：

- sql_statement：任何 Transact-SQL 语句。

- statement_block：批处理或包含于批处理或包含于 BEGIN…END 块中的任何 Transact-SQL 语句组。

【例 7-20】　下面的代码示例中，TRY 块中的 SELECT 语句将生成一个被零除错误。此错误将由 CATCH 块处理，它将使用存储过程返回错误信息。

代码如下：

```
CREATE PROCEDURE PRC_GetErrorInfo
AS
    SELECT
        ERROR_NUMBER() AS ErrorNumber,
        ERROR_SEVERITY() AS ErrorSeverity,
        ERROR_STATE() as ErrorState,
        ERROR_PROCEDURE() as ErrorProcedure,
        ERROR_LINE() as ErrorLine,
        ERROR_MESSAGE() as ErrorMessage;
GO
BEGIN TRY
    -- Generate divide-by-zero error.
    SELECT 1/0;
END TRY
BEGIN CATCH
    -- Execute the error retrieval routine.
    EXECUTE usp_GetErrorInfo;
END CATCH;
GO
```

使用 TRY…CATCH 语句时的建议如下：

(1) 每个 TRY…CATCH 语句都必须位于一个批处理、存储过程或触发器中。例如，不能将 TRY 块放置在一个批处理中，而将关联的 CATCH 块放置在另一个批处理中。

(2) CATCH 块必须紧跟 TRY 块。

(3) TRY CATCH 构造可以是嵌套式的。这意味着可以将 TRY CATCH 语句放置在其他 TRY 块和 CATCH 块内。当嵌套的 TRY 块中出现错误时，程序控制将传递到与嵌套的 TRY 块关联的 CATCH 块。

若需处理给定的 CATCH 块中出现的错误，请在指定的 CATCH 块中编写相应的错误处理逻辑。

5) RETURN 命令

其语法如下：

```
RETURN [整数值]
```

RETURN 命令用于结束当前程序的执行，返回到上一个调用它的程序或其他程序；在括号内可指定一个返回值。

【例 7-21】　RETURN 语句用法示例。

代码如下：

```
USE pubs
GO
CREATE PROCEDURE checkstate @param varchar(11)
AS
IF (SELECT state FROM authors WHERE au_id = @param) = 'CA'
    RETURN 1
ELSE
    RETURN 2
GO
DECLARE @return_status int
EXEC @return_status = checkstate '172-32-1176'
SELECT 'Return Status' = @return_status
```

若没有指定返回值，SQL Server 会根据程序执行的结果返回一个内定值，如表 7-4 所示。

表 7-4　RETURN 命令返回内定值

返回值	含　　义
0	程序执行成功
−1	找不到对象
−2	数据类型错误
−3	死锁
−4	违反权限规则
−5	语法错误
−6	用户造成的一般错误
−7	资源错误，如磁盘空间不足
−8	非致命的内部错误
−9	已达到系统的极限
−10，−11	致命的内部不一致性错误
−12	表或指针破坏
−13	数据库破坏
−14	硬件错误

如果运行过程产生了多个错误，SQL Server 系统将返回绝对值最大的数值。如果此时用户定义了返回值，则返回用户定义的值。RETURN 语句不能返回 NULL 值。

7.5.2 MySQL 数据库编程基础

1. 变量的定义

MySQL 变量分为两种，即系统变量和用户变量。系统变量是指由 MySQL 系统创建的用于设置 MySQL 运行参数的变量,而用户变量是指由用户根据程序或会话中以解决问题为目的而需要创建的一些变量。系统变量进一步分为系统会话变量和系统全局变量，系统会话变量通常是指当前用户会话中使用的一些系统变量，系统全局变量则是所有用户均可使用的系统变量。用户变量又分为局部变量和用户会话变量，局部变量只在子程序的 BEGIN和 END 程序块中有效，而用户会话变量在整个会话期间一直有效。

查询系统会话变量的方法是：show session variables，查询系统全局变量的方法是：show global variables。查看系统会话变量或系统全局变量值的方法是在变量名前加"@@"。例如，"select @@version"可以查询版本信息。

1) 局部变量

局部变量可以在子程序中定义并使用，一般定义在存储过程或函数中，它的作用范围是在 BEGIN…END 程序块中，定义局部变量的语法格式如下：

DECLARE var_name [, var_name] ... type [DEFAULT value]

其中，var_name 为局部变量的名称，type 为数据类型，DEFAULT value 子句可以给变量提供一个默认值。

定义变量后，需要给变量赋值，可使用 SET 语句为其赋值，语法格式如下：

SET variable = expr [, variable = expr] ...

还有一种赋值方法采用 SELECT 语句，它可以将查询的某字段(或表达式)的值赋值给指定的变量，语法格式如下：

SELECT expr1 [,expr2,…] INTO variable1[, variable1] [FROM table [WHERE condition]]

这种赋值方法要求 SELECT 语句只返回一行值，一列对应一个变量。

【例 7-22】 定义一个变量 n，类型为 int，默认值为 0，然后赋值为 100，最后输出 n 的值。

代码如下：

```
CREATE PROCEDURE myproc()
BEGIN
    DECLARE n INT DEFAULT 0;
    SET n=100;
    SELECT n;
END
```

由于局部变量需要定义在存储过程中，所以创建了一个存储过程 myproc，如果创建存储过程时报"PROCEDURE myproc already exists"错误，运行以下语句删除存储过程：

DROP PROCEDURE myproc

执行存储过程用 CALL 命令，语法如下：

```
CALL myproc();
```

【例 7-23】 定义一个变量 n,类型为 int，将 t1 表中的数据行数赋给 n，最后输出 n 的值。

代码如下：

```
CREATE PROCEDURE myproc()
BEGIN
    DECLARE n INT;
    SELECT COUNT(*) INTO n FROM t1;
    SELECT n;
END
```

2) 用户会话变量

用户会话变量通常也简称用户变量，其作用域比局部变量要广，它可以作用于用户当前的整个连接，在用户断开当前连接后，其所定义的用户变量也将会消失。

用户变量通常以"@"开头进行命名，定义用户变量的方法有：

① 使用 SET 命令定义并给其赋值，其语法格式如下：

```
SET @var_name1=expr1[,@var_name2=expr2,……];
```

② 使用 SELECT 语句来给变量赋值，其语法格式如下：

```
SELECT @var_name1:=expr1[,@var_name2:=expr2,……];
```

或

```
SELECT expr1 [,expr2 ,…] INTO @var_name1[, @var_name2,……];
```

【例 7-24】 定义一个用户变量@a，将值 100 赋给变量。

代码如下：

```
SET @a=100;
```

或

```
SELECT @a:=100;
```

或

```
SELECT 100 INTO @a
```

定义并赋值后，在同一个会话中，可以通过"SELECT @a"查询变量的值。

【例 7-25】 定义两个用户变量@m、@n，将 t1 表中 a 列最大值赋给@m，a 列最小值赋给@n。

代码如下：

```
SELECT MAX(a),MIN(a) INTO @m,@n FROM t1
```

或

```
SELECT @m:=MAX(a),@n:=MIN(a) FROM t1
```

此例中使用 MAX 函数求一列的最大值，MIN 函数求一列的最小值。

2. 流程控制语句

MySQL 语言所使用的流程控制命令主要应用于存储过程、存储函数、触发器等数据库对象中，与常见的程序设计语言类似，它包括用于分支结构控制的 IF、CASE 语句和用于循环结构控制的 LOOP、WHILE、REPEAT 等语句。

1) IF 语句

IF 语句的语法格式如下：

```
IF search_condition1 THEN statement_list1
    [ELSEIF search_condition2 THEN statement_list2] ...
    [ELSE statement_listn]
END IF
```

如果给定的 search_condition1 的值为 true，则执行其 THEN 后的 statement_list1。否则，继续判断 ELSEIF 后的 search_condition2 值是否为 true，为 true 则执行其 THEN 后的 statement_list2，直到所有的 ELSEIF 条件判别完成。如果没有 search_condition 匹配，则执行 ELSE 子句 statement_listn。

每个 statement_list 由一个或多个 SQL 语句组成，不允许使用空的 statement_list。一个 "IF…END IF" 块，必须以分号结束。

【例 7-26】 IF 语句使用示例。

代码如下：

```
CREATE PROCEDURE myproc()
BEGIN
    DECLARE n, m INT;
    DECLARE ret VARCHAR(50);
    SET n=200;
    IF n>=1000 THEN
        SET ret='n>=1000';
        SET m=1;
    ELSEIF n<=100 THEN
        SET ret='n<=100';
        SET m=2;
    ELSE
        SET ret='n<1000 && n>100';
        SET m=3;
    END IF;
    SELECT ret,m;
END
```

创建此存储过程时如果提示 "PROCEDURE myproc already exists" 错误，运行以下代码删除存储过程：

```
DROP PROCEDURE myproc
```

调用此存储过程：

```
CALL myproc();
```

运行结果如图 7-14 所示。

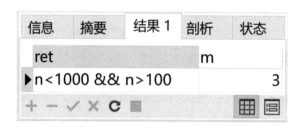

图 7-14　IF 语句使用示例运行结果

2) CASE 语句

CASE 语句的语法格式如下：

  CASE case_value

    WHEN when_value THEN statement_list

    [WHEN when_value THEN statement_list] ...

    [ELSE statement_list]

  END CASE

或

  CASE

    WHEN search_condition THEN statement_list

    [WHEN search_condition THEN statement_list] ...

    [ELSE statement_list]

  END CASE

对于第一种语法，case_value 是一个表达式。将这个值与每个 WHEN 子句中的 when_value 表达式进行比较，直到其中一个相等为止。当找到一个相等的 when_value 时，执行相应的 THEN 子句 statement_list。如果 when_value 不相等，则执行 ELSE 子句 statement_list。

对于第二种语法，将对每个 WHEN 子句 search_condition 表达式求值，直到有一个为 true，然后执行相应的 THEN 子句 statement_list。如果每一个 search_condition 都不为 true，则执行 ELSE 子句 statement_list。

3) WHILE 循环语句

WHILE 语句的语法格式如下：

[begin_label:] WHILE search_condition DO

  statement_list

END WHILE [end_label]

只要 search_condition 表达式为真，WHILE 语句中的语句列表就会重复执行。statement_list 由一条或多条 SQL 语句组成，每条语句以分号(;)语句分隔符结束，其中应包含有修改循环控制变量的语句。

【例 7-27】　数据表 test 有三个字段：oid char(36)、idnumber int、createtime datetime。向数据表中插入 10 000 行数据，oid 字段的值使用 UUID，idnumber 字段的值从 1 到 10 000，createtime 字段的值使用当前时间。

代码如下：

```
CREATE PROCEDURE myproc()
BEGIN
    DECLARE n INT;
    SET n=1;
    WHILE n<=10000 DO
        INSERT INTO test VALUES(UUID(), n, NOW());
            SET n=n+1;
        END WHILE;
    END
```

创建此存储过程后调用存储过程：

```
CALL myproc();
```

运行结果如图 7-15 所示。

信息	摘要	结果 1	剖析	状态		
oid				idnumber	createtime	
19367308-818e-11ec-965f-38f3ab544bd7				445	2022-01-30 13:33:04	
1936a15a-818e-11ec-965f-38f3ab544bd7				446	2022-01-30 13:33:04	
1936ce2e-818e-11ec-965f-38f3ab544bd7				447	2022-01-30 13:33:05	
▶ 1936fa61-818e-11ec-965f-38f3ab544bd7				448	2022-01-30 13:33:05	

图 7-15　向表中插入 10000 行数据的结果

4) LOOP 循环语句

LOOP 语句的语法格式如下：

```
[begin_label:] LOOP
    statement_list
        IF···LEAVE [label]
    END LOOP [end_label]
```

LOOP 语句可以使某些特定的语句重复执行，实现一个简单的无条件循环。在 LOOP 语句中没有停止循环的语句，必须借助 IF···LEAVE 语句等才能停止循环。

label 参数是作为循环语句开始标记的语句标号，循环入口处的 label 后面需要添加一个 ":"，而 LEAVE 和 END LOOP 后的 label 则不需要。label 参数只能用于 BEGIN···END 块和 LOOP、REPEAT 和 WHILE 语句，可以只有 begin_label，但不允许有 end_label 时，没有 begin_label。

在循环体中可以使用 ITERATE 语句和 LEAVE 语句。ITERATE 的意思是"再次启动循环"，只能出现在 LOOP、REPEAT 和 WHILE 语句中。LEAVE 语句用于退出具有给定标签的流控制构造，如果标签是最外层存储的程序块，那么 LEAVE 退出程序。

5) REPEAT 循环语句

REPEAT 语句的语法格式如下：

```
[begin_label:] REPEAT
    statement_list
UNTIL search_condition
END REPEAT [end_label]
```

REPEAT 语句中的语句列表将被重复，直到 search_condition 表达式为真才能停止。因此，REPEAT 语句至少进入循环一次。statement_list 由一条或多条语句组成，每条语句以分号(;)结束。label 参数的使用同前文的介绍。

7.6 存储过程

数据库采用客户机/服务器技术，许多客户机向中心服务器发送请求，服务器在收到查询请求后，分析其有无语法错误，并处理请求。存储过程是一个预编译的对象，这意味着它是预先编译好的，可供不同的应用程序执行。因此，无须再耗费时间对过程重新进行语法分析和编译，其执行速度极快。大部分数据库产品，如 SQL Server 和 MySQL，都提供了用户自定义存储过程的功能。此外，SQL Server 还提供了许多可作为工具使用的系统存储过程。

7.6.1 存储过程的概念及优点

存储过程(Stored Procedure)是一组为了完成特定功能的 SQL 语句集，经编译后存储在数据库中。用户可通过指定存储过程的名称并提供参数(如果该存储过程带有参数)来执行它。

存储过程具有以下优点：

(1) 存储过程允许标准组件式编程。

存储过程在被创建后可以在程序中被多次调用，无须重新编写该存储过程的 SQL 语句。此外，数据库专业人员可随时对存储过程进行修改，而不会影响应用程序源代码(因为应用程序源代码只包含存储过程的调用语句)，从而极大地提高了程序的可移植性。

(2) 存储过程能够实现较快的执行速度。

如果某一操作包含大量的 SQL 代码或需要被多次执行，那么存储过程通常比批处理的执行速度更快。这是因为存储过程是预编译的，在首次运行一个存储过程时，查询优化器对其进行分析、优化，并生成最终被保存在系统表中的执行计划。之后再执行该存储过程时，就不再需要编译和优化，可直接执行。而批处理的 SQL 语句在每次运行时都要进行编译和优化，因此速度相对较慢。

(3) 存储过程能够减少网络流量。

对于一个针对数据库对象的操作(如查询、修改)，如果这一操作所涉及的 SQL 语句被

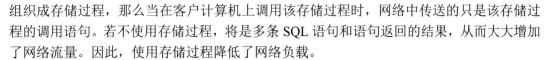

组织成存储过程，那么当在客户计算机上调用该存储过程时，网络中传送的只是该存储过程的调用语句。若不使用存储过程，将是多条 SQL 语句和语句返回的结果，从而大大增加了网络流量。因此，使用存储过程降低了网络负载。

(4) 存储过程可作为一种安全机制来充分利用。

系统管理员通过对执行某一存储过程的权限进行限制，从而能够实现对相应数据访问权限的限制，避免非授权用户对数据的访问，保障数据的安全性。

 虽然存储过程既有参数又有返回值，但与函数不同。存储过程的返回值只是指明执行是否成功，并且它不能像函数那样被直接调用。也就是在调用存储过程时，在存储过程名字前一定要有 EXEC 或 CALL 保留字。

7.6.2 创建存储过程

1. 在 SQL Server 中创建存储过程

在 SQL Server 中创建存储过程的语法如下：

```
CREATE PROC [ EDURE ] procedure_name    [ ; number ]
[ { @parameter data_type }[ VARYING ] [ = default ] [ OUTPUT ]] [ , ... n ]
[ WITH { RECOMPILE | ENCRYPTION | RECOMPILE , ENCRYPTION } ]
AS sql_statement [ ...n ]
```

各参数的含义如下：

● procedure_name：指要创建的存储过程的名字。存储过程的命名必须符合命名规则；在一个数据库中或对其所有者而言，存储过程的名字必须唯一。

● number：这是可选整数，用于对同名的存储过程进行分组。通过使用一个 DROP PROC 语句可以同时删除这些分组的存储过程。

● @parameter：是存储过程的参数。在 Create Procedure 语句中，可以声明一个或多个参数。当调用该存储过程时，用户必须提供所有的参数值，除非定义了参数的默认值。若参数以 @parameter=value 的形式出现，则参数的顺序可以不同，否则用户提供的参数值必须与参数列表中参数的顺序保持一致。若某一参数以 @parameter=value 的形式给出，那么其他参数也必须以该形式给出。一个存储过程最多有 2100 个参数。

● data_type：指参数的数据类型。在存储过程中，包括 text 和 image 在内的所有数据类型都可用作参数。但是，游标 cursor 数据类型只能被用作 OUTPUT 参数。在定义游标数据类型时，也必须对 VARING 和 OUTPUT 关键字进行定义。对于可能是游标型数据类型的 OUTPUT 参数而言，参数的数量没有限制。

● VARYING：指定由 OUTPUT 参数支持的结果集，仅应用于游标型参数。

● default：指参数的默认值。如果定义了默认值，即使不给出参数值，该存储过程仍能被调用。默认值必须是常数，或者是空值。如果过程使用带 LIKE 关键字的参数，则可包含下列通配符：%、_、[] 和 [^]。

● OUTPUT：表明该参数是一个返回参数。用 OUTPUT 参数可以向调用者返回信息。Text 类型参数不能用作 OUTPUT 参数。

● RECOMPILE：指明 SQL Server 不会保存该存储过程的执行计划。因此，该存储过程每执行一次都需要重新编译。

- ENCRYPTION：SQL Server 将 CREATE PROCEDURE 语句的原始文本转换为模糊格式。模糊代码的输出在 SQL Server 的任何目录视图中都不能直接显示。没有系统表或数据库文件访问权限的用户无法检索模糊文本。
- AS：指明该存储过程将要执行的操作。
- sql_statement：指包含在存储过程中的任何数量和类型的 SQL 语句。

执行已创建的存储过程使用 EXECUTE 命令。如果存储过程调用是批处理中的第一条语句，则可以省略 EXECUTE 关键字。

执行存储过程的语法如下：

```
Exec | EXECUTE
{[@return_statur = ]
{procedure_name[; number] | @procedure_name_var}
[[@parameter = ] {value | @variable [OUTPUT] | [DEFAULT] [, … n]
[WITH RECOMPILE]
```

各参数的含义如下：

- @return_status：是可选的整型变量，用来存储存储过程向调用者返回的值。
- @procedure_name_var：是一变量名，用来代表存储过程的名称。

其他参数据和保留字的含义与 CREATE PROCEDURE 中介绍的一致。

【例 7-28】 带输入参数的存储过程，根据输入的购物者的 ID 号，返回购物者的名字、所订购的玩具的名字和订购数量。

代码如下：

```
CREATE PROCEDURE prcShopper
@ShopperId CHAR(6)
AS
BEGIN
    SELECT vShopperName, vToyName, siQty FROM Shopper
    JOIN Orders ON Shopper.cShopperId = Orders.cShopperId
    JOIN OrderDetail ON Orders.cOrderNo = OrderDetail.cOrderNo
    JOIN Toys ON OrderDetail.cToyId = Toys.cToyId
    WHERE Shopper.cShopperId = @ShopperId
END
```

运行程序过程：

```
EXEC prcShopper '000002'    /*返回 ID 号为 000002 的购物者所购买的玩具及数量*/
```

运行的结果如图 7-16 所示。

结果　消息

	vShopperName	vToyName	siQty
1	李四	移动起重机	2
2	李四	EV3机器人	1

图 7-16　存储过程 prcShopper 的运行结果

【例7-29】 设计一个带输入/输出参数的存储过程，根据输入的购物者的 ID 号，返回购物者的名字。

代码如下：

```
CREATE PROC prcGetShopperName
@ShopperId char(6),
@ShopperName char(15) OUTPUT
AS
BEGIN
    IF EXISTS(SELECT * FROM Shopper
    WHERE Shopper.cShopperId = @ShopperId)
    BEGIN
        SELECT @ShopperName = vShopperName
        FROM Shopper  WHERE cShopperId = @ShopperId
        Return 0
    END
    ELSE
        PRINT 'No Records Found.'
        Return 1
END
```

运行存储过程：

```
DECLARE @ReturnValue int
DECLARE @ShopperName CHAR(30)
EXEC @ReturnValue = prcGetShopperName '000002', @ShopperName OUTPUT
SELECT @ReturnValue, @ShopperName
```

运行结果如图 7-17 所示。

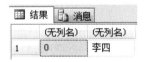

图 7-17　存储过程 prcGetShopperName 的运行结果

【例7-30】 在购物者表中有用户的账号(vUserName)和密码(vPassword)，请编写一个存储过程，用于验证用户输入的用户名和密码是否正确，如果正确返回 0，不正确返回 –1。

代码如下：

```
CREATE PROCEDURE checkpassword
@username VARCHAR(100),
@password VARCHAR(100)
AS
BEGIN
IF EXISTS(SELECT * FROM Shopper WHERE vUserName = @username and vPassword =
```

```
@password)
    BEGIN
        RETURN 0
    END
ELSE
    BEGIN
        RETURN –1
    END
END
```

运行存储过程:

```
DECLARE @result INT
EXEC @result = checkpassword 'liming', '123'
PRINT @result
```

如果用户名和密码输入正确,将返回 0,否则返回 -1。

【例 7-31】　创建一个存储过程,用于计算某个玩具在某年某月的总销售量(存储过程应包含玩具 ID、年、月三个参数),将计算结果存入 PickOfMonth 表中。如果表中已经存在这个统计结果,需要先将其删除再插入。

代码如下:

```
CREATE PROCEDURE stat
@toyid CHAR(6),
@year INT,
@month INT
AS
BEGIN
DELETE FROM PickOfMonth WHERE cToyId = @toyid AND siMonth = @month AND iYear =
@year
INSERT INTO PickOfMonth(cToyId, iYear, siMonth, iTotalSold)
SELECT @toyid, @year, @month, SUM(siqty) FROM OrderDetail WHERE (cOrderNo
IN (SELECT cOrderNo FROM Orders
WHERE YEAR(dOrderDate) = @year AND MONTH(dorderdate) = @month))
AND cToyId = @toyid
END
```

【例 7-32】　在开发应用程序时,可能需要分页显示数据。要求每次从数据库中只读取一页数据,编写一个具有分页读取数据功能的存储过程来实现。

代码如下:

```
CREATE PROCEDURE ReadDataByPager
(
    @Table varchar(100),          /*表名*/
    @pk varchar(100),             /*主键*/
```

```
        @SortField varchar(200),          /*排序的字段*/
        @CurrentPage int = 1,             /*页码*/
        @PageSize int = 20,               /*每页大小*/
        @Fields varchar(1000) = '*',      /*查询的字段*/
        @Filter varchar(1000) = NULL      /*查询条件*/
    )
    AS
    BEGIN
    DECLARE @rowcount varchar(50)       /*用于存储要排除的行数*/
    DECLARE @strFilter varchar(1000)    /*用于存储条件表示式，不含 Where*/
    DECLARE @SQL varchar(4000)          /*用于存储要执行的 Select 语句*/
    DECLARE @topnum varchar(50)         /*用于存储要返回的行数*/
    SET @rowcount = CAST((((@CurrentPage - 1)*@PageSize ) AS varchar(50)) /*计算要排除的行数*/
    SET @topnum = CAST(@PageSize AS varchar(50))
    SET @strFilter = ' 1 = 1 '    /*设置初始查询条件*/
    IF @Filter IS NOT NULL AND @Filter != ''
    BEGIN
    SET @strFilter = @strFilter + ' and( ' + @Filter + ') ' /*加入查询条件*/
    END
    SET @SQL = 'SELECT TOP ' + @topnum + ' * FROM ' + @Table + ' WHERE ' + @pk + ' NOT IN
(SELECT TOP ' + @rowcount + ' cOrderNo FROM ' + @Table + ' WHERE ' + @strFilter + ' ORDER BY '
+ @pk + ') AND ' + @strFilter + ' ORDER BY ' + @pk
    EXEC (@SQL)/*执行命令*/
    END
```

此存储过程的工作原理是：根据主键字段对数据进行排序，找到要排除的前面若干条((页码 - 1) × 页的大小)不属于此页的数据，再取若干条(页的大小)此页的数据。TOP 关键字是每次限定取多少条数据，NOT IN 关键字用于排除某部分数据。

2. 在 MySQL 中创建存储过程

在 MySQL 中创建存储过程的语法基本格式如下：

```
    CREATE   PROCEDURE   [DEFINER  =  {  user  |  current_user  }]  procedure_name
([procedure_parameter[, …]])
    BEGIN
        routine_body
        END
```

参数说明：

(1) procedure_name：表示要创建的存储过程名称。

(2) procedure_parameter：表示存储过程的参数(即形式参数)，是可选参数。每个参数由三部分组成，即参数传递类型、名称和数据类型，其格式如下：

```
    [IN | OUT | INOUT] parameter_name type
```

① 参数传递类型有 IN、OUT、INOUT 三种类型。IN 表示输入类型；OUT 表示输出类型；INOUT 表示既可以是输入类型，也可是输出类型。如果省略，默认为 IN。

② parameter_name 表示参数的名称，必须由用户给出。

③ type 表示参数的数据类型，可以是 MySQL 所支持的所有数据类型。

(3) DEFINER：指明存储过程的定义者，如果省略，则为当前用户。

(4) routine_body：表示存储过程体。

对于已创建好的存储过程，用户可以在 MySQL 中调用执行，也可以在应用程序中调用。调用存储过程的代码是：

    CALL procedure_name [(procedure_parameter)];

其中：

- procedure_name 是已定义的存储过程的名称。

- procedure_parameter 表示实际参数，即调用时应传入存储过程的参数。若不需要参数，则调用语句可简化为：call procedure_name; 或 call procedure_name();

- 调用存储过程时，是否需要实际参数、需要几个实际参数，是由定义存储过程时的参数表中的内容所决定。

【例 7-33】 在购物者表中有用户的账号(vUserName)和密码(vPassword)，请编写一个存储过程，用于验证用户输入的用户名和密码是否正确，如果正确返回 0，不正确返回 −1。

代码如下：

```
CREATE PROCEDURE checkpassword(
IN username VARCHAR(100),
IN password VARCHAR(100))
BEGIN
    DECLARE result INT DEFAULT 0;#声明并初始化
    SELECT COUNT(*) INTO result   FROM Shopper   WHERE vUserName = username   AND
vPassword= password;      -- 用户名和密码正确，会有一条数据，将数量放入变量 result 中
    IF result>0 THEN
            SET result=0;
      ELSE
            SET result=-1;
    END IF;
    SELECT result;
END
```

或

```
CREATE PROCEDURE checkpassword(
IN username VARCHAR(100),
IN password VARCHAR(100))
BEGIN
    IF EXISTS(SELECT * FROM Shopper WHERE vUserName = username and vPassword =
password) THEN --用户名和密码正确会存在一条数据
```

```
                SELECT 0;
        ELSE
                SELECT -1;
        END IF;
    END
```

调用存储过程：

```
    call checkpassword('wangming','youbet');
```

如果用户名和密码输入正确，将返回 0，否则返回 -1。

【例 7-34】　在 MySQL 中创建一个存储过程，用于计算某个玩具某年某月的总销售量 (存储过程应有玩具 ID、年、月三个参数)，将计算结果存入 PickOfMonth 表中。如果表中已经存在这个统计结果，需要先将其删除再插入。

代码如下：

```
    CREATE PROCEDURE stat(
    p_toyid CHAR(6),
    p_year INT,
    p_month INT)
    BEGIN
    DELETE FROM PickOfMonth WHERE cToyId = p_toyid AND siMonth = p_month AND iYear =
p_year;
    INSERT INTO PickOfMonth(cToyId, iYear, siMonth, iTotalSold)
    SELECT p_toyid, p_year, p_month, SUM(siqty) FROM OrderDetail WHERE (cOrderNo
    IN (SELECT cOrderNo FROM Orders
    WHERE YEAR(dOrderDate) = p_year AND MONTH(dorderdate) = p_month))
    AND cToyId = p_toyid;
    END
```

【例 7-35】　在 MySQL 中创建一个用于分页读取数据的存储过程。

代码如下：

```
    CREATE PROCEDURE ReadDataByPager
    (
    sqlstr varchar(100),            /*查询语句*/
    currentpage int,            /*页码*/
    pagesize int            /*每页大小*/
    )
    BEGIN
    DECLARE startline INT;
    set startline=(currentpage-1)*pagesize; -- 计算起始行号，行号从 0 开始
    /*拼接要执行的 SQL 语句，使用 limit 子句限定数据行数*/
    SET @sqltext = CONCAT(sqlstr,' limit ',CAST(startline AS CHAR),',',CAST(pagesize AS CHAR));
    PREPARE stat from @sqltext; -- 定义预处理语句
```

EXECUTE stat; -- 执行语句

DEALLOCATE PREPARE stat; -- 释放预处理语句

END

调用存储过程：

CALL ReadDataByPager('select * from toys',3,3);

7.6.3　修改和删除存储过程

1. 修改存储过程

可用 ALTER PROCEDURE 命令修改存储过程，若存储过程中有代码，需要查看原来的代码，并对原来的代码进行修改，一般用可视化工具修改存储过程。

图 7-18 展示了 SQL Server Managerment 工具修改存储过程的界面。

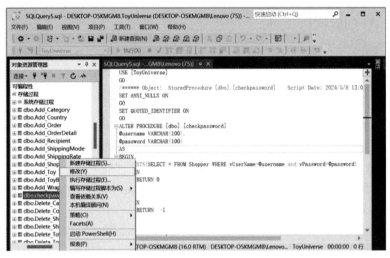

图 7-18　SQL Server 中修改存储过程

图 7-19 是 MySQL Workbench 修改存储过程的界面。

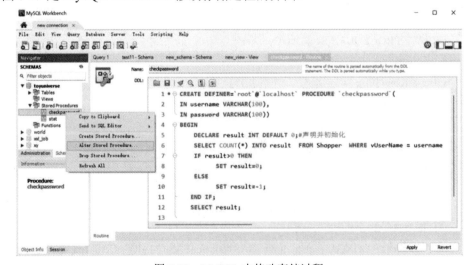

图 7-19　MySQL 中修改存储过程

2. 删除存储过程。

删除存储过程可使用 DROP 命令，DROP 命令可将一个或多个存储过程或者存储过程组从当前数据库中删除，其语法规则如下：

DROP PROCEDURE {procedure}} [, …n]

【例 7-36】　将存储过程 prcGetShopperName 从数据库中删除。

代码如下：

DROP PROCEDURE checkpassword

利用可视化工具亦可删除存储过程。

7.7　用户自定义函数

除了使用系统提供的函数外，用户还可以根据需要自定义函数。用户自定义函数(User Defined Functions)是数据库对象。

用户自定义函数不能用于执行一系列改变数据库状态的操作，但它可以像系统函数一样在查询或存储过程等程序段中使用。用户自定义函数可以返回一定的值。

7.7.1　创建用户自定义函数

1. SQL Server 中创建自定义函数

SQL Server 中根据函数返回值形式的不同将用户自定义函数分为三种类型：标量型函数(Scalar functions)、内联表值型函数(Inline table-valued functions)、多声明表值型函数(Multi-statement table-valued functions)，这里只给出常用的标量型函数创建方法，其语法格式如下：

CREATE FUNCTION [*owner_name.*] function_name

([{ @parameter_name [AS] parameter_data_type [= default] } [, ...n]])

RETURNS scalar_return_data_type

[WITH < function_option> [[,] ... n]]

[AS]

BEGIN

　　function_body

　　RETURN scalar_expression

END

各参数说明如下：

- *owner_name*：指定用户自定义函数的所有者。
- function_name：指定用户自定义函数的名称，应是唯一的。
- @parameter_name：定义一个或多个参数的名称。一个函数最多可以定义多个参数，每个参数前用 "@" 符号标明；参数的作用范围是整个函数；参数只能替代常量，不能替代表名、列名或其他数据库对象的名称；用户自定义函数不支持输出参数。

● parameter_data_type：指定标量型参数的数据类型，可以为 TEXT、NTEXT、IMAGE、CURSOR、TIMESTAMP 和 TABLE 类型以外的其他数据类型。

● scalar_return_data_type：指定标量型返回值的数据类型，可以为 TEXT、NTEXT、IMAGE、CURSOR、TIMESTAMP 和 TABLE 类型以外的其他数据类型。

● function_body：指定一系列的 Transact-SQL 语句，并决定函数的返回值。

● scalar_expression：指定标量型用户自定义函数返回的标量值表达式。

【例 7-37】 创建一个函数，判断日期是否为周末。

代码如下：

```
CREATE FUNCTION isweekend(@dt    datetime) RETURNS int
AS
BEGIN
    DECLARE @a INT,@ret INT
    SET @a=DATEPART(WEEKDAY, @dt)
    IF @a=7 or @a=1
        SET @ret=1 --周末
    ELSE
        SET @ret=0   --平时
    RETURN @ret
END
```

运行需要在函数名前加函数所有者，代码如下：

```
SELECT dbo.isweekend('2024-9-20')
```

【例 7-38】 一个值班安排表 duty 中的数据如图 7-20 所示，图中 personid 为人员编号，startdate 为值班起始时间，enddate 为值班结束时间。由于值班必须打卡，所以创建一个函数，判断某人在打卡时间段内有没有值班安排，输入参数为：人员编号、打卡起始时间、打卡结束时间，有值班安排返回 1，无值班安排返回 0。

dutyid	personid	person	startdate	enddate
1	1	张三	2024-05-01 09:00:00.000	2024-05-02 17:30:00.000
2	2	李四	2024-05-03 14:00:00.000	2024-05-03 18:00:00.000
3	3	王红	2024-10-01 09:00:00.000	2024-10-01 17:30:00.000
4	1	张三	2024-10-02 09:00:00.000	2024-10-02 17:30:00.000

图 7-20 节假日值班表 duty

代码如下：

```
CREATE FUNCTION ifonduty(
@personid CHAR(36), -- 人员编号
@sd DATETIME, -- 打卡起始时间
@ed DATETIME   -- 打卡结束时间
)
```

```
RETURNS INT
AS
BEGIN
DECLARE @ret INT
IF EXISTS(SELECT * FROM duty    WHERE personid=@personid AND startdate<=@ed
AND enddate>=@sd )   --参数给定的时间段与值班时间段有交集
    SET @ret =1 --有值班
ELSE
    SET @ret =0   --无值班
RETURN @ret -- 将结果返回
END
```

一般在存储过程或其他函数中调用函数，下面是在存储过程中调用此函数的一段代码：

```
if dbo.ifonduty(@personid,@starttime,@endtime)=1 --函数调用，判断是不是该时段值班人员
    begin
    if dbo.ifcheck(@personid,@starttime,@endtime)=1 --函数调用，判断有无打卡记录
        set @morning='值班'
      else
        set @morning='休息'
    end
  else   --不是值班人员
      set   @morning ='休息'
```

2. MySQL 中创建用户自定义函数

在 MySQL 中创建用自定义函数的语法如下：

```
CREATE [DEFINER = { user | current_user }] FUNCTION func_name([func_parameter[, …]])
RETURNS type
[characteristic ...]
BEGIN
    func_body
END
```

各参数说明如下：

● func_name：要创建的函数的名称，默认在当前数据库中创建函数。若需要在特定数据库中创建函数，则需在函数名称前加上数据库的名称，即：数据库名.func_name。

● func_parameter：函数的参数(形式参数)，函数的形式参数只能是 IN 类型，不能为 OUT 和 INOUT 类型。

● RETURNS type：指明函数返回值的数据类型，type 表示数据类型。

● characteristic：用于定义函数的状态特征，其含义与格式与 CREATE PROCEDURE 语句中的规定相同。

● func_body：函数体，由于函数运算结束后必须有返回值，所以函数体中必须至少包含一个 RETURN 语句，格式是：RETURN value。

【例 7-39】 在 MySQL 中创建一个函数，判断日期是否为周末。

代码如下：

```
CREATE   FUNCTION isweekend(dt datetime) RETURNS int -- 判别日期是否为周末
DETERMINISTIC   -- 存储函数的属性，这里表示如果有相同输入就有相同输出
BEGIN
DECLARE a,ret INT;
SET a=DAYOFWEEK(dt); -- 调用内置函数获得星期的序号
IF a=7 OR a=1 THEN
   SET ret=1 ;-- 周末
ELSE
   SET ret=0 ; -- 平时
END IF;
RETURN ret;
END
```

调用方法如下：

```
SELECT ISWEEKEND('2024-9-26');
```

7.7.2 管理用户自定义函数

在对象资源管理器中选择要进行修改的用户自定义函数，单击右键并从快捷菜单中选择“修改”选项，弹出修改用户自定义函数结构对话框，在此对话框中可以修改用户自定义函数的函数体、参数等。同样，从快捷菜单中选择“删除”选项，则可删除用户自定义函数。

用 ALTER FUNCTION 命令也可以修改用户自定义函数。此命令的语法与 CREATE FUNCTION 相同，因此使用 ALTER FUNCTION 命令其实相当于重建了一个同名的函数，用起来不太方便。

可以用 DROP FUNCTION 命令删除用户自定义函数，其语法如下：

```
DROP FUNCTION { [ owner_name. ] function_name } [ , ... n ]
```

【例 7-40】 删除用户自定义函数 SalesByOrder。

代码如下：

```
DROP FUNCTION SalesByOrder
```

7.8 触 发 器

在前面的章节中，介绍了一般意义的存储过程，包括用户自定义的存储过程和系统存储过程。本节将介绍一种特殊的存储过程，即触发器。下面将详细介绍触发器的概念、作用及其使用方法，帮助读者了解如何定义触发器，并掌握创建和使用各种不同复杂程度的

触发器。

7.8.1　触发器的概念

触发器是一种特殊类型的存储过程，它不同于前面介绍过的存储过程。触发器主要是通过事件进行触发而被执行的，而存储过程可以通过存储过程名称而被直接调用。触发器通常定义在表上，当对数据表进行插入(INSERT)、修改(UPDATE)和删除(DELETE)操作时，触发器就会被执行。

7.8.2　创建触发器

1. 在 SQL Server 中创建触发器

用 CREATE TRIGGER 命令创建 DML 触发器，其语法如下：

```
CREATE TRIGGER trigger_name
ON { table | view }
[ WITH ENCRYPTION ]
{
    { { FOR | AFTER | INSTEAD OF } { [ INSERT ] [ , ] [ UPDATE ] [ , ] [ DELETE ]}
      [ NOT FOR REPLICATION ]
      AS
          sql_statement [ ...n ]
    }
}
```

各参数说明如下：

● trigger_name：是触发器的名称。触发器名称必须符合标识符规则，且在数据库中必须唯一。可以选择是否指定触发器所有者名称。

● table | view：指在触发器上执行的表或视图，亦称为触发器表或触发器视图。可以选择是否指定表或视图的所有者名称，视图上不能定义 FOR 和 AFTER 触发器，只能定义 INSTEAD OF 触发器。

● WITH ENCRYPTION：用于加密 syscomments 表中包含 CREATE TRIGGER 语句文本的条目。

● FOR | AFTER：指定触发器只有在触发 SQL 语句中指定的所有操作成功执行后才会被激发。所有的引用级联操作和约束检查也必须成功完成后，才能执行此触发器。若仅指定 FOR 关键字，则 AFTER 为默认设置。注意，不能在视图上定义 AFTER 触发器。

● INSTEAD OF：指定执行触发器而不是执行触发 SQL 语句，从而替代触发语句的操作。在表或视图上，每个 INSERT、UPDATE 或 DELETE 语句最多可以定义一个 INSTEAD OF 触发器。

INSTEAD OF 触发器不能在 WITH CHECK OPTION 的可更新视图上定义。若尝试在 WITH CHECK OPTION 选项的可更新视图上添加 INSTEAD OF 触发器，SQL Server 将产生一个错误。用户必须用 ALTER VIEW 删除该选项后才能定义 INSTEAD OF 触发器。

- { [INSERT] [,] [UPDATE] [,] [DELETE]}：是指定在表或视图上执行哪些数据修改语句时被激活触发器的关键字，必须至少指定一个选项。在触发器定义中允许使用以任意顺序组合的这些关键字；如果指定的选项多于一个，需使用逗号分隔。

- NOT FOR REPLICATION：表示当复制进程更改触发器所涉及的表时，不应执行该触发器。

- AS：是触发器要执行的操作。

- sql_statement：是包含在触发器中的条件语句或处理语句。触发器的条件语句定义了另外的标准来决定将被执行的 INSERT、DELETE、UPDATE 语句是否激活触发器。

每个 DML 触发器执行时，都会产生两个特殊的表：插入表(inserted)和删除表(deleted)。这两个表是逻辑表，由系统进行管理，存储在内存中，而不是存储在数据库中，因此不允许用户直接对其进行修改。这两个表的结构始终与被该触发器作用的表的结构保持一致。这两个表是动态驻留在内存中的，一旦触发器工作完成，它们也被删除。这两个表主要用于保存因用户操作而被影响到的原数据值或新数据值。另外，这两个表是只读的，即用户不能向这两个表写入内容，但可以引用表中的数据。例如，可用如下语句查看 DELETED 表中的信息：

```
select * from deleted
```

下面详细介绍这两个表的功能：表 inserted 中包含了插入到触发器所在表的所有记录的拷贝，表 deleted 中包含了从触发器所在表中删除的所有记录的拷贝。不论何时，只要发生了更新操作，触发器将同时使用表 inserted 和 deleted。

- 插入表(inserted)：对一个定义了插入类型触发器的表来讲，一旦对该表执行了插入操作，那么对向该表插入的所有行来说，都有一个相应的副本存放到插入表中，即插入表就是用来存储向原表插入的内容。

- 删除表(deleted)：对一个定义了删除类型触发器的表来讲，一旦对该表执行了删除操作，则将所有的删除行存放至删除表中。这样做的目的是，一旦触发器遇到了强迫它中止的语句时，删除的那些行可以从删除表中得以恢复。

更新操作包括两个部分，即先将更新的内容删除，然后将新值插入。因此对一个定义了更新类型的触发器的表来讲，当对表执行更新操作时，在删除表中存放了旧值，然后在插入表中存放新值。

由于触发器仅当被定义的操作被执行时才被激活，即仅当在执行插入、删除和更新操作时，触发器才执行。每条 SQL 语句仅能激活触发器一次，可能存在一条语句影响多条记录的情况。在这种情况下就需要变量@@rowcount 的值，该变量存储了一条 SQL 语句执行后所影响的记录数，可以使用该值对触发器的 SQL 语句执行后所影响的记录求合计值。一般来说，首先要用 IF 语句测试@@rowcount 的值，以确定后面的语句是否执行。

【例 7-41】 完成了订购之后，订购信息被存放在表 OrderDetail 中。系统应当将玩具的现有数量减少，减少数量为购物者订购的数量。

代码如下：

```
CREATE TRIGGER trgAfterOrder
ON OrderDetail
```

```
FOR INSERT
AS
BEGIN
        DECLARE @cOrderNo AS char(6),
        @cToyid AS char(6), @iQty AS int
    SELECT @cToyid = cToyid, @iQty = siQty
        FROM inserted
    UPDATE   toys
        SET siToyQoh = siToyQoh - @iQty
        WHERE cToyid = @cToyid
END
```

在 OrderDetail 表上创建了一个触发器，触发事件是 INSERT，表示向 OrderDetail 表中插入数据后执行触发器中的代码。例 7-41 所示的代码对于每次插入一行的操作是有效的，但是如果一次插入多行(INSERT SELECT 语句)，由于触发器只被触发执行一次，因此只对插入的第一行有效，其余行无效。可将代码改写成如下形式：

```
CREATE TRIGGER trgAfterOrder
ON OrderDetail
FOR INSERT
AS
BEGIN
    UPDATE   toys
        SET siToyQoh = siToyQoh - siQty
        FROM Toys INNER JOIN inserted
        ON Toys.cToyId = inserted.cToyId
END
```

inserted 表的结构与 OrderDetail 的结构相同并且存放有新插入的一行或多行数据，因此可以先将它与 Toys 连接，然后再进行运算。

【例 7-42】　当修改订单细节表(OrderDetail)中的玩具数量后，系统应当将玩具的现有数量作相应修改，修改公式是：玩具数量 = 玩具数量 − (新数量 − 原数量)。

代码如下：

```
CREATE TRIGGER tri_updateorderdetail
ON orderdetail
FOR UPDATE
AS
BEGIN
UPDATE Toys SET siToyQoh = siToyQoh-(inserted.siQty-deleted.siQty)
FROM Toys INNER JOIN inserted ON inserted.cToyId = Toys.cToyId
INNER JOIN deleted ON deleted.cToyId = inserted.cToyId
END
```

在 orderdetail 表上创建了一个触发器，触发事件是 UPDATE，表示修改 orderdetail 表中的数据后执行触发器中的代码。例 7-42 中的代码将 Toys、inserted、deleted 表内连接起来，连接后的结果中只包括被修改行及这三张表的所有列，然后根据公式修改 Toys 表中的玩具数量字段 siToyQoh。

【例 7-43】 有一个水位监测系统，需要实时监测各点的水位。在数据库中设计两张表，一张用于存储监测点的基础信息和实时数据，一张用于存储每个监测点的历史数据。数据表的结构如表 7-5 所示。

表 7-5 水位监控涉及的表

表 名	字段名称	数据类型
监测点	点位编号	char(10)
	位置	varchar(200)
	当前值	float
	更新时间	dateTime
监测点历史数据	序号	char(36)
	点位编号	char(10)
	值	float
	时间	datetime

在监测点表上创建一个触发器，当更新"当前值"字段时，通过触发器将新数据插入到"监测点历史数据"表中，这样应用程序只需对"监测点"表进行操作。

代码如下：

```
CREATE TRIGGER tri_site
ON  监测点
FOR UPDATE
AS
BEGIN
INSERT INTO  监测点历史数据(序号, 点位编号, 值, 时间)
SELECT NEWID(), 点位编号, 当前值, GETDATE() FROM inserted
END
```

提示　　触发器以及激发它的语句被视为单个事务，该事务可以从触发器中回滚。如果检测到严重错误，则整个事务自动回滚。

2. 在 MySQL 中创建触发器

在 MySQL 中创建触发器的语法如下：

```
CREATE TRIGGER trigger_name
trigger_time trigger_event
ON table_name
FOR EACH ROW
```

trigger_body

各参数说明如下：

- trigger_name：标识触发器名称，用户自行指定；
- trigger time：标识触发时机，取值为 BEFORE 或 AFTER；
- trigger event：标识触发事件，取值为 INSERT、UPDATE 或 DELETE；
- table_name：标识建立触发器的表名，即在哪张表上建立触发器；
- trigger_body：触发器程序体，可以是一句 SQL 语句，或者用 BEGIN 和 END 包含的多条语句。

在触发器的执行过程中，可以使用 NEW 和 OLD 关键字，其作用与 SQL Server 中的 inserted 表和 deleted 表类似，用于表示触发器所在表中触发了触发器的那一行数据。在 INSERT 事件触发器中，NEW 用来表示将要插入的新数据。在 UPDATE 事件触发器中，OLD 用来表示修改前的数据，NEW 用来表示修改后的数据。在 DELETE 事件触发器中，OLD 用来表示被删除的数据。可以使用 "NEW.字段名"、"OLD.字段名" 访问操作的那行数据的新旧值。

在例 7-43 中，可以使用如下代码建立触发器：

```
CREATE TRIGGER tri_site
AFTER UPDATE
ON 监测点
FOR EACH ROW
BEGIN
INSERT INTO 监测点历史数据(序号, 点位编号, 值, 时间)
VALUES(UUID(),NEW.点位编号, NEW.当前值, SYSDATE());
END
```

其中：UUID()函数获得一个 36 字符的唯一标识符，SYSDATE()获取系统当前时间。

当在 "监测点" 表中执行 UPDATE 操作时，触发器中的代码会被执行，将新值插入到 "监测点历史数据" 表中。

7.8.3　管理触发器

1. 查看触发器

在 SQL Server 中，可以用系统存储过程 sp_help、sp_helptext 和 sp_depends 分别查看有关触发器的概要信息、正文信息和所涉汲表的信息。

例如，查看触发器 "tri_site" 的正文信息可以用如下代码：

```
sp_helptext 'tri_site'
```

在 MySQL 中，可以通过 "SHOW TRIGGERS" 指令查看当前数据库里创建的触发器。如果要查看触发器的详细信息，可以查询 information_schema.`TRIGGERS`表获得。例如，查看 tri_site 触发器的详细信息，可运行如下代码：

```
SELECT * FROM information_schema.triggers WHERE trigger_name='tri_site';
```

2. 修改触发器

可以通过 ALTER TRIGGER 命令修改触发器正文，其语法格式如下：

    ALTER TRIGGER trigger_name

  /* 其语法和创建时相同，具体操作请参见创建触发器*/

3. 删除触发器

用户在使用完触发器后可以将其删除，只有触发器所有者才有权删除触发器。删除已创建的触发器，可用系统命令 DROP TRIGGER 删除指定的触发器，其语法形式如下：

    DROP TRIGGER 触发器名字

删除触发器所在的表时，将自动删除与该表相关的触发器。

7.9   游   标

游标可以对从表中检索的数据再进行操作。通过游标，可以一行一行地处理数据，一般在存储过程和触发器中使用，适合处理一些复杂的业务逻辑。

游标的使用由声明游标、打开游标、读取游标中的信息、关闭游标、释放游标五个部分组成。

1. 声明游标

通常，使用 DECLARE 来声明一个游标，语法格式如下：

    DECLARE <游标名称> [SCROLL] CURSOR FOR <select 语句>

Select 语句返回的结果是游标要操作的数据集合。SCROLL 表示游标可以向前向后双向推进，否则只能向前推进(NEXT)。

2. 打开游标

声明游标后，需要打开游标才能操作游标中的数据，语法格式如下：

    OPEN <游标名称>

打开游标后，游标处于活动状态并指向集合的第一条记录之前。

3. 读取游标中的信息

打开游标后，可以逐行地读取游标中的记录，语法格式如下：

    FETCH [NEXT | PRIOR | FIRST| LAST1 ABSOLUTE n | RELATIVE n] FROM <游标名称>

INTO 变量列表

各参数说明如下：

● NEXT：从当前位置向前推进一行并读取前一行的数据。

● PRIOR：从当前位置向后推进一行并读取后一行的数据。

● FIRST：推向第一行并读取第一行的数据。

● LAST：推向最后一行并读取最后一行的数据。

● ABSOLUTE n：如果 n 为正数，则表示从游标中返回的数据行数；如果 n 为负数，则返回游标内从最后一行数据算起的第 n 行数据。

- RELATIVE n：如果 n 为正数，则读取游标当前位置起向后的第 n 行数据；如果 n 为负数，则读取游标当前位置起向前的第 n 行数据。
- INTO 变量列表：把游标中的数据存放在多个变量中，变量的数据类型和数量要与游标声明时的 Select 语句查询的列的数据类型和数量相同。变量之间用逗号分隔。

读取游标后，在 SQL Server 中可以通过全局变量@@FETCH_STATUS 获知 FETCH 命令的状态。在每次用 FETCH 从游标中读取数据后，都应检查该变量，以确定上次 FETCH 操作是否成功，以决定如何进行下一步处理。@@FETCH_STATUS 变量有三个不同的返回值，见表 7-6。

表 7-6　@@FETCH_STATUS 变量返回值

返回值	描　　　述
0	FETCH 命令被成功执行
−1	FETCH 命令失败，数据超过游标数据结果集的范围
−2	所读取的数据已经不存在

在 MySQL 中，需要定义 NOT FOUND 的错误处理程序，没有读取成功时将自定义的变量值为某个值。

4. 关闭游标

游标使用完后，必须关闭游标来释放数据结果集和定位于数据记录上的锁，其语法如下：

CLOSE <游标名称>

5. 释放游标

在 SQL Server 中，当 CLOSE 命令关闭游标时，并没有释放游标占用的数据结构，因此，需要使用 DEALLOCATE 命令释放游标占用的所有系统资源，其语法如下：

DEALLOCATE <游标名称>

在 MySQL 中，关闭游标后就自动释放游标了，不需要此步骤。

【例 7-44】　某政府管理部门要求其所管辖的用能单位每月报送能耗数据，用能单位数据和报送的能耗数据如图 7-21 和图 7-22 所示。

单位编号	单位名称
1	单位1
2	单位2
3	单位3

编号	年份	月份	水	电	气	审核状态	单位编号
1	2025	1	100.00	200.00	80.00	1	1
2	2025	2	20.00	32.00	17.00	2	1
3	2025	3	65.00	76.00	9.00	0	1
4	2025	1	54.00	78.00	90.00	1	2
5	2025	2	34.00	20.00	40.00	0	2
6	2025	8	20.00	30.00	50.00	0	2
7	2025	6	16.00	42.00	30.00	1	3
8	2025	9	10.00	20.00	30.00	0	3

图 7-21　"用能单位"表中的数据　　　　图 7-22　"用能情况"表中的数据

在用能情况表中，审核状态为"0"表示"待审核"，为"1"表示"已审核"，为"2"表示"驳回修改"。

查询每个用能单位在某一年中每个月的数据报送情况和审核情况，如果某月没有上报数据要求显示"未上报"。

可以创建一个存储过程，以年份作为存储过程的参数，在存储过程中定义一个内存表变量，用于存储计算结果；通过使用游标逐行读取用能单位，对每个用能单位计算每一个月的报送情况，将结果存入内存表变量中，最后返回内存表变量中的数据。

SQL Server 代码如下：

```
Create procedure [dbo].[GetSummary]
@year int
as
begin
DECLARE @returntable table(单位编号 nchar(10), 单位名称 varchar(50), 年份 int, [1 月]
char(10), [2月] char(10), [3月] char(10), [4月] char(10), [5月] char(10), [6月] char(10), [7月] char(10), [8
月] char(10), [9月] char(10), [10月] char(10), [11月] char(10), [12月] char(10))  //定义表变量
DECLARE @orgid int, @m1 char(10), @m2 char(10), @m3 char(10), @m4 char(10), @m5 char(10),
@m6 char(10), @m7 char(10), @m8 char(10), @m9 char(10), @m10 char(10), @m11 char(10), @m12
char(10) --定义变量，存储每一个月的上报状态或审核状态
DECLARE @status varchar(10)
DECLARE @orgname varchar(50)
DECLARE sel cursor for   select 单位编号, 单位名称 from 用能单位 --声明游标
open sel   --打开游标
fetch next from sel into @orgid, @orgname --将游标中的数据存入变量
while @@FETCH_STATUS = 0   --判断游标是否读取成功
begin
--计算 1 月
if exists(select * from 用能情况 where 单位编号 = @orgid and 年份 = @year and 月份 = 1)
--如果当前行的用能单位在本年 1 月上报了数据
    begin
    select @status = 审核状态 from 用能情况 where 单位编号 = @orgid and 年份 = @year and
月份 = 1   --获取上报数据的审核状态
    set @m1 = case when @status = 0 then '待审核' when @status = 1 then '已审核' when @status = 2
then '驳回修改' end --将状态值转换为中文含义
    end
else
    set @m1 = '未上报'  --如果没有上报数据则
--计算 2 月
if exists(select * from 用能情况 where 单位编号 = @orgid and 年份 = @year and 月份 = 2)
    begin
    select @status = 审核状态 from 用能情况 where 单位编号 = @orgid and 年份 = @year and
月份=2
    set @m2 = case when @status=0 then '待审核' when @status = 1 then '已审核' when @status = 2
then '驳回修改' end
```

```
        end
    else
        set @m2 = '未上报'
    …
        --计算 12 月
    if exists(select * from 用能情况 where 单位编号 = @orgid and 年份 = @year and 月份 = 12)
        begin
        select @status = 审核状态 from 用能情况 where 单位编号 = @orgid and 年份 = @year and
月份 = 12
        set @m12 = case when @status = 0 then '待审核' when @status = 1 then '已审核' when @status =
2 then '驳回修改' end
        end
    else
        set @m12 = '未上报'
    insert into @returntable
    values(@orgid, @orgname, @year, @m1, @m2, @m3, @m4, @m5, @m6, @m7, @m8, @m9,
@m10, @m11, @m12)   --将计算结果存入内存表变量
    fetch next from sel into @orgid, @orgname   //从游标中提取下一行数据
    end
    close sel   --关闭游标
    deallocate sel   --释放游标
    select * from @returntable --返回内存表变量中的数据
    end
```

MySQL 的代码如下：

```
CREATE PROCEDURE GetSummary(iyear int)
BEGIN
DECLARE orgid,m1, m2, m3, m4, m5, m6, m7, m8, m9, m10, m11, m12 char(10); -- 定义变量，存
储每一个月的上报状态或审核状态
DECLARE checkstatus varchar(10) ;
DECLARE orgname varchar(50) ;
DECLARE sel cursor for   select 单位编号, 单位名称 from 用能单位 ;-- 声明游标
DECLARE CONTINUE HANDLER FOR NOT FOUND SET @finished =1; -- 定义错误处理程序
DROP TABLE if EXISTS returntable;
CREATE TEMPORARY TABLE returntable(单位编号 char(10), 单位名称 varchar(50), 年份 int,
`1 月` char(10), `2 月` char(10), `3 月` char(10), `4 月` char(10), `5 月` char(10), `6 月` char(10), `7 月`
char(10), `8 月` char(10), `9 月` char(10), `10 月` char(10), `11 月` char(10), `12 月` char(10));   -- 创建临
时表
SET @finished=0;
open sel ; -- 打开游标
```

```
fetch next from sel into orgid, orgname; -- 将游标中的数据存入变量
while @finished =0 do -- 判断游标是否读取成功
-- 计算 1 月
if exists(select * from 用能情况 where 单位编号 = orgid and 年份 = iyear and 月份 = 1) then
-- 如果当前行的用能单位在本年 1 月上报了数据
    select 审核状态 into checkstatus from 用能情况 where 单位编号 = orgid and 年份 = iyear
and 月份 =1 ; -- 获取上报数据的审核状态
    case when checkstatus = 0 then set m1 ='待审核';
        when checkstatus = 1 then set m1 ='已审核';
        when checkstatus = 2 then set m1 ='驳回修改' ;
        end case ; -- 将状态值转换为中文含义
    else
        set m1 ='未上报';  -- 如果没有上报数据则
    end if;
    -- 计算 2 月
    ...
    -- 计算 12 月
    if exists(select * from 用能情况 where 单位编号 = orgid and 年份 = iyear and 月份 = 12) then
-- 如果当前行的用能单位在本年 1 月上报了数据
    select 审核状态 into checkstatus from 用能情况 where 单位编号 = orgid and 年份 = iyear
and 月份 =12 ; -- 获取上报数据的审核状态
    case when checkstatus = 0 then set m12 ='待审核';
        when checkstatus = 1 then set m12 ='已审核';
        when checkstatus = 2 then set m12 ='驳回修改' ;
        end case ; -- 将状态值转换为中文含义
    else
        set m12 ='未上报';  -- 如果没有上报数据则
    end if;
    insert into returntable
    values(orgid, orgname, iyear, m1, m2, m3, m4,m5, m6, m7, m8, m9, m10, m11, m12);  -- 将计算结
果存入临时表
    fetch next from sel into orgid, orgname;  -- 从游标中提取下一行数据
    END WHILE;
    close sel;  -- 关闭游标
    select * from returntable; -- 返回数据
    drop table returntable; -- 删除临时表
    END;
```

运行存储过程：

```
EXEC GetSummary 2025    -- SQL Server 中调用存储过程
```

或

CALL GetSummary(2025)　-- MySQL 中调用存储过程

运行结果如图 7-23 所示。

单位编号	单位名称	年份	1月	2月	3月	4月	5月	6月	7月	8月	9月	10月	11月	12月
1	单位1	2025	已审核	驳回修改	待审核	未上报	未上报	未上报	未上报	未上报	未上报	未上报	未上报	未上报
2	单位2	2025	已审核	待审核	未上报	未上报	未上报	未上报	待审核	未上报	未上报	未上报	未上报	未上报
3	单位3	2025	未上报	未上报	未上报	未上报	未上报	已审核	待审核	未上报	未上报	未上报	未上报	未上报

图 7-23　运行结果

本 章 小 结

本章主要讲述数据库常用的一些高级对象的应用和管理。首先介绍了视图的概念、应用及其在不同方式下创建和管理视图。视图作为一个查询结果集，虽然与表具有相似的结构，但它实质上是一张虚表。视图所展示的数据并不是以视图的结构存储在数据库中，而是存储在视图所引用的基本表中。视图的存在为保障数据库的安全性提供了新手段。

然后介绍了索引的工作原理及其使用、事务和锁的概念、事务的 ACID 特性和锁的工作原理以及它们的应用；讲述了数据库编程基础、存储过程的概念、用途和使用方法，介绍了用户自定义函数的应用。最后介绍了游标的使用。当几条 SQL 语句无法完成特定任务时，可以通过游标一行一行读取数据，来编写业务逻辑代码完成特定的任务。

读者应从概念、作用和应用的角度深入学习本章节内容，特别是视图和存储过程，它们的应用非常广泛。无论对于开发人员，还是对于数据库管理人员来说，熟练地使用视图和存储过程，尤其是系统存储过程，并深刻理解与存储过程和触发器相关的各个方面内容，是极为必要的。

习　题　7

一、选择题

1. 表示两个或多个事务可以同时运行而不互相影响的是(　　)。

A. 原子性　　　　B. 一致性　　　　C. 独立性　　　　D. 持久性

2. 事务一旦提交，其对数据库中数据的修改就是永久的，后续的操作或故障不会对事务的操作结果产生任何影响，这个特性是事务的(　　)。

A. 原子性　　　　B. 持久性　　　　C. 一致性　　　　D. 隔离性

3. 如果事务 T 获得了数据项 Q 上的排它锁，则 T 对 Q(　　)。

A. 只能读不能写　　　　　　　　B. 只能写不能读

C. 既可读又可写　　　　　　　　D. 不能读不能写

4. SQL 语言中的 COMMIT 语句的主要作用是(　　)。

A. 结束程序　　　B. 返回系统　　　　C. 提交事务　　　D. 存储数据

5. 视图是一种常用的数据对象，它是提供查看和检索数据的另一种途径，可以简化数据库操作。下列关键字中，不允许出现在建立视图语句中的是(　　)。

A. GROUP BY　　B. INNER JOIN　　C. ORDER BY　　D. HAVING

6. 设有学生表，结构为：学生表(学号，姓名，所在系)。现要建立统计每个系的学生人数的视图，正确语句是(　　)。

A. CREATE VIEW v1 AS SELECT 所在系, COUNT(*) FROM 学生表 GROUP BY 所在系

B. CREATE VIEW v1 AS SELECT 所在系, SUM(*) FROM 学生表 GROUP BY 所在系

C. CREATE VIEW v1(系名，人数) AS SELECT 所在系, SUM(*) FROM 学生表 GROUP BY 所在系

D. CREATE VIEW v1(系名，人数) AS SELECT 所在系, COUNT(*) FROM 学生表 GROUP BY 所在系

7. 创建触发器的用处主要是(　　)。

A. 提高查询效率　　　　　　　　　B. 维护数据的完整性

C. 增加数据的安全性　　　　　　　D. 提供用户查看数据的角度

8. 视图是从(　　)中导出的。

A. 基本表　　　　　B. 视图　　　　C. 基本表或视图　　　D. 数据库

9. 建立索引的目的是(　　)。

A. 提高数据检索的速度　　　　　　B. 提高数据更新的速度

C. 提高数据库的安全性　　　　　　D. 提高数据库的并发能力

10. 关于视图，下列说法中正确的是(　　)。

A. 通过视图可以一次更新多个基本表的数据

B. 视图可用于数据集成，存储了多个表的数据

C. 在 MySQL 中，通过"describe 视图名"，可以查看视图结构信息

D. 视图无法隐藏敏感数据，降低了数据安全性

11. 下列有关索引的说法中，错误的是(　　)。

A. 重复值较多的列，不建议建立索引

B. 对排序、分组或表连接涉及的字段建立索引，可以提高检索效率

C. 根据索引与数据物理存储关系分类为可分为聚集索引和非聚集索引

D. 索引可以提高检索效率，因此，索引数量越多越好

12. 下列关于存储过程的说法不正确的是(　　)。

A. 存储过程是用 SQL 语言编写的　　B. 存储过程在客户端执行

C. 存储过程可以反复多次执行　　　　D. 存储过程可以提高数据库的安全性

13. 创建存储过程应使用的语句是(　　)。

A. CREATE PROCEDURE　　　　　B. DROP PROCDEDURE

C. CREATE FUNCTION　　　　　　D. DROP FUNCTION

14. 用户定义的一系列数据库更新操作，这些操作要么都执行，要么都不执行，是一个不可分割的逻辑工作单元，这体现了事务的(　　)。

A. 原子性　　　　B. 一致性　　　　C. 隔离性　　　　D. 持久性

15. 若事务 T1 对数据 A 已加排它锁，那么其他事务对数据 A(　　)。

A. 加共享锁成功，加排它锁失败　　　　B. 加排它锁成功，加共享锁失败

C. 加共享锁、排它锁都成功　　　　　　D. 加共享锁、排它锁都失败

16. 打开已声明的游标 scursor1，应使用的语句是(　　)。

A. OPEN scursor1　　　　　　　　　B. OPEN CURSOR scursor1

C. OPEN scursor1 CURSOR　　　　　D. DECLARE scursor1 CURSOR

二、问答题

下述问答题如无特别说明，均是利用 ToyUniverse 数据库中的数据进行操作、上机实习。

1. 玩具店店长经常需要查看订单信息，创建一个视图来显示所查询的信息。所涉及的信息有订单号、订单日期、购物者姓名、玩具名、数量、单价。(提示：所涉及的信息包含在 Orders、OrderDetail、Shopper 和 Toys 四个表当中。)

2. 创建一个视图，通过视图来免去一次订购总价超过 100 元的订单的包装费。

3. 创建一个叫 prcAddCategory 的存储过程，将下列数据添加到表 7-7 中。

表 7-7　Category 数据表

Category Id	Category	Description
018	Electronic Games	这些游戏中包含了一个和孩子们交互的屏幕

4. 创建存储过程，接收一个玩具代码，显示该玩具的名称和价格。

5. 创建一个叫 prcCharges 的过程，按照给定的订货代码返回船运费和包装费。

6. 创建一个叫 prcHandlingCharges 的存储过程，接收一个订货代码并显示处理费。存储过程 prcHandlingCharges 中应该用到存储过程 prcCharges，以取得船运费和包装费。(提示：处理费 = 船运费 + 包装费)

7. 创建一个存储过程，以当天的日期为输入参数，返回当天的订单信息，订单显示的内容和第 1 题相同。

8. 创建一个函数，函数的参数是当天的日期，返回当天的订单数量，订单显示的内容和第 1 题相同。

9. 当购物者为某个特定的玩具选择礼品包装时，依次执行下列步骤：

(1) 属性 cGiftWrap 中应当存放 'Y'，属性 cWrapperId 应根据选择的包装代码进行更新。

(2) 礼品包装费用应当更新。

(3) 上述步骤应当具有原子性。

(4) 将上述事务转换成过程，该过程接收订货代码、玩具代码和包装代码作为参数。

10. 如果购物者改变了订货数量，则玩具总价将自动修改。(玩具总价 = 数量 × 玩具单价)

第 8 章　数据库系统的安全

本章要点 ✍

◆ 了解 SQL Server 安全控制机制。
◆ 掌握 SQL Server 登录账号、角色、用户和访问权限的管理。
◆ 熟悉 MySQL 安全控制机制。
◆ 掌握 MySQL 登录账号、角色、用户和访问权限的管理。

8.1　概　　述

安全控制对于任何一个数据库管理系统来说都是至关重要的。数据库通常存储了大量的数据，这些数据可能包括个人信息、客户清单或其他机密资料。如果有人未经授权非法侵入数据库，并窃取、查看或修改了数据，必然会造成极大的危害，特别是在金融等系统中尤为严重。数据库管理系统通过使用身份验证、数据库用户权限确认和限制访问权限等措施来保护数据库中的信息资源。

安全性并非数据库管理系统所独有，实际上在许多系统上都存在安全性问题。数据库的安全控制是指在数据库应用系统中，在不同层次上，对有意和无意损害数据库系统的行为提供的安全防范。

在数据库中，对有意的非法活动可采用加密存取设计的方法进行控制；对有意的非法操作可使用用户身份验证、限制操作权来控制；对无意的损坏可采用提高系统的可靠性和数据备份等方法来控制。

在介绍数据库管理系统如何实现对数据的安全控制之前，先了解一下数据库系统的安全控制模型和数据库中对数据库用户的分类。

8.1.1　数据库系统的安全控制模型

图 8-1 显示了一般的数据库系统应用系统的安全认证过程。

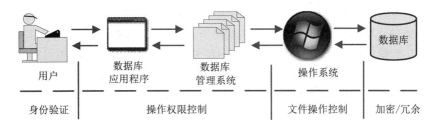

图 8-1 数据库系统的安全模型

当用户要访问数据库里面的数据时，第一步通常是要通过数据库应用程序，在这一步用户必须向数据库应用程序提供其身份凭证；数据库应用程序将这些身份凭证提交给数据库管理系统进行验证，只有合法的用户才能进入到下一步操作。对于已通过身份验证的合法用户，当我们要执行数据库操作时，第二步是 DBMS 要验证此用户是否具备这种操作权，只有拥有相应的操作权才能进行操作，否则拒绝执行用户的操作。第三步验证是在操作系统这一级，如设置文件的访问权限等。此外，存储在磁盘上的文件，还可以采用加密存储，这样即使数据被人窃取，也很难读懂数据。另外还可以将数据库文件保存多份，当出现意外情况时(如磁盘损坏)，不至于丢失数据。这里只讨论与数据库有关的用户身份验证和用户权限管理等技术。

在一般的数据库系统中，安全措施是一级级层层设置的。

8.1.2 数据库权限和用户分类

通常情况下将数据库中的权限划分为两类：第一类是对数据库管理系统正常运行所需的维护权限，第二类是对数据库中的对象和数据的操作权限。第二类又分为两种：第一种是对数据库对象的权限，包括创建、删除和修改数据库对象；第二种是对数据库数据的操作权，包括对表、视图数据的增加、删除、修改、查询权和对存储过程的执行权。

数据库中的用户按其操作权限的大小可分为三类：

(1) 数据库系统管理员。数据库系统管理员拥有数据库中全部的权限。当用户以系统管理员身份对数据库进行操作时，数据库管理系统不对其权限进行任何权限验证。

(2) 数据库对象拥有者。数据库对象拥有者对其所拥有的对象具有一切权限。

(3) 普通用户。普通用户只具有对数据库数据的增加、删除、修改和查询权。

在数据库中，为了简化对用户操作权限的管理，可以将具有相同权限的一组用户组织在一起，这组用户在数据库中称为"角色"。

8.1.3 SQL Server 的安全机制

SQL Server 的安全性是建立在认证(authentication)和访问许可(permission)机制上的。SQL Server 数据库系统的安全管理具有层次性，安全级别可分为三层。

第一层是 SQL Server 服务器级别的安全性。这个级别的安全性是建立在控制服务器的登录账号和密码基础上的，需验证该用户是否具有连接到数据库服务器的"连接权"。即必须有正确的服务器登录账号和密码，才能连接上 SQL Server 服务器，SQL Server 提供了 Windows 账号登录和 SQL Server 账号登录两种方式，根据登录账号的角色决定用户权限。

第二层是数据库级别的安全性。通过第一层安全检查后，就要接受第二层安全性检查，即用户是否具备访问某个数据库的权限。如果不具备权限，拒绝访问。当创建服务器登录账号时，系统会提示选择默认的数据库，该账号在连接到服务器后，会自动转到默认的数据库上。默认情况下，Master 数据库是登录账号的默认数据库。但由于 Master 数据库保存了大量系统信息，所以不建议设置默认数据库为 Master。

第三层是数据库对象级别的安全性。用户通过前两层的安全验证后，在对具体的数据库对象进行操作时，将进行权限检查，即用户要想访问数据库里的对象，必须事先赋予访问权限；否则，系统将拒绝访问。数据库对象的拥有者拥有对该对象的全部权限。在创建数据库对象时，SQL Server 自动把该对象的所有权赋予该对象的创建者。

由于 SQL Server 是支持客户/服务器结构的关系数据库管理系统，而且它与 Windows 的操作系统很好地融合在了一起，因此 SQL Server 的许多功能，包括安全机制都与操作系统进行了很好的集成。

SQL Server 登录账号的来源有两种：

● Windows 授权用户：来自 Windows 的用户或组。

● SQL 授权用户：来自非 Windows 的用户，我们也将这种用户称为 SQL 用户。

SQL Server 为不同的登录账号类型提供了不同的安全认证模式，主要有以下三种。

1. Windows 身份验证模式

Windows 身份验证模式允许用户通过 Windows 家族的用户进行连接。在这种安全模式下，SQL Server 将通过 Windows 来获取信息，并对账号名和密码进行重新验证。当使用 Windows 身份验证模式时，用户必须首先登录到 Windows 中，然后再登录到 SQL Server。而且用户登录到 SQL Server 时，只需选择 Windows 身份验证模式，而无需再提供登录账号和密码，系统会从用户登录到 Windows 时提供的用户名和密码中查找当前用户的登录信息，以判断其是否为 SQL Server 的合法用户。图 8-2 显示的是选择 Windows 身份验证模式的情形。

图 8-2　Windows 身份验证模式

与 SQL Server 认证模式相比，Windows 认证模式具有许多优点，原因在于 Windows

认证模式集成了 Windows 的安全系统，如安全合法性、口令加密、对密码最小长度进行限制等。所以当用户试图登录到 SQL Server 时，它从 Windows Server 的网络安全属性中获取登录用户的账号与密码，并使用 Windows Server 验证账号和密码的机制来检验登录的合法性，从而提高了 SQL Server 的安全性。

2. SQL Server 身份验证模式

在该认证模式下，用户在连接 SQL Server 时必须提供登录账户和登录密码，这些登录信息存储在系统表 syslogins 中，与操作系统的登录账号无关。SQL Server 自己执行认证处理，如果输入的登录信息与系统表 syslogins 中的某条记录相匹配，则表明登录成功。

3. 混合验证模式

在混合认证模式下，Windows 认证和 SQL Server 认证这两种认证模式都是可用的。在使用客户应用程序连接 SQL Server 服务器时，如果没有传递登录账户和密码，SQL Server 将自动认定用户要使用 Windows 身份验证模式，并且在这种模式下对用户进行认证。如果传递了登录账户和密码，则 SQL Server 认为用户要使用 SQL Server 身份验证模式，并将所传来的登录信息与存储在系统表中的数据进行比较。如果匹配，就允许用户连接到服务器，否则拒绝连接。

在对象资源管理器中，右键单击"服务器节点"，在弹出的菜单中选择"属性"；在弹出的"属性"窗口中，选择"安全性"标签页，其显示的窗口如图 8-3 所示。

图 8-3　设置身份验证模式

在图 8-3 所示窗口的"安全性"对话框中，在"服务器身份验证"部分有"Windows 身份验证模式"和"SQL Server 和 Windows"身份验证模式两个单选按钮，前一个单选按钮代表使用 Windows 验证模式，后一个单选按钮代表使用混合验证模式。

8.1.4　MySQL 的安全机制

MySQL 中主要包含 root 用户和普通用户。root 用户拥有一切权限，普通用户只能拥有部分权限。

在 MySQL 的系统数据库 mysql 中存储着权限表，主要包括 mysql.user、mysql.db、table_priv、columns_priv、procs_priv 表。user 表记录了允许连接到服务器的账号信息，里面的权限是全局级的。例如，一个用户在 user 表中被授予了 DELETE 权限，则该用户可以删除 MySQL 服务器上所有数据库中的任何记录。db 表存储了用户对某个数据库的操作权限，决定用户能从哪个主机存取哪个数据库。tables_priv 表用来对表设置操作权限，columns_priv 表用来对表的某一列设置权限。procs_priv 表用来对存储过程和存储函数设置操作权限。

其认证过程如图 8-4 所示。

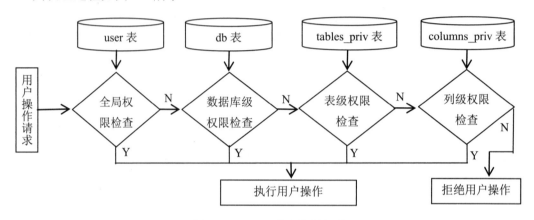

图 8-4　MySQL 安全控制机制

用户通过登录验证后，MySQL 将对用户提交的每项数据库操作进行权限检查，判断用户是否具有足够的权限执行相应操作。首先查看 user 表中是否存在相匹配的操作权限，如果有则执行操作，没有则查看 db 表中是否存在相匹配的操作权限，有则执行操作，没有则查看 tables_priv 表中是否存在相匹配的操作权限，有则执行操作，没有则查看 columns_priv 表中是否存在相匹配的操作权限，有则执行操作，无则拒绝操作。

8.2　用　户　管　理

8.2.1　SQL Server 登录名管理

在 SQL Server 中，必须要有登录名才能连接到数据库服务器。安装完 SQL Server 后，启动对象资源管理器，在控制台左边窗格中依次展开"安全性"节点，然后单击"登录名"节点，可以在内容窗格中看到如图 8-5 所示的登录名，其中，sa 为超级管理员登录名。

图 8-5　系统登录账号

当一个服务器上有多个数据库系统时，如果都用系统的登录名，会导致数据库的安全性存在极大的安全隐患。所以在用户创建自己的数据库时，通常创建自己的登录名。

右键单击"安全性"文件夹，指向"新建"，然后单击"登录名"，在弹出的快捷菜单中选择"新建登录名"，在"常规"页上的"登录名"框中输入用户名，如图 8-6 所示。

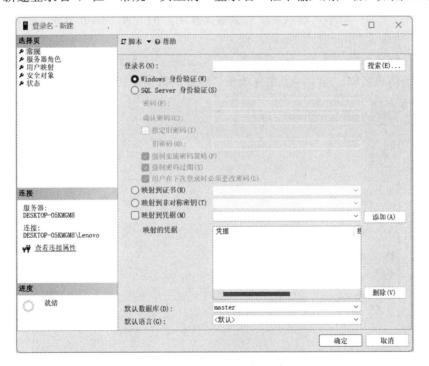

图 8-6　新建对话框"常规"页

"常规"页中主要包含以下内容：

● 登录名：在"登录名"文本框中输入要创建的登录账号名，也可以使用右边的"搜索"按钮打开"选择用户和组"对话框，查找 Windows 账号。

- Windows 身份验证：指定该登录账号使用 Windows 集成安全性。

- SQL Server 身份验证：指定该登录账号为 SQL Server 专用账号，使用 SQL Server 身份验证。如果选择"SQL Server 身份验证"，则必须在"密码"和"确认密码"文本框中输入密码，SQL Server 不允许空密码。根据需要对"强制实施密码策略""强制密码过期""用户在下次登录时必须更改密码"复选框进行选择。

8.2.2　SQL Server 用户管理

在 SQL Server 中，数据库用户与登录名是两个不同的概念。一个合法的登录名只表明该登录名通过了 Windows 认证或 SQL Server 认证，但不能表明其可以对数据库数据和数据对象进行某种或某些操作。所以一个登录名总是与一个或多个数据库用户相对应，这样才可以访问数据库。例如，登录账号 sa 自动与每一个数据库用户 dbo 相关联。

使用 SQL Server Management Studio 创建数据库用户的步骤如下：

(1) 在 SQL Server Management Studio 中，打开对象资源管理器，然后展开"数据库"文件夹。

(2) 展开要在其中创建新数据库用户的数据库。

(3) 右键单击"安全性"文件夹，指向"新建"，再单击"用户"，如图 8-7 所示。

(4) 在"常规"页的"用户名"框中输入新用户的名称。

(5) 在"登录名"框中，输入要映射到数据库用户的 SQL Server 登录名的名称。

(6) 单击"确定"。

当然，在创建一个 SQL Server 登录账号时，就可以先为该登录账号定出其在不同数据库中所使用的用户名称，这实际上也完成了创建新的数据库用户这一任务。

图 8-7　在 SQL Server 中创建数据库用户

8.2.3　MySQL 用户管理

1. 创建用户

在 MySQL 中，不需要像 SQL Server 一样单独创建一个登录名，用户名即登录名。可以通过可视化界面对用户进行管理，如图 8-8 所示，在 Navicat Premium 的工具栏中点击"User"→"new user"可新建用户并分配权限。

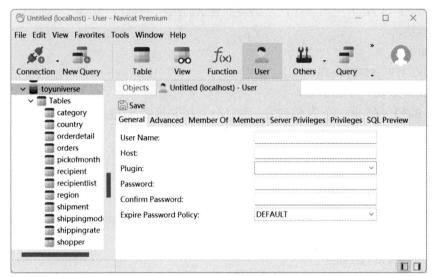

图 8-8　在 MySQL 中创建数据库用户

MySQL 和 SQL Server 等关系型数据库都提供命令方式创建用户，格式大同小异，以下是在 MySQL 中创建用户的语法格式：

CREATE USER [IF NOT EXISTS] '用户名'[@'主机地址或标识']

[IDENTIFIED [WITH AUTH_PLUGIN] BY '用户口令' | RANDOM PASSWORD]

[WITH resource_option [resource_option] ...]

[password_option];

各参数说明如下：

(1) IF NOT EXISTS 为可选参数，表示如果用户名不存在，则创建用户，否则不创建用户。

(2) 使用 CREATE USER 语句可一次性创建多个用户，不同用户的配置信息使用逗号分隔。

(3) 创建用户时，可指定用户访问数据库时允许的主机信息，如主机标识或名称、主机地址或特殊符号，"%"表示任意位置。

(4) IDENTIFY 子句使用 WITH AUTH_PLUGIN 指定口令加密策略。通过 BY 关键字指明口令明文或随机口令 RANDOM PASSWORD。

(5) 可选子句[WITH resource_option [resource_option] ...]使用 resource_option 配置用户对数据库资源使用约束。

(6) 可选子句[password_option]设定口令策略。

CREATE USER 语句还提供了其他参数，如用户锁、用户连接安全策略等信息。

【**例 8-1**】 创建一个只允许在 MySQL 所在服务器上登录的账户 student，密码为 student123，其他配置信息保持默认。

代码如下：

```
CREATE USER IF NOT EXISTS 'student'@'localhost'
IDENTIFIED BY 'student123';
```

【**例 8-2**】 创建一个允许在任意机器上登录的账户 user1，密码为 Evt@123，其他配置信息保持默认。

代码如下：

```
CREATE USER 'user1'@'%'
IDENTIFIED BY 'Evt@123';
```

【**例 8-3**】 创建一个只允许在 192.168.1.100 机器上登录的账户 user2，密码为 Small@123，其他配置信息保持默认。

代码如下：

```
CREATE USER 'user2'@'192.168.1.100'
IDENTIFIED BY 'Small@123';
```

创建用户也可以直接在 MySQL 数据库的 user 表中添加数据，添加成功后使用如下指令使用用户生效：

```
FLUSH PRIVILEGES;
```

2. 重命名用户账号

可以使用 RENAME USER 语句重命名用户账号，语法格式如下：

```
RENAME USER '原用户信息' TO '新用户信息'[,'原用户信息' TO '新用户信息']...
```

【**例 8-4**】 将已有用户 stud 重命名为 student，将主机信息从 localhost 修改为%。

代码如下：

```
RENAME USER 'stud'@'localhost' to 'student'@'%';
```

3. 修改用户口令

可以使用 ALTER USER 语句修改用户口令，其语法格式如下：

```
ALTER USER '用户名'@'主机信息' IDENTIFIED BY '新密码';
```

【**例 8-5**】 将主机信息为 localhost、用户名为 zw3 的用户口令修改为 AX02t7964。

代码如下：

```
ALTER USER 'zw3'@'localhost' IDENTIFIED BY 'AX02t7964';
```

4. 删除用户

可以使用 DROP USER 语句删除用户，其语法格式如下：

```
DROP USER '用户名'@'主机信息'[,'用户名'@'主机信息']
```

【**例 8-6**】 删除主机信息为 localhost，用户名为 zw3 的用户。

代码如下：

```
DROP USER 'zw3'@'localhost';
```

也可以在系统表 user 中删除用户。

【例 8-7】　删除主机信息为 localhost、用户名为 student 的用户。

代码如下：

```
DELELE FROM mysql.user
WHERE User = 'student' and Host = 'localhost';
```

直接从 user 表中删除数据后应使用 "FLUSH PRIVILEGES" 语句使操作生效。

8.3　管 理 权 限

8.3.1　权限管理简介

当用户成为数据库中的合法用户后，用户除了具有一些系统表的查询权之外，并不具备对数据库中的对象的任何操作权。因此，下一步就需要为数据库中的用户授予适当的操作权。实际上，将登录账号映射为数据库用户的目的也是为了方便对数据库用户授予数据库对象的操作权。用户对数据库的操作权限主要包括授予、拒绝和撤销等。

1. 对象权限

对象权限是指用户对数据库中的表、视图、存储过程等对象的操作权，相当于数据库操作语言(DML)的语句权限，如是否允许查询、增加、删除和修改数据等。具体包括：

(1) 对于表和视图，可以使用 SELECT、INSERT、UPDATE、DELETE、REFERENCES 等权限。

(2) 对于存储过程，可以使用 EXECUTE 权限、CONTROL 和查看等权限。

(3) 对于标量函数，主要有执行、引用、控制等权限。

(4) 对于表值型函数，有插入、更新、删除、查询和引用等权限。

2. 语句权限

语句权限相当于数据定义语言(DDL)的语句权限，这种权限专指是否允许执行语句 CREATE TABLE、CREATE PROCEDURE、CREATE VIEW 等与创建数据库对象有关的操作。

3. 隐含权限

隐含权限是指由数据库服务器预定义的服务器角色、数据库角色、数据库拥有者以及数据库对象拥有者所具有的权限。隐含权限相当于内置权限，无须明确地授予这些权限。例如，数据库拥有者自动地拥有对数据库进行任何操作的权限。

权限的管理包含以下三个方面的内容：

(1) 授予权限(GRANT)：允许用户或角色具有某种操作权。

(2) 撤销权限(REVOKE)：不允许用户或角色具有某种操作权，或者收回曾经授予的权限。

(3) 拒绝访问(DENY)：拒绝某用户或角色具有某种操作权，即使用户或角色由于继承而获得这种操作权，也不允许执行相应的操作。

8.3.2　权限的管理

1. SQL Server 权限管理

SQL Server 可使用可视化工具和 SQL 命令管理数据库用户权限，使用可视化工具管理权限的过程为：

(1) 启动 Management Studio，展开要设置权限的数据库，找到"安全性"节点展开。

(2) 单击"用户"节点，在需要分配权限的数据库用户上单击鼠标右键，在弹出的菜单中选择"属性"命令，打开"数据库用户"属性对话框，选择"安全对象"，如图 8-9 所示。

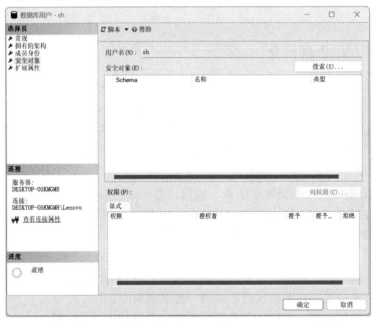

图 8-9　安全对象

(3) 单击右边的"搜索"按钮，将需要分配给用户的操作权限的对象添加到"安全对象"列表中，如图 8-10 所示。

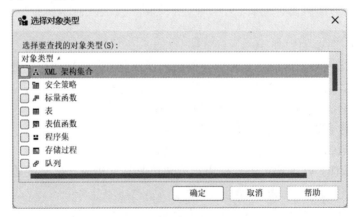

图 8-10　选择安全对象

（4）在"安全对象"列表中，选中要分配权限的对象，下面的"权限"列表中将列出该对象的操作权限。根据需要设置相应权限，如图 8-11 所示。

图 8-11　分配权限

2. MySQL 权限管理

1）授予权限

MySQL、SQL Server 等数据库均可使用 GRANT 命令授予用户或角色权限，其语法格式大同小异。MySQL 的 GRANT 命令的基本语法如下：

```
GRANT 权限名称[(字段列表)][,权限名称[(字段列表)]]...
ON 授权层次及对象
TO '用户名'@'主机信息'[,'用户名'@'主机信息']...
[WITH GRANT OPTION];
```

相关说明如下：

① 可以一次性将多个权限赋予用户，不同权限名称使用逗号分隔。

② ON 子句用于指明授权级别及对象，常见形式如下。*.*：服务器级别权限(全局权限)，执行成功后修改 mysql.user 表中记录。db_name.*：数据库级别权限，执行成功后修改 mysql.db 表中记录。db_name.table_name：表或列级别权限，授予表级别权限将修改 mysql.tables_priv 表中记录，授予列级别权限将修改 mysql.columns_priv 表中记录。db_name.routine_name：存储过程级别权限，执行成功后修改 mysql.routines_priv 表中记录。

③ TO 子句用于指明授予的用户或角色，可以将权限授予多个用户。

④ WITH GRANT OPTION 指示被授权者在获得指定权限的同时还可以将指定权限授予其他主体。

【例 8-8】 将选修表的查询权限授予用户 zhangsan。

代码如下：

GRANT SELECT ON sc TO zhangsan

【例 8-9】 将学生表的查询、更新、删除权限授予用户 zhangsan。

代码如下：

GRANT SELECT, UPDATE, DELETE ON student TO zhangsan

【例 8-10】 将学生表的查询权限授予用户 zhangsan，并且允许 zhangsan 把此权限授予其他用户。

代码如下：

GRANT SELECT ON student TO zhangsan WITH GRANT OPTION

【例 8-11】 为 user1 用户赋予数据库服务器的所有使用权限(ALL)，并允许权限由 user1 授予其他用户。

代码如下：

GRANT ALL ON *.* to 'user1'@'%' WITH GRANT OPTION

【例 8-12】 为 user1 用户赋予 stu 数据库上对象的查找、创建数据表和插入数据权限(SELECT、CREATE、INSERT)，并不允许权限由 user1 授予其他用户。

代码如下：

GRANT SELECT,CREATE, INSERT ON stu.* to 'user1'@'%'

【例 8-13】 为 user1 用户赋予 toyuniverse 数据库上玩具表 toys 的查找、插入、更新和删除数据权限(SELECT、INSERT、UPDATE、DELETE)，并不允许权限由 user1 授予其他用户。

代码如下：

GRANT SELECT, INSERT, UPDATE, DELETE

ON toyuniverse.toys TO 'user1'@'%'

【例 8-14】 为 user2 用户赋予 toyuniverse 数据库中订单表 orders 上 cOrderNo 字段和 dOrderDate 字段的查找数据权限(SELECT)，并不允许权限由 user2 授予其他用户。

代码如下：

GRANT SELECT(cOrderNo, dOrderDate)

ON toyuniverse.orders TO 'user2'@'192.168.1.100';

【例 8-15】 为 user3 用户赋予在 toyuniverse 数据库中创建表和创建视图的权限。

代码如下：

GRANT CREATE,CREATE view ON toyuniverse.* to user3

使用 GRANT 语句的注意事项：

① MySQL 不允许为不存在的用户授权，所以不能使用 GRANT 语句达到授权的同时创建用户的目的，必须先创建用户，然后才能授权；

② 对于字段级别权限，由于只能对字段进行查询、插入和更新操作，所以字段级别权限只支持 SELECT、INSERT 和 UPDATE 权限；

③ 使用 GRANT 语句授予不同级别的权限，将在相应的权限表格中创建或修改相应记录。

2) 查看权限

如果要查看用户的权限，可以使用 SHOW GRANTS 语句，基本语法如下：

SHOW GRANTS FOR '用户名'@'主机信息';

【例 8-16】　查看 user1 用户的权限授予情况。

代码如下：

SHOW GRANTS FOR 'user1'@'%';

如果要查看当前用户的权限授予情况，可以使用以下代码：

SHOW GRANTS FOR CURRENT_USER;

3）回收权限

REVOKE 命令用于撤销以前授予的权限，并不禁止用户、角色通过别的方式获得的权限。如果撤销了用户的某一权限并不一定能够禁止用户使用该权限，因为用户可能通过其他角色继承这一权限。

REVOKE 命令的语法如下：

REVOKE　权限名称[(字段列表)][,权限名称[(字段列表)]]...

ON　回收权限的层次及对象

FROM '用户名'@'主机信息'[,'用户名'@'主机信息']...;

【例 8-17】　回收 user1 用户对 stu 数据库中对象的 DELETE 权限和 SELECT 权限。

代码如下：

REVOKE SELECT, DELETE

ON stu.*

FROM 'user1'@'%';

8.3.3　角色

角色(Role)是对权限集中管理的一种机制，是权限的集合。通常根据特定需要，将一系列权限集中在一起构成角色。

在 SQL Server 中，有一些内置角色，分为固定服务器角色和固定数据库角色，如表 8-1 和表 8-2 所示。

表 8-1　SQL Server 的固定服务器角色及其权限

固定服务器角色	描　　述
sysadmin	在 SQL Server 中进行任何活动，该角色的权限跨越所有其他固定服务器角色
serveradmin	更改和配置服务器范围的设置
setupadmin	添加和删除链接服务器，并执行某些系统存储过程，如 sp_serveroption
securityadmin	管理服务器登录名及其属性
processadmin	管理在 SQL Server 实例中运行的进程
dbcreator	创建和改变数据库
diskadmin	管理磁盘文件
bulkadmin	执行 BULK INSERT 语句
public	每个 SQL Server 登录账号都属于 public 服务器角色。如果没有给某个登录账号授予特定权限，该用户将继承 public 角色的权限

表 8-2　SQL Server 的固定数据库角色及其权限

固定数据库角色	描　　述
db_owner	进行所有数据库角色的活动，以及数据库中的其他维护和配置活动。该角色的权限跨越所有其他固定数据库角色
db_accessadmin	在数据库中添加或删除用户以及 SQL Server 用户
db_datareader	查看来自数据库中所有用户表的全部数据
db_datawriter	添加、更改或删除来自数据库中所有用户表的数据
db_ddladmin	添加、修改或除去数据库中的对象(运行所有 DDL)
db_securityadmin	管理 SQL Server 数据库角色的角色和成员，并管理数据库中的语句和对象权限
db_backupoperator	有备份数据库的权限
db_denydatareader	拒绝选择数据库数据的权限
db_denydatawriter	拒绝更改数据库数据的权限
dbm_monitor	VIEW 数据库镜像监视器中的最新状态

用户不能添加、删除或更改固定的服务器或数据库角色，但可以将数据库用户添加到这些角色中，使其成为角色中的成员，从而具有角色的权限。一个用户可以分配多个角色，也允许一个角色分配给多个用户。除了固定的角色，用户可以创建新的角色。

1. 创建角色

创建角色的语法格式如下：

```
CREATE ROLE '角色名称'
```

【例 8-18】　创建一个教师角色 teacher。

代码如下：

```
CREATE ROLE teacher
```

2. 为角色授权

可使用 Grant 语句将权限赋予角色。

【例 8-19】　为教师角色 teacher 授予服务器级别全局权限。

代码如下：

```
GRANT ALL PREVILEGE ON *.* TO teacher;
```

【例 8-20】　为学生角色 stu 授予 sc 表的查找 SELECT、插入数据 INSERT、更新数据 UPDATE 和删除数据 DELETE 权限。

代码如下：

```
GRANT SELECT, INSERT, UPDATE, DELETE
ON sc
TO stu;
```

3. 为用户分配角色。

可使用 GRANT 语句为用户分配角色。

【例 8-21】　为用户 zhangsan 分配 teacher 角色。

代码如下：

```
GRANT teacher TO zhangsan
```

可以一次性将角色分配给多个用户，不同用户用逗号分开。

【例 8-22】　为用户 zhangsan、szw 分配 teacher 角色。

代码如下：

```
GRANT teacher TO zhangsan,szw
```

4. 角色激活

在 SQL Server 数据库中，角色会立即生效，但是在 MySQL 数据库中，还需要将角色激活后才能生效。可使用 SET DEFAULT ROLE 语句使角色生效。

【例 8-23】　使用户 szw 上的 teacher 角色生效。

代码如下：

```
SET DEFAULT ROLE 'teacher' TO 'szw';
```

可使用 SET DEFAULT ROLE ALL 语句使用户的全部角色生效。

【例 8-24】　使用户 szw 上的所有角色生效。

代码如下：

```
SET DEFAULT ROLE ALL TO 'szw';/*仅 MySQL 有效*/
```

5. 查看角色

使用 SELECT 语句查询 CURRENT_ROLE 函数可获得当前用户的生效角色。

【例 8-25】　查看当前用户生效的角色。

代码如下：

```
SELECT CURRENT_ROLE();
```

6. 角色撤销

可使用 REVOKE 语句回收已经分配给用户的角色，即撤销用户的角色，使用户不再具有这个角色里的权限。

【例 8-26】　回收用户 szw 的角色 teacher。

代码如下：

```
REVOKE teacher FROM szw;
```

也可以使用 DROP ROLE 语句删除角色，角色删除后，这个角色里的所有用户不再拥有这个角色里的权限。

【例 8-27】　删除角色 teacher。

代码如下：

```
DROP ROLE teacher;
```

本 章 小 结

数据库的安全管理是数据库系统中非常重要的部分，安全管理设置的好坏直接影响到数据库中数据的安全。因此，作为一个数据库系统管理员，必须深入研究数据的安全性问题，并进行适当的设置。本章详细介绍了 SQL Server 和 MySQL 的安全认证过程以及权限的种类，并阐述用户管理、权限管理、角色管理的具体方法。

作为一名系统管理员或安全管理员，在进行安全属性配置前，首先要确定这个用户应具有的权限，如果这类用户较多，应考虑使用角色。在 SQL Server 中应考虑使用哪种身份认证模式。在 MySQL 中，应考虑用户可以登录的主机地址。

习 题 8

一、问答题

1. SQL Server 的安全认证过程是什么？

2. SQL Server 的登录账号有哪两种？

3. 在 SQL Server 中，建立登录账号：user1，user2，user3，将 user1，user2，user3 映射为 ToyUniverse 数据库中的用户。

4. MySQL 的安全认证过程是什么？

5. 在 MySQL 中创建只能在本机登录的用户 user1，只能在 192.168.1.112 机器上登录的用户 user2，可以在任何机器上登录的用户 user3。

6. 将 toyuniverse 数据库所有表的查询权限授予用户 user3。

7. 什么是角色？

二、填空题

1. 创建用户 liming，口令为 Tx1785672 的语句是：＿＿＿＿＿＿＿＿＿＿＿＿＿。

2. 将 product 表的查询权限授予用户 liming 的 SQL 语句是：＿＿＿＿＿＿＿＿＿＿。

3. 用从户 liming 收回 product 表的查询权限的 SQL 语句是：＿＿＿＿＿＿＿＿＿＿。

4. 创建角色 subcompany 的语句是：＿＿＿＿＿＿＿＿＿＿＿＿＿＿＿＿。

5. 给角色 subcompany 授予 sale 数据库所有表的查询权的语句是：＿＿＿＿＿＿＿。

6. 将 Product 表的所有权限授予用户 User1、User2 和角色 manager 的 SQL 语句是：

＿＿＿＿＿＿＿＿＿＿＿＿＿＿＿＿＿＿＿＿＿＿＿＿＿。

7. 将用户 liming 的口令修改为"Ax17852265"的语句是：＿＿＿＿＿＿＿＿＿。

8. 在 MySQL 中，使用户 user1 的角色 manager 生效的语句是：＿＿＿＿＿＿＿＿＿。

第 9 章　数据库备份还原和日志管理

本章要点 ✍

- ◆ 掌握数据库备份与还原。
- ◆ 了解数据库迁移。
- ◆ 熟悉数据导入导出。
- ◆ 掌握数据库日志管理。

9.1　数据库备份与还原

通过备份数据库，可以将数据库备份到指定的文件中。当数据库损坏时，可以通过备份的文件恢复数据库。通过这种方式可以备份整个数据库，包括数据库中的对象和数据，但数据库恢复时，只能恢复到备份时的状态。

9.1.1　数据库备份的分类

1. 按备份内容分类

按备份内容分类可以分为物理备份和逻辑备份。

(1) 物理备份：对数据库操作系统的物理文件的备份，直接复制数据库的物理文件进行备份，如数据库文件和事务日志文件。

(2) 逻辑备份：使用软件技术对数据库逻辑件的备份，如数据表。逻辑备份导出的文件格式一般与原数据库的文件格式不同，只是原数据库中数据内容的一个映像。

2. 按备份时服务器是否在线分类

按备份时服务器是否在线可以分为冷备份、温备份和热备份。

(1) 冷备份：关闭数据库进行备份，能够较好地保证数据库的完整性。

(2) 温备份：在数据库运行状态中进行备份，但仅支持读请求，不允许写请求。

(3) 热备份：在数据库运行状态中进行备份，依赖于数据库的日志文件。

3. 按备份范围分类

按备份范围可以分为完整备份、差异备份和增量备份。

(1) 完整备份：包含数据库中的全部数据文件和日志文件信息，也被称为完全备份或全库备份。这种备份方式需要较多的存储空间和时间。

(2) 差异备份：只备份那些自上次完整备份之后被修改过的文件。这种备份方式相比完整备份节约存储空间和时间。至少要有一次完整备份才能执行差异备份。

(3) 增量备份：只针对那些自上次完整备份或者增量备份后被修改过的文件。

9.1.2   在 SQL Server 中备份与还原数据库

1. 备份数据库

在 SQL Server 中可以利用"SQL Server Management Studio"备份数据库，方法如下：

(1) 连接到相应的 Microsoft SQL Server 数据库引擎实例之后，在对象资源管理器中，单击服务器名称以展开服务器树；展开"数据库"结点，右键单击要备份的数据库，从弹出的快捷菜单中选择"任务"→"备份"命令，打开"备份数据库"对话框，如图 9-1 所示。

图 9-1   备份数据库

(2) 在"数据库"列表框中，验证要备份的数据库名称，也可以从列表中选择其他数据库。

(3) 可以对任意恢复模式执行数据库备份。

(4) 在"备份类型"列表框中，选择"完整"。注意，创建了完整数据库备份后，可以创建差异数据库备份，还可以根据需要选择"仅复制备份"复选框创建仅复制备份。"仅复制备份"是独立于常规 SQL Server 备份序列的 SQL Server 备份。

(5) 可以接受"名称"文本框中建议的默认备份集名称，也可以为备份集输入其他名称，或者在"说明"文本框中输入备份集的说明。

(6) 完成设定后，单击"确定"按钮，执行备份任务。

2．还原数据库

利用 SQL Server Management Studio 还原数据库的方法如下：

(1) 右键单击要备份的数据库，从快捷菜单中选择"任务"→"还原"→"数据库"，弹出如图 9-2 所示的界面。

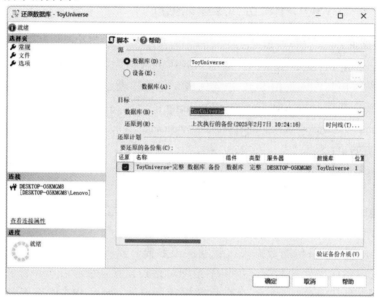

图 9-2　还原数据库

(2) 在"数据库"列表框中，验证要还原的数据库名称，也可以从列表中选择其他数据库。如果备份的数据库文件是从其他计算机拷贝过来的，可以选择"设备"，指定数据库备份文件，其扩展名为 .bak。

(3) 切换到"选项"页，设置还原选项，如图 9-3 所示。

图 9-3　还原数据库选项

如果本机存在一个与备份数据库同名的数据库，在还原选项中要选中"覆盖现有数据库"。

(4) 完成设定后，单击"确定"按钮，执行还原数据库任务。

9.1.3   在 MySQL 中备份与还原数据库

1. 备份数据库

MySQLdump 是 MySQL 提供的一个非常有用的数据库备份工具，它可以将数据库备份成一个文本文件，该文件内容由 SQL 语句组成，包含建表、插入数据指令，重新执行这些指令，可以重新创建表和插入数据。MySQLdump 的语法格式如下：

    mysqldump -u username -h host -ppassword databasename[tablename…]>filename.sql

各参数说明如下：

- username：用户名称。
- host：登录用户的主机名称。
- password：登录密码，-p 选项与密码之间不能有空格。
- databasename：需要备份的数据库名称。
- tablename：需要备份的数据表，若默认该参数，表示备份整个数据库。
- filename：备份文件的名称，如果不带绝对路径，默认保存在 bin 目录下。

【例 9-1】 使用 mysqldump 命令将数据库 toyuniverse 中的所有表备份到 D 盘的 toyuniversebak20240903.sql 文件里。

代码如下：

    mysqldump -uroot -p toyuniverse>d:\toyuniversebak20240903.sql

需在操作系统提示符下执行命令，如图 9-4 所示。

图 9-4   备份数据库

【例 9-2】 使用 mysqldump 命令将数据库 toyuniverse 中的 toys 表备份到 D 盘。

代码如下：

    mysqldump -uroot -p toyuniverse toys>d:/toyuniverse_toys_20240903.sql

【例 9-3】 使用 mysqldump 命令将数据库 toyuniverse 中的 toys 表和 orders 表备份到 D 盘。

代码如下：

    mysqldump -uroot -p toyuniverse toys orders>d:/toyuniverse_toys_orders_20240903.sql

【例 9-4】 使用 mysqldump 命令将数据库 toyuniverse 中的 toys 的结构备份到 D 盘

代码如下：

    mysqldump -uroot -p --opt --no-data toyuniverse toys>d:/toyuniverse_toys_struct_20240903.sql

此命令带有参数--no-data，备份的文件中只包含建表指令。

【例 9-5】　使用 mysqldump 命令将数据库 toyuniverse 备份到 D 盘。

代码如下：

```
mysqldump -uroot -p --databases toyuniverse >d:/toyuniverse_all_20240903.sql
```

此命令带有参数--databases，备份的文件中包含创建数据库指令、建表指令和数据插入指令。

【例 9-6】　使用 mysqldump 命令将数据库 toyuniverse 中的数据备份到 D 盘

代码如下：

```
mysqldump -uroot -p --opt --no-create-info toyuniverse >d:/toyuniverse_data_20240903.sql
```

此命令带有参数----no-create-info，备份的文件中只包含数据插入指令。

2. 还原数据库

在未登录 MySQL 服务器的情况下，可以使用 mysql 命令还原数据库，语法格式如下：

```
mysql -u username -p [databasename] < filename.sql
```

其中，databasename 为还原的数据库名称，如果 filename.sql 是包含创建数据库语句的文件，在执行的时候不需要指定数据库。

【例 9-7】　使用 mysql 命令和备份文件 toyuniversebak20240903.sql 还原 toyuniverse 数据库。

代码如下：

```
mysql -uroot -p   toyunivers <d:/toyuniversebak20240903.sql
```

在已登录 MySQL 服务器的情况下，可以使用 source 命令执行备份文件中的 SQL 命令来还原数据库，语法格式如下：

```
source 备份文件名
```

【例 9-8】　用备份文件 toyuniversebak20240903.sql 还原数据库。

代码如下：

```
source d:\toyuniversebak20240903.sql
```

9.2　数 据 库 迁 移

数据库迁移是指将数据库从一个服务器移动到另一个服务器上。通常在服务器硬件升级、数据库版本更新后需要进行数据库迁移。

在 SQL Server 中可以使用"分离"和"附加"的方法来迁移数据库。分离数据库是指将逻辑数据库从服务器中移去，使其不再受 DBMS 的管理，但这并不会将操作系统中的数据库文件和日志文件删除。附加数据库可以很方便地在 SQL Server 服务器之间利用分离后的数据库文件和日志文件组织成新的数据库，并保持数据库分离时的状态。低版本的数据库文件可以附加到高版本的服务器中，反之则不能附加。

在"对象资源管理器"中，在所要分离的数据库上单击右键，从快捷菜单中的"任务"中选择"分离"命令项，在弹出的对话框中按"确定"按钮即可。如图 9-5 所示，选择"分离"命令。

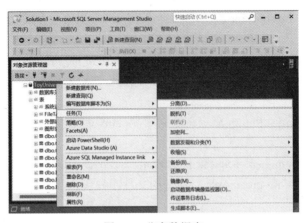

图 9-5 分离数据库

分离后，在 SQL Server Management Studio 中看不到被分离的数据库，因为它已经与数据库管理系统脱离了关系，可以将它的数据库文件和事务日志文件拷贝到另一台安装有 SQL Server 同版本或更高版本的机器上，然后通过"附加"数据库的方式将数据库挂入服务器。附加数据库的方法是：在"数据库"节点上单击右键，从快捷菜单中选择"附加(A)…"，在弹出的"附加数据库"对话框中，单击"添加"按钮，找到要附加的数据库文件即可，如图 9-6 所示。

图 9-6 附加数据库

在 MySQL 中，可以使用 mysqldump 命令对数据库备份，然后使用命令将其还原到目标数据库，实现数据库迁移，详见 9.1.3 节。

9.3 导入导出数据

数据库里的数据可以导出到其他数据库里，也可以导出到 xls 等文件里。反之，也可进行导入。

9.3.1　SQL Server 导入导出数据

在 SQL Server 中，可以使用 SQL Server Management Studio 将数据表中的数据导入和导出，使数据在 SQL Server 数据库之间、SQL Server 数据库和其他数据库之间、SQL Server 数据库和 Excel 等文件之间进行数据传递。方法如下：

选中要导入或导出的数据库，右击鼠标，从弹出的菜单中选择"任务"→"导出数据"，启动 SQL Server 导入导出向导。按向导点击"下一步"，选择数据源，即选择数据的来源地，如图 9-7 所示。

图 9-7　选择数据源

点击"下一步"，按向导进入选择目标界面，指定数据要进入的目的地，如图 9-8 所示。

图 9-8　选择目标

这里选择的是"Microsoft Excel"，表示将数据导入到 Excel 文件中。设置好 Excel 的相关参数后，点击"下一步"，按向导完成数据导入导出。

9.3.2　MySQL 导入导出数据

1. 导出数据

在 MySQL 中，可以使用可视化工具导出数据，也可以使用"SELECT……INTO

OUTFILE"命令将数据导出到本地服务器的文本文件中,其语法格式如下:

　　　　SELECT ……INTO OUTFILE filename [options]

其中,filename 为导出的文件名称,路径必须是由 secure_file_priv 变量指定的地址,可以使用"show variables like '%secure%'"命令查看路径地址。options 为可选参数选项,包含FIELDS 子句和 LINES 子句。

　　【例 9-9】 使用 SELECT…INTO OUTFILE 语句导出 toyuniverse 数据库中 orders 表的记录。要求字段之间用","隔开,字符型数据用双引号括起来。

　　代码如下:

```
SELECT * FROM toyuniverse.orders INTO OUTFILE 'c:/programdata/mysql/mysql server
8.0/uploads/orders.txt'
FIELDS
TERMINATED BY '\,'
OPTIONALLY ENCLOSED BY '\"'
LINES TERMINATED BY '\r\n';
```

2. 导入数据

　　可以使用可视化工具导入数据,也可以使用"LOAD DATA…INFILE"语句将数据导入到数据库。

　　【例 9-10】 使用 LOAD DATA…INFILE 语句将文件 c:/programdata/mysql/mysql server 8.0/uploads/orders.txt 中的数据导入到 tst1 数据库中的 orders 表。

　　代码如下:

```
LOAD DATA INFILE 'C:/ProgramData/MySQL/MySQL Server 8.0/Uploads/orders.txt' INTO TABLE
tst1.orders
FIELDS TERMINATED BY '\,'
OPTIONALLY ENCLOSED BY '\"'
LINES TERMINATED BY '\r\n'
```

9.4　日志管理

　　SQL Server 和 MySQL 都有日志文件,日志文件中记录着数据库运行期间发生的变化;包括数据库的客户端连接状况、SQL 语句的执行情况和错误信息等。对数据库维护工作而言,这些日志文件是不可缺少的。

　　SQL Server 的日志可以使用 SQL Server Management studio 查看。具体步骤如下:

　　(1) 在"对象资源管理器"中,展开"管理"节点。

　　(2) 右键点击"数据库日志",选择"查看数据库日志"

　　MySQL 日志根据记录内容的不同,日志文件划分为错误日志、二进制日志、通用查询日志和慢查日志。

1. 错误日志(log-err)

记录 MySQL 服务器的启动和停止过程中的信息、服务器在运行过程中发生的故障和异常情况的相关信息、事件调度器运行一个事件时产生的信息、启动服务器进程时产生的信息等。错误日志是以文本文件的形式存储的，可以直接使用普通文本工具打开查看。

错误日志功能在默认情况下是开启的，并且不能被禁止。错误日志默认以 hostname.err 为文件名，其中 hostname 为主机名。

通过修改 my.ini(Windows)或者 my.cnf(Linux)文件中的 log-error 项可以配置错误日志文件路径，修改项如下：

```
--log-error=[path/[filename]]
```

其中，path 是日志文件目录，filename 是日志文件的文件名，配置完成后需要重启 MySQL 服务使配置生效。

管理员可以删除早期的错误日志，这样可以保证 MySQL 服务器上的硬盘空间。MySQL 数据库中，可以使用 mysqladmin 命令来开启新的错误日志。mysqladmin 命令的语法如下：

```
mysqladmin -u root -p flush-logs
```

2. 二进制日志(log-bin)

二进制日志是 MySQL 中最重要的日志，记录了除 SELECT 语句外的所有更改数据的操作(INSERT、UPDATE、DELETE、CREATE 等)。数据库发生意外时，结合数据库备份技术可实现数据库还原。

通过 my.ini(Windows)或者 my.cnf(Linux)文件中的 log-bin 选项可以开启二进制日志。使用命令"show variables like 'log_bin'"可以查看开启状态，产生了哪些二进制文件可以通过"show binary logs"命令查看，如图 9-9 所示。

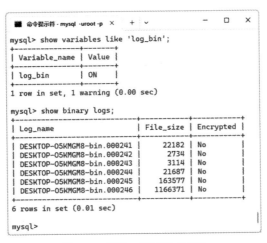

图 9-9　查看二进制日志文件

要查看日志文件内容，可以使用"mysqlbinlog"工具查看，例如查看 DESKTOP-O5KMGM8-bin.000246 的日志内容，可以使用如下指令将二进制日志导入一个文本文件：

```
mysqlbinlog d:/log/DESKTOP-O5KMGM8-bin.000246 >d:/log/246.txt
```

依据二进制日志文件，使用 mysqlbinlog 工具可以将数据库还原到某个时间点。命令格式如下：

　　　　mysqlbinlog [option] filename | mysql -u user -p password

　　option 为可选项，选项中，--start-datetime、--stop-datetime 指定数据库恢复的起始时间点和结束时间点；--start-position、--stop-position 指定恢复数据的开始位置和结束位置。filename 是日志文件名。

　　【例 9-11】　使用 mysqlbinlog 恢复数据库到 2024 年 9 月 1 日 21:22:59 时的状态，从 2024 年 9 月 1 日 10:23:25 时开始恢复。

　　在操作系统命令提示符下输入：

　　　　mysqlbinlog --start-datetime="2024-9-1 10:23:25" --stop-datetime="2024-9-1 21:22:59"

　　　　d:/log/DESKTOP-O5KMGM8-bin.000246 |mysql -uroot -p

　　运行结果如图 9-10 所示。

图 9-10　使用二进制日志文件恢复数据库

　　二进制日志文件不能直接删除，否则会出现系统错误，通常使用 PURGE 命令删除，其格式如下：

　　　　PURGE {binary|master} logs {to 'og_name'|before datetime_expr}

其中，og_name 为日志文件名，before datetime_expr 指定某个日期之前。

　　【例 9-12】　删除指定编号 000244 前的所有日志。

　　代码如下：

　　　　purge binary logs to 'DESKTOP-O5KMGM8-bin.000244';

　　运行结果如图 9-11 所示。

图 9-11　删除二进制日志文件

3. 通用查询日志(log)

通用查询日志也称为通用日志，以文本文件形式记录了所有连接的起始时间和终止时间，以及连接发送给数据库服务器的所有指令操作，包括对数据库的增加、删除、修改、查询等信息。通用日志默认是关闭的，可以通过修改 my.ini 或 my.cnf 文件的 log 选项来开启，配置项如下：

```
general-log=1
general_log_file="/路径/日志文件名.log"
```

其中，general-log 设置为"on"或"1"，开启通用日志，general_log_file 指定日志文件的存放路径和日志文件名，默认以主机名 hostname 作为文件名，存放在 MySQL 数据库的数据文件夹下。设置成功后需要重新 MySQL 服务。

4. 慢查询日志(log-slow-queries)

慢查询日志用于记录查询时长超过指定时间的查询语句，以便于优化 SQL 语句。慢查询日志文件也是一种文本文件，可以用记事本打开查看。在 MySQL 中慢查询日志默认是关闭的，可以通过配置文件 my.ini 或 my.cnf 中的 slow-query-log 选项打开。配置项如下：

```
slow-query-log=1
slow_query_log_file="路径/日志文件名.log"
long_query_time=10
```

其中，slow-query-log 设置为"on"或"1"，开启慢查日志；slow_query_log_file 指定日志文件所在的目录路径和文件名，如果不指定目录和文件，默认存储在数据目录中，文件为 hostname-slow.log；long_query_time 指定时间阈值，如果某条查询语句的查询时间超过了这个值，那么查询过程将会被记录到慢查询日志文件中，long_query_time 的默认时间是 10 秒。

删除通用日志和慢查询日志可使用"mysqladmin -u root -p flush-logs"命令。

本 章 小 结

本章主要介绍了 SQL Server 和 MySQL 数据库的备份与还原、数据库迁移、导入导出数据的方法，还介绍了数据库日志和 MySQL 日志的管理方法。

习　题　9

一、选择题

1. MySQL 日志文件的类型包括错误日志、通用日志、二进制日志和(　　)。

A. 慢查询日志　　　　B. 索引日志　　　　C. 权限日志　　　　D. 文本日志

2. 使用 MySQL 时，想要实时记录数据库中所有修改、插入和删除操作，需要启用
(　　)。

A. 二进制日志　　　　B. 通用日志　　　C. 错误日志　　　D. 慢查询日志

3. 下列哪个动作不被记录到二进制日志文件中。(　　)

A. SELECT　　　　　B. INSERT　　　C. UPDATE　　　D. DELETE

4. (　　)备份是在某一次完整备份的基础上，只备份其后数据的变化。

A. 完整　　　　　　B. 差异　　　　　C. 增量　　　　　D. 逻辑

二、填空题

1. SQL Server 备份数据时，备份类型选项有_____、_____和_____。

2. MySQL 的日志在默认情况下，只启动了_____日志。

三、简答题

1. 数据库备份分为哪些类型？

2. 如何将数据库中的数据导出到 excel 文件中？

3. MySQL 中的通用日志与二进制日志有何区别？

附录　习题参考答案

参 考 文 献

[1]　方睿，韩佳华. 数据库原理及应用[M]. 北京：机械工业出版社，2010.

[2]　王珊，萨师煊. 数据库系统概论[M]. 5 版. 北京：高等教育出版社，2014.

[3]　陈志泊，崔晓晖，韩慧，等. 数据库原理及应用教程(MySQL 版)[M]. 北京：人民邮电出版社，2022.

[4]　王英英.MySQL8 从入门到精通(视频教学版)[M]. 北京：清华大学出版社，2019.